新一代人工智能
基础与应用研究

Research on the Fundamentals
and Applications of
the New Generation of Artificial Intelligence

潘云鹤　主编

ZHEJIANG UNIVERSITY PRESS
浙江大学出版社
·杭州·

图书在版编目（CIP）数据

新一代人工智能基础与应用研究 / 潘云鹤主编. --
杭州 : 浙江大学出版社，2024.9 (2025.7重印)
ISBN 978-7-308-24848-8

Ⅰ．①新… Ⅱ．①潘… Ⅲ．①人工智能－研究 Ⅳ.
①TP18

中国国家版本馆CIP数据核字(2024)第078876号

新一代人工智能基础与应用研究

潘云鹤　主编

策　　划	许佳颖	
责任编辑	陈　宇　金佩雯	
责任校对	叶思源　王怡菊　李　琰	
封面设计	程　晨	
出版发行	浙江大学出版社	
	（杭州市天目山路148号　邮政编码310007）	
	（网址：http://www.zjupress.com）	
排　　版	杭州林智广告有限公司	
印　　刷	杭州高腾印务有限公司	
开　　本	710mm×1000mm　1/16	
印　　张	18.5	
字　　数	275千	
版 印 次	2024年9月第1版　2025年7月第3次印刷	
书　　号	ISBN 978-7-308-24848-8	
定　　价	168.00元	

咨询委员会

潘云鹤（浙江大学）

郑志明（北京航空航天大学）

高　文（北京大学、鹏城实验室）

郑南宁（西安交通大学）

吴　澄（清华大学）

李伯虎（中国航天科工集团有限公司）

李兰娟（浙江大学医学院附属第一医院传染病重症诊治全国重点实验室）

赵春江（国家农业信息化工程技术研究中心）

陈左宁（中国工程院）

孙优贤（浙江大学）

王天然（中国科学院沈阳自动化研究所）

吴志强（同济大学）

陈　纯（浙江大学）

谭建荣（浙江大学）

刘韵洁（中国联合通信有限公司）

丁文华（中央电视台）

赵沁平（北京航空航天大学）

廖湘科（国防科技大学）

封锡盛（中国科学院沈阳自动化研究所）

钟志华（中国工程科技发展战略研究院）

徐扬生（香港中文大学）

李　未（北京航空航天大学）

编辑委员会

2017 年 7 月，我国发布《新一代人工智能发展规划》。这项规划不仅指出了人工智能（artificial intelligence，AI）将要大发展，而且指出了驱动该发展的人工智能的五种技术形态，即从数据到知识再到决策的大数据智能、从处理单一类型媒体数据到不同模态（视觉、听觉和自然语言等）综合利用的跨媒体智能、从"个体智能"研究到聚焦群智涌现的群体智能、从追求"机器智能"到迈向人机协同的混合增强智能、从机器人到复杂精巧的智能自主无人系统。

新一代人工智能具有应用赋能、交叉渗透和双重属性的鲜明特色。近二十年来，人工智能犹如历史上的蒸汽机、电力、计算机和互联网等发明创造，成为一种通用使能技术，正深刻地以史无前例的速度改变着人类社会和经济发展。新一代人工智能向多个方向阔步前进，为人类释放创造力和促进经济增长提供了巨大的机遇。人工智能需要与经济场景结合才能发挥最大作用，因为与经济场景融合的人工智能应用能够把人才、资本、技术、政策等与创新相关的要素汇聚在一起，实现技术迭代和突破，形成可以商业化的创新成果。新一代人工智能也具备与各学科交叉融合的能力，它能与不同学科的专业知识结合，赋能生成假设、设计实验、计算结果、解释机理等步骤，重塑科学发现和工程创新的研究范式，形成"AI+X"的新研究格局，探索先前无法触及的知识视野和研究领域。新一代人工智能具有技术属性和社会属性相互融合的特点，其带来的伦理学讨论不只局限于人与人之间的关系，也不仅仅关注人与自然界既定事实之间的关系，而是已延伸至人类与自己所发明的产品在社会中构成的关联。

新一代人工智能的五种技术形态还可以划分为思维模拟和行动模拟两大类。近期崛起的大语言模型（large language model，LLM）和人工智能生成内容（AI-generated content，AIGC）技术，正沿着大数据智能和跨媒体智能的方向推进，人工智能思维模拟大步前进。但我们不要忘记，人工智能还有一个行动模拟的方向。在此方向，人工智能在无人机、无人车、无人船，智能产品，无人车间、无人码头、无人矿山，人机和脑机一体化装备等诸多方面大举进军，攻城拔寨，成功支援了实体经济。

人们常说，在人工智能应用中，"数据是燃料，模型是引擎，场景是空间"；这是对的，但更充分的表达是，"数据和知识是越用越丰富的燃料，模型和算法是越用越强大的引擎，场景和平台是越用越广阔的空间"。人工智能应用如同在此空间中或行、或游、或飞，而欲取大胜者，往往还要能在吸引用户以及搭建平台上占得先机。

新一代人工智能的五种技术形态往往以不同形式组合在一起赋能复杂系统：AlphaGo通过深度学习感知棋面，强化学习提升技能，蒙特卡罗树搜索优化落子路径；大语言模型通过预训练机制预测下一个单词，有监督微调完成下游任务，基于人类反馈的强化学习与人类价值对齐；无人蜂群系统通过众多智能体之间的合作，完成复杂任务。这些复杂系统中或深或浅地体现着大数据智能、跨媒体智能、群体智能、混合增强智能和智能自主无人系统等新一代人工智能技术形态的特点，美美与共、知行合一，对场景创新应用的潜在优势颇具变革性。

新一代人工智能是引领这一轮科技革命和产业变革的战略性技术，具有很强的溢出带动性。当前，人类社会处于从信息化迈向数智化的新阶段，人工智能技术向产业经济、民生改善和社会治理等领域加速渗透，应充分发挥我国在数据、场景和基础设施等方面优势，促进人工智能和实体经济深度融合，以人工智能高水平应用为高质量发展添薪续力。

本书是中国工程院重大咨询研究项目"中国人工智能2.0发展战略研究"的研究成果，书中对新一代人工智能的发展与挑战，大数据智能、跨媒体智能、群体智能、混合增强智能、智能自主无人系统等人工智能技术形态，以及人工智能在制造、城市、农业、医疗、教育等方面的创新应用内容进行了详细介绍和讨论。感谢各位院士和专家对本书出版的大力支持，也希望本书的出版能够为新一代人工智能的发展添砖加瓦，做出贡献。

潘云鹤

目 录
CONTENTS

第7章 人工智能应用

第1章

新一代人工智能：发展与挑战

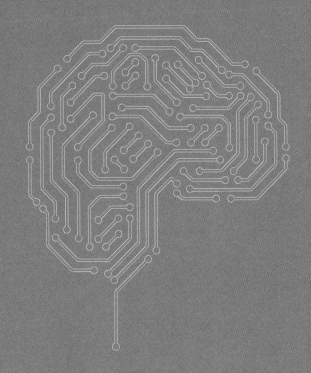

1955 年 8 月，美国达特茅斯学院数学系助理教授约翰·麦卡锡（John McCarthy）（1971 年度图灵奖获得者），美国哈佛大学数学系和神经学系青年研究员马文·明斯基（Marvin Minsky）（1969 年度图灵奖获得者），贝尔实验室数学家、信息论之父克劳德·香农（Claude Shannon），以及 IBM 公司信息研究主管、IBM 公司第一代通用计算机 701 主设计师纳撒尼尔·罗切斯特（Nathaniel Rochester），这四位学者向美国洛克菲勒基金会递交了一份题为 "A Proposal for the Dartmouth Summer Research Project on Artificial Intelligence"（关于举办达特茅斯人工智能夏季研讨会的提议）的建议书，希望洛克菲勒基金会资助拟于 1956 年夏天在达特茅斯学院举办的人工智能研讨会[1]。

在该建议书中，"artificial intelligence"（人工智能，AI）这一术语被首次使用，这标志着人工智能登上人类历史舞台。该建议书在开篇写道：我们建议于 1956 年夏天在新罕布什尔州汉诺威小镇的达特茅斯学院举办为期 2 个月、共 10 人参加的人工智能研讨会。该建议书提出，学习的每个方面或智能的任何特性，原则上都可以被精确描述，因此可以用机器来模拟它们。具体而言，可以研究如何教机器使用语言，使其具备形成抽象概念的能力，从而解决各种原本只有人类才能解决的问题，同时还可以研究使机器不断提升自身能力的方法。

人工智能经过 60 多年的演进，呈现出深度学习、跨界融合、人机协同、群智开放、自主操控等新特征，具有辐射效应、放大效应和溢出效应，并正在引发链式突破，加快新一轮科技革命和产业变革进程，成为新一轮产业变革的核心驱动力。

人工智能具有增强许多领域技术的潜力，是一种类似于蒸汽机或电力的"使能"技术，被广泛应用于农业、制造、经济、运输等行业和数学、物理、化学、材料、医学等领域，"人工智能+"新热点纷纷出现。

科技发展的事实表明，重大科技问题的突破、新理论乃至新学科的萌芽，常常是不同学科和理论交叉融合的结果。学科之间的交叉和渗透在现代科学技术发展历程中推动了链式创新。利用不同学科之间存在的内在逻辑关系，使学科相互渗透、交叉和综合，可实现科学的整体化，这是知识生产的前沿。学科交叉正在成为科学发展的主流，推动着科学技术的发展。人工智能作为一种使能技术，天然具有可与其他学科研究交叉的秉性，从这个意义而言，人工智能可谓"至小有内涵，至大可交叉"。

神经科学、脑科学、物理学、数学、电子工程学、生物学、语言学、认知学等学科的研究进展，不断促进人工智能赋能交叉学科研究范式变革。人工智能与脑科学研究的交叉，在攻克重大脑疾病诊治难题的同时，也在人类大脑和机器大脑之间搭建了桥梁，从而迈向混合增强智能。人工智能与数学、物理学、化学等结合，重塑了科学发现范式。如人工智能预测蛋白质三维空间结构，为探秘"生命之舞"提供了全新视角，这是一项改变游戏规则的技术，就像费马定理的最终证明或引力波的发现一样，AlphaFold模型解决了一个在"待办清单"上已经存在了约50年的科学问题。人工智能"进军"数学领域，帮助数学家找到了单独依靠人类思维不容易发现的定理间的内在联系，辅助数学家提出新的数学猜想、证明新的数学定理。人工智能具有技术属性和社会属性相互融合的特点，正在促使人机共存社会形态出现，算法向善、社会实验和人工智能伦理规范等新的研究不断涌现。我们应树立"边发展，边治理"理念，突破"科林格里奇困境"（Collingridge's dilemma），防止类似"红旗法案"等阻碍新技术革命推动社会进步的情况发生，让马克思所言的"普遍智能"更好地惠及社会和大众。

3

人工智能的研究内容和面临的挑战如图 1.1 所示。知识与数据、模型与算法、算力与系统、场景与应用推动着人工智能不断发展，形成了符号主义、连接主义和行为主义等手段，出现了自然语言处理、机器视觉、模式识别、工具与芯片等技术，赋能了工业互联网、科学计算、社会治理和医疗制药等应用。但是，当前主要以数据驱动模式来实现的人工智能方法存在不可解释、不可信、不可靠和不通用等局限性。为了突破这些局限性，需要建立知识与数据双轮驱动、人机混合增强等新一代人工智能理论与方法。

图 1.1　人工智能的研究内容和面临的挑战

1.1　新一代人工智能技术形态

当前，人工智能发展的信息环境已发生巨大而深刻的变化，社会对人工智能的需求急剧扩大以及人工智能的目标和理念正在发生巨大的转变，这使得人工智能的发展迎来了新机。

①信息环境已发生巨大而深刻的变化。与传统"物理世界-人类社会"二元空间结构不同，不断涌现的海量数据刻画了现实生活中个体和群体的工作及学习的规律与模式，"信息空间-物理世界-人类社会"三元空间结构正在形成。

②社会对人工智能的需求急剧扩大。人工智能的研究正从过去的由学

术牵引迅速转化为由需求牵引。智能城市、智能医疗、智能交通、智能物流、智能机器人、智能驾驶、智能手机、智能游戏、智能制造、智能社会、智能经济等都迫切需要人工智能的新发展。围棋对决中的AlphaGo、蛋白质结构预测中的AlphaFold、人机对抗中的AlphaDogfight等模型在人工智能的支持下都战胜了人类选手，这引发了新一轮人工智能研究热潮。

③人工智能的目标和理念正在发生巨大的转变。人工智能的目标正从"用计算机模拟人的智能"拓展为"机器+人"（机器与人结合成增强的混合智能系统）、"机器+人+网络"（机器、人、网络结合成新的群体智能系统）、"机器+人+网络+物"（机器、人、网络和物结合成智能城市等更复杂的智能系统）。人工智能正从"造人制脑"走向"赋能社会"，强大应用驱动下的一系列智能技术正处于蓬勃发展中。

2017 年 7 月，国务院印发了《新一代人工智能发展规划》，这是 21 世纪以来我国发布的第一个人工智能系统性战略规划。该规划提出了面向2030 年我国新一代人工智能发展的指导思想、战略目标、重点任务和保障措施，明确了我国新一代人工智能发展三步走的战略目标。新一代人工智能为我国第 16 个"科技创新 2030—重大项目"。

《新一代人工智能发展规划》提出了人工智能的五种技术形态：从数据到知识再到决策的大数据智能[2-4]、从处理单一类型媒体数据到不同模态（视觉、听觉和自然语言等）综合利用的跨媒体智能[5]、从"个体智能"研究到聚焦群智涌现的群体智能[6]、从追求"机器智能"到迈向人机协同的混合增强智能[7]、从机器人到复杂精巧的智能自主无人系统[8]。

1.2 人工智能驱动学科交叉

跨学科（interdisciplinary）这一术语最早由 1937 年 12 月出版的《牛津英语词典》（*Oxford English Dictionary*）引进，并被用在一本社会学杂志上。自然科学领域最早的跨学科研究可追溯到 1984 年，当时美国伊利诺伊大学通过一笔高达 4000 万美元的公立学校私人捐助经费成立了贝克曼研究院（Beckman Institute）。

人工智能需要在多学科交叉方面寻求下一步的突破。人工智能可以融合神经科学、脑科学、物理学、数学、电子工程学、生物学、语言学、认知学等学科的研究成果，在理论激发、技术提升和应用创新等方面解决更复杂的社会问题，重塑国家工业系统。人工智能与太空探索、医疗保健、新材料设计、海洋资源开发等领域的交叉，以及联邦学习推动多学科、跨地域落地应用的融合如图 1.2 所示。人工智能可助力太空探索，如实现空间探测器自主化、软件定义卫星与智能计算以及在轨飞行器持续自主学习与故障智能自修复；人工智能可在医疗保健方面发挥关键作用，促进基因组学、分子生物学和遗传学的研究进步，提高人类健康水平；人工智能可辅助新材料设计，能从大数据中获得"成分–结构–工艺–性能"构效关系的关键技术；人工智能可对海洋数据进行深度挖掘和分析，使海洋科技更有生命力，实现更高效的海洋资源利用和保护。

图 1.2 人工智能与多学科交叉融合

1.3 新一代人工智能面临的挑战

1.3.1 人工智能算法模型的新趋势

人工智能算法模型正经历从智能行为模拟到类脑机能建模、从单一计算模式到混合神经–符号–行为计算模式、从单一智能体模拟到多智能体协同与博弈、从电信号冯·诺依曼计算到光电耦合非冯·诺依曼计算、从硅计算到神经形态计算等的跃变（图1.3），并伴以量子计算与DNA计算等新技术的开拓。

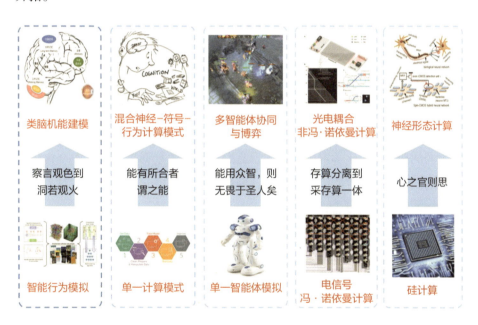

图1.3 人工智能算法模型的跃变

①从智能行为模拟到类脑机能建模。人工智能的发展需要从智能行为模拟演化到类脑机能建模，为此，需结合脑科学、神经科学与认知科学的前沿研究，重点突破人工智能的常识性知识问题及记忆机制。类脑机能建模的研究核心如下：发展神经网络类脑机能建模理论框架，实现理论框架突破；增强神经网络可解释性，揭示神经网络发展演化规律；寻求常识性知识

获取与推理新方法，增强人工智能的知识处理与记忆能力，推动人工智能走向"通用人工智能"新时代。

②从单一计算模式到混合神经–符号–行为计算模式。混合神经–符号–行为计算模式以数据驱动学习为基础，使智能体在场景中可持续学习；利用符号知识弥补数据不足，预先提供场景先验，同时提供人机交互的桥梁；利用强化学习促使智能体自主探索环境和归纳场景知识，使智能体的学习方式逼近人类。该模式突破了以往人工智能纯数据驱动的桎梏，极大程度地减少了模型训练的数据需求量和时间，降低了模型的迁移难度，将为机器人及智能工业提供持续进化与扩展的能力。

③从单一智能体模拟到多智能体协同与博弈。在智能城市、经济金融、国防军事等场景中，需要同时考虑多个智能体相互合作实现共同目标（协同）以及相互竞争并最大化各自利益（博弈）两种情况。多智能体协同与博弈的实现需要建立迭代进化机制，突破通信结构固定、竞争合作关系固定的约束；实现对环境的深层次认知，突破传统方法信息利用不足、自适应能力弱的瓶颈；优化学习决策技术，克服传统方法数据需求大、安全鲁棒性不足的局限；增强智能体决策的可解释性，突破深度学习决策模型对人类先验利用不足、知其然而不知其所以然的现状。

④从电信号冯·诺依曼计算到光电耦合非冯·诺依曼计算。以冯·诺依曼存算分离架构为基础、电子电路为载体的计算体系支撑了计算机七十余年的发展。计算机算力的增长是以深度学习为核心的人工智能在近些年爆发的一个重要原因。然而，算力和能耗目前已成为制约人工智能发展和应用的重要因素。光计算凭借其超高速、低功耗的特点，有望引发新的算力革命。从电信号冯·诺依曼计算到光电耦合非冯·诺依曼计算的转变，将实现人工智能计算硬件在算力、能效方面的跨越式提升，引领超高速智能视觉、大规模计算中心等应用的颠覆式创新，支撑国防军事、公共安全、无人系统等领域的突破式发展。

⑤从硅计算到神经形态计算。传统计算机运行神经网络效率低、功耗大。神经形态计算借鉴了大脑的神经网络架构和信息处理原理，更适合处

理非结构化数据与智能任务，在能效、硬件代价等方面具有明显优势。目前，神经形态计算研究在硬件计算、算法学习以及算法－硬件协同设计方面依然面临挑战。为提升神经形态计算的性能和能效，需结合神经科学的研究成果，突破二维硅片加工过程的约束，实现与大脑类似的三维连通性；突破多层脉冲神经网络学习瓶颈，实现类脑学习能力；扩展处理超视觉任务、小样本和终身学习等方面的能力；利用算法的适应性和硬件的可行性，实现训练算法与神经计算的紧密融合。

至于量子计算与DNA计算，两者具有高度并行、信息储存能力强以及能耗低等优点，可用于解决经典计算不能很好解决的特定应用场景中的问题，如大规模优化问题及算力要求极高的机器学习（machine learning）问题。但目前，量子计算与DNA计算还存在计算稳定性差、应用场景受限、使用条件苛刻等问题。为使量子计算与DNA计算能够真正进入实用阶段，需突破具备高可靠性的量子计算与DNA计算范式，构建更加简单、易用的量子计算与DNA计算系统，探索适合量子计算与DNA计算的编码算法和软件，以使其能够支撑更多的应用。

1.3.2　大模型时代的挑战

自2022年底以来，生成式人工智能表现出较强的内容合成能力，推动了语言生成和对话式人工智能等领域的突破性进展。生成式人工智能以自然语言交互手段完成传统人工智能难以比及的众多任务，为探索通用人工智能的实现提供了一种方式，引起了各行业的广泛关注，被誉为"人工智能的iPhone时刻"。《自然》（Nature）杂志列出的2023年度十大人物中，除了按惯例从全球的重大科学事件中评选出十位人物外，还有生成式人工智能的产品ChatGPT。生成式人工智能的代表方法包括以自注意力机制学习单词上下文关联核心的Transformer神经网络、以前向加噪和后向去噪学习数据样本分布为核心的扩散模型等。

在机器学习的浅层模型和深度模型的处理范式中，针对不同的语言分析任务（如情感分析、句法分析、语义角色标注和实体检测等），通常会为每个任务分别设计一个机器学习模型，并用针对这一任务的数据进行模型训练。这一范式的优点是模型针对性强，可为特定任务量身定制数据和模型。然而，其局限性也较为明显，即需要为每个碎片化任务单独训练模型，这导致了不必要的重复劳动和资源浪费。

为弥补上述不足，一个自然而然的思路是训练一个预训练模型（即基础模型），然后将预训练模型能力迁移到众多下游碎片化任务中去，这就是"预训练模型+微调"范式。在这个范式中，我们先基于大规模语料库训练一个预训练模型，然后针对特定的下游任务来微调模型参数，提升模型泛化能力，以适应各种自然语言任务，从而减少资源消耗，如BERT（bidirectional encoder representations from Transformer，基于Transformer的双向编码器表示）和GPT（generative pre-trained Transformer，生成式预训练Transformer）等预训练模型已在各种自然语言任务中取得了显著效果。

现有的预训练模型正在从包含1亿多个参数的BERT，跃升到包含千亿级别参数的GPT模型，不要说预训练一个全新的语言模型，即便是微调现有的大模型，也是一项艰难的任务。在此背景下，一种不需要对预训练模型参数进行调整，不需要通过收集下游任务的大量标注数据学习的"提示学习（prompt-based learning）+预测"方法越来越得到研究者的关注。在这一方法中，研究者认为语言基础模型（也称为语言大模型）已经从大规模语料库中学习到了足够多的知识来解决未来的下游具体任务，因此可通过设计提示样例来帮助语言基础模型理解下游任务要求，激活模型储备知识，从而迸发出解决下游任务的能力。提示学习的优势：可在给定一系列合适的补全提示任务前提下，在无监督学习训练得到的语言大模型基础上，通过完成预测任务来微调模型能力，从而解决众多下游任务。

人工设计的补全提示样例难以使模型对处理所有任务游刃有余，因此指令微调（instruction finetuning）技术应运而生，这一技术的核心思想是让模型更好地遵循人类指令，完成不同下游任务。模型通过理解输入的提示样例给出相应结论，随后根据人类给出的反馈，进一步调整自身并适应不同任务的需求。

提示学习和指令微调使得语言大模型在各种复杂任务中表现出了更高的准确性和可靠性，形成了少样本学习甚至零样本学习的能力。这种"我说你学"的机制犹如委派了一个高超娴熟的人工智能模型调教师，让模型具备了"涌现能力"，正所谓"经师易得、人师难求"。

维特根斯坦（Wittgenstein）从逻辑思考的角度在《逻辑哲学论》（*Tractatus Logico-Philosophicus*）中写到，"语言的界限意味着我的世界的界限"。随着人工智能技术的快速发展，自然语言处理模型在过去一段时间里经历了巨大的范式转变：从早期偏重语言学的方法到偏重计算学习的方法（以浅层学习和深度学习为主），再到"预训练模型+微调"范式，最后到目前的"预训练语言模型+提示学习+预测"范式，自然语言处理发生着"计算为大、语言式微"的转变（图1.4）。

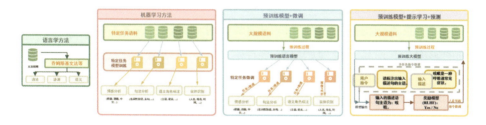

图1.4　自然语言处理范式变化

但现有的大模型研究面临如下挑战。

① 突破通用人工智能基座模型中上下文信息压缩和概率合成不足。现有的通用基座模型通过预训练模型、有监督微调和人类反馈强化学习技术等手段对模型进行训练，实现内容合成。使用该方法训练所得的通用基座模型存在合成非事实内容幻觉以及逻辑推理能力弱等不足，因此，Transformer改进机制、有监督微调中的思维链推理方法以及与人类价值对齐的反馈模型等方法亟待研究。

② 数据驱动和知识引导的垂直领域生成式人工智能基座模型理论有待构建。金融、教育、医疗、科学等领域积累了大量逻辑规则、物理方程和

非符号化先验等知识，如何在垂直领域生成式基座模型训练中引入领域知识，形成数据驱动下归纳、知识指导中演绎以及专家反馈中对齐为一体的垂直领域基座模型，是需要研究的难点问题。

③ 垂直领域基座模型智能体设计方法学有待形成。与通用人工智能基座模型不同，完成垂直领域问题往往需要经过假设、设计、计算和评估等环节，因此研究垂直领域智能体设计方法，通过垂直领域基座模型所具备的感知、理解和规划等能力，组织不同工具模型，形成垂直领域基座模型互联、大小模型进化和端云协同的智能体设计方法学，是要解决的技术桎梏。

1.4 新一代人工智能的治理

科学技术作为人类理性实践的结晶，对人类社会发展产生着越来越深刻的影响，其产生和发展始终伴随着伦理观念与社会文化的演变。近代科学技术的崛起伴随着理性精神、人文精神的兴起和传播，通过发现和应用新知识为人类谋幸福是近代科学发展的原动力之一。科学技术以前所未有的程度渗透人类社会，甚至对政治、文化等产生了深刻影响。当科学技术的探索与应用符合伦理规范，且被引导至向善、负责任的方向时，它就能更好地促进社会发展和提升人类福祉。倘若科学技术的探索和应用打破了伦理底线，则可能会给社会造成巨大危害。

传统的科学技术发展往往采取一种所谓的"技术先行或占先行动路径"（proactionary approach）模式，以优先发展技术为原则，体现出一种强大的工具理性，即通过缜密的逻辑思维和精细的科学计算来实现效率或效用的最大化。这种对技术效用单一维度的追求导致了科技异化，科学技术发展逐渐偏离了"善"的方向，进而引发了一系列伦理风险。为确保科学技术发展的正当性与合理性，在科学的社会建构思潮影响下，科技伦理应运而生。

科技伦理是科技活动需要遵循的价值理念和行为规范。人类已进入信息时代，当下面临的风险也不同于以往。不同于传统工业时期以安全性为表征的技术风险，涉及人类福祉、公正等核心价值的伦理风险正成为当代科学技术发展所引发的主要消极后果。

如前所述，随着物联网、移动终端、互联网、传感器网、车联网、穿戴设备等的流行，计算与感知已经遍布世界，与人类的生产和生活密切相关。网络不但遍布世界，更是史无前例地连接着个体和群体，快速反映与聚集着众多意见、需求、创意、知识和能力。世界已从"物理世界–人类社会"二元空间结构演变为"信息空间–物理世界–人类社会"三元空间结构。"信息空间–物理世界–人类社会"三元空间结构中的伦理学讨论，既不只关注人与人之间的关系，也不只关注人与自然界既定事实之间的关系，还聚焦于人类与自己所发明的产品在社会中所构成的关联。因此，对于科技本身而言，既需要考虑其技术属性，又需要考虑其社会属性，从而形成人机共融社会形态下人们应共同遵守的道德准则和法律法规。

我国高度重视人工智能的社会治理问题，《新一代人工智能发展规划》明确提出要"把握人工智能技术属性和社会属性高度融合的特征"，并将其作为规划的一条基本原则。为了更好地推动人工智能赋能社会，科学技术部先后发布了《新一代人工智能治理原则——发展负责任的人工智能》和《新一代人工智能伦理规范》等政策文件，提出了"和谐友好、公平公正、包容共享、尊重隐私、安全可控、共担责任、开放协作、敏捷治理"八项原则。

当人工智能技术被大规模应用于社会与经济领域时，人工智能的社会属性好坏将决定人工智能应用的成败。人工智能在快速发展的同时也引发了伦理、隐私、安全和信任问题，亟须在国际范围内构建法律、标准和规范体系来保障人类未来的利益与安全。人工智能的发展离不开人类的引导和推动，同时，人工智能也会对人类的生存与发展产生影响。人工智能与人类社会密不可分，以人为本才是人工智能健康发展的基石。为了实现服务于人的最终目标，人工智能的发展需要人类提供正确、规范的引导，以保证其给人类带来的影响是健康的、积极的。

1.5 结　语

每个人都具有从历史经验中学习，从而快速掌握某种本领的能力。人工智能诞生之初，研究者就希望算法机器能够像人一样，从获取的数据和过往的经验中学习，而不是像"种瓜得瓜、种豆得豆"一样教条式学习。1956 年，于达特茅斯学院召开的人工智能夏季研讨会将智能算法的自我学习与提高、归纳与演绎、随机性与创造力作为重点问题进行了研讨。

机器学习刚刚登上人类历史舞台时，被定义为"让机器不需要明确编程就能学习"（the ability to learn without being explicitly programmed）的研究，其目标是构造一种学习机器（learning machine），使之像人一样具有"学会学习"（learning to learn）的能力。为了进一步突出机器学习中"学习"的意义，美国卡内基梅隆大学计算机学院教授汤姆·米切尔（Tom Mitchell）从"学习"角度定义了机器学习：对于一个事先定义的任务，可根据评估方法对其学习效果进行评测，如果一个计算机算法能从数据或环境中提升完成该项任务的性能，则认为该计算机算法可以从经验中学习。

在"数据是燃料、人工智能是引擎"的数据驱动机器学习时代，人工智能正在经历"大数据、小任务，小数据、大任务"的涅槃。如何从娴熟于"炼金术"的调参师向笃定于"厚积薄发"的推理机迈进，是人工智能面临的巨大挑战。

经过上百年的发展，科学研究中或工程实践领域内积累了大量的领域知识（如偏微分方程等），因此在人工智能模型中引入恰当的观察偏差、归纳偏差和学习偏差等约束，将物理模型嵌入机器学习过程，不断增强机器学习模型的泛化能力，就可以扩充输入信息来源，使打破模型泛化效果提升的瓶颈成为可能。建立"数据驱动、知识引导和物理定律约束"理论模型是使人工智能具有更泛化的能力去解决场景任务的核心。因此，"数据驱动+知识引导+物理定律约束"成为人工智能的研究热点之一，也被称为"科学研究第五范式雏形"。这一思想中很重要的一点就是将领域知识（或者人类先验知识）与算法模型紧密结合起来，以便更好地解决领域问题，推动通用计算范式跃变。这也是今后人工智能理论研究的趋势。

在传统数据驱动神经网络模型的基础上，引入与具体任务场景相关的先验、规则、逻辑等知识，增加物理守恒定律的正则化约束，可以使模型在先验知识的指导下更快地收敛到最优解空间，进而保证模型在满足测量数据集的同时也符合基本物理规律，从而形成数据、知识和物理定律相互结合的科学研究新范式（图1.5）。

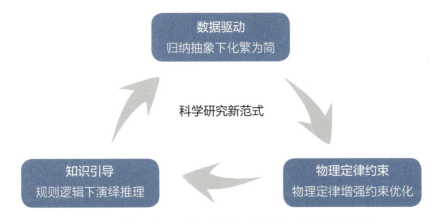

图1.5 数据、知识和物理定律相互结合的科学研究新范式

执笔人：陈　磊（中国工程院战略咨询中心）
吴　飞（浙江大学）

参考文献

[1] McCarthy J, Minsky M L, Rochester N, et al. A proposal for the Dartmouth Summer Research Project on artificial intelligence [J]. AI Magazine, 2006, 27(4): 12-14.

[2] Pan Y H. Heading toward artificial intelligence 2.0 [J]. Engineering, 2016, 2(4): 409-413.

[3] Pan Y H. Special issue on artificial intelligence 2.0 [J]. Frontiers of Information Technology & Electronic Engineering, 2017, 18: 1-2.

[4] Zhuang Y T, Wu F, Chen C, et al. Challenges and opportunities: From big data to knowledge in AI 2.0 [J]. Frontiers of Information Technology & Electronic Engineering, 2017, 18: 3-14.

[5]   Peng Y X, Zhu W W, Zhao Y, et al. Cross-media analysis and reasoning: Advances and directions [J]. Frontiers of Information Technology & Electronic Engineering, 2017, 18: 44-57.

[6]   Li W, Wu W J, Wang H M, et al. Crowd intelligence in AI 2.0 era [J]. Frontiers of Information Technology & Electronic Engineering, 2017, 18: 15-43.

[7]   Zheng N N, Liu Z Y, Ren P J, et al. Hybrid-augmented intelligence: Collaboration and cognition [J]. Frontiers of Information Technology & Electronic Engineering, 2017, 18: 153-179.

[8]   Zhang T, Li Q, Zhang C S, et al. Current trends in the development of intelligent unmanned autonomous systems [J]. Frontiers of Information Technology & Electronic Engineering, 2017, 18: 68-85.

第2章

大数据智能

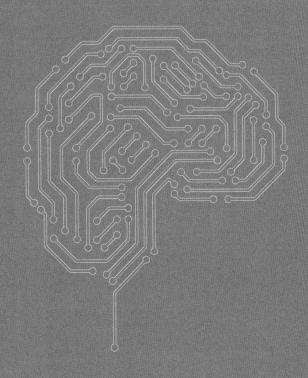

2.1　大数据智能的前世今生

1956 年夏天，美国达特茅斯学院召开人工智能夏季研讨会，这标志着现代人工智能学科的诞生，人工智能学科至今已有近 70 年发展史。早期的许多人工智能研究工作期望赋予机器逻辑推理能力，以实现机器智能，并取得了令人振奋的成果。其中的代表性工作是纽厄尔（Newell）和西蒙（Semon）在 1955—1956 年提出的逻辑理论家程序，该推理程序能够证明罗素《数学原理》（*Principia Mathematica*）第 2 章的大部分定理。随着人工智能领域研究的发展，人们逐渐发现，仅具有逻辑推理能力的程序系统远不能实现人工智能。从 20 世纪 70 年代开始，专家系统研究发展迅速，这是具有大量专业知识与经验的程序系统。然而，人类专家总结规则并赋予机器智能是十分困难的，且这种实现机器智能的方法存在通用性差、扩展性差等缺点。自 20 世纪 80 年代以来，使机器从数据中学习知识从而实现机器智能的思想开始受到重视，并逐渐成为人工智能的主流研究方向之一。

早期的机器学习受神经科学启发，主要基于神经网络的连接主义学习。20 世纪 50 年代，Rosenblatt[1]提出感知机模型，这是一个能够根据样本类别学习权重的线性模型。然而，神经网络的研究之后迎来了低谷。图灵奖获得者明斯基（Minsky）在他 1969 年的著作《感知机》（*Perceptrons*）[2]中阐述了感知机模型本身的局限性，并指出线性模型甚至无法学习简单的异或函数，这导致神经网络研究无法成为主流。

20 世纪 60 至 70 年代，基于逻辑表示的符号主义学习技术蓬勃发展。到了 20 世纪 80 年代，基于逻辑符号主义学习方法的"决策树"成为从数据中学习的一种机器学习主流方法[3]。"决策树"基于信息论，通过最小化信息熵模拟人在判定时的树形决策流程。20 世纪 80 年代中期掀起了神经网络第二次研究热潮，此次研究潮流的一个重要成就是反向传播（back propagation）技术在深度神经网络（deep neural network，DNN）训练中的广泛使用。1983 年，Hinton 等[4]发明了玻尔兹曼机（Boltzmann machine），这是一种无监督生成模型，可学习数据的内部表达并提取特征做预测分析。1989 年，LeCun 等[5]发明了卷积神经网络（convolutional neural network，CNN），并将其成功应用于手写文字图片识别。卷积神经网络的发明受猫视觉神经系统研究启发，包含多个卷积层、池化层和顶端的全连接层。区别于传统的多层前馈神经网络，卷积神经网络的核心思想是网络局部连接和卷积核参数共享，这利用了图像局部性与平移等效性的归纳偏置。因此，卷积神经网络主要应用于视觉任务，近年来也应用于自然语言处理等其他任务。1997 年，Hochreiter 等[6]提出了长短期记忆（long short term memory，LSTM）神经网络，这是一种时序建模的循环神经网络（recurrent neural network，RNN）。LSTM 神经网络通过遗忘门、输入门及输出门控制信息状态与时序信息流向，缓解长序列训练时的梯度消失问题。LSTM 神经网络在自然语言处理、语音识别、机器翻译等需要时序建模的场景中均有重要应用。

20 世纪 90 年代中期，其他机器学习技术，尤其是支持向量机（support-vector machine，SVM）[7]及一般的核方法（kernel method）获得了广泛关注。核方法是一类把低维空间的非线性可分问题转化为高维空间的线性可分问题的方法，其中的关键技术"核技巧"（kernel trick）是可以直接计算核函数而无须计算高维空间内积的加速计算技术。SVM 被应用于文本分类、图像分类、手写字识别等多种模式识别场景。

21 世纪，计算机算力的提升与大数据时代的到来，掀起了神经网络第三次研究热潮。2006 年，Hinton 等[4]提出了深度信念网络并设计了一种逐层训练的训练策略；2012 年，AlexNet 神经网络模型[8]横空出世，该模型在

ImageNet图像分类竞赛中大获全胜，其分类性能远超其他机器学习技术，这标志着以大算力、大数据训练神经网络模型为核心的大数据智能时代已经到来。AlexNet是一个经典的卷积神经网络模型，它创新地应用了数据增强、线性整流函数（rectified linear unit，ReLU）层、随机失活（dropout）等深度学习技巧，并应用了多块图形处理单元（graphics processing unit，GPU）开展训练。在AlexNet模型之后，一系列优秀的卷积神经网络模型涌现，如谷歌（Google）公司的GoogLeNet[9]、牛津大学的VGGNet[10]以及微软公司的ResNet[11]等。其中，ResNet模型使用了跳过下一层神经元直接连接的残差结构，这种结构缓解了深度神经网络中由深度增加带来的梯度消失问题，可以将神经网络扩展至1000层，这一技术的出现为将来大规模通用模型的训练打下了基础。卷积神经网络在计算机视觉任务中有着广泛的应用，如图像分类、检测、分割任务等。与此同时，基于神经网络的生成式模型也迎来了飞速发展。其中的代表性成果包括变分自编码器（variational autoencoder，VAE）[12]、生成对抗网络（generative adversarial network，GAN）[13]以及2021年兴起的扩散模型（diffusion model）[14]等。

深度神经网络与强化学习结合的研究同样在飞速发展。这方面研究的标志性事件是由谷歌旗下的DeepMind公司在2016年提出的基于人类棋谱数据训练的神经网络强化学习模型AlphaGo[15]以总比分4∶1战胜围棋世界冠军、职业九段棋手李世石，这是人工智能首次在围棋领域战胜人类顶尖选手。

而今，随着数据规模的进一步扩大和计算机算力的进一步提升，人工智能模型向大数据、多模型的通用模型方向发展，并取得了令人振奋的成果。通用模型的思路是在超大规模数据上训练一个具有极强通用表达能力的模型，并通过微调等技术实现任务在下游的应用。其中的代表性成果包括2018年谷歌公司提出的BERT[16]自然语言预训练模型和2020年OpenAI公司的GPT-3[17]自然语言预训练模型等。GPT-3具有1750亿个参数，经过将近5000亿个单词的预训练后，可以在多个自然语言处理（natural language processing，NLP）任务（如答题、翻译、写文章）基准上达到先进的性能。

此外，跨模态预训练模型同样取得了长足的发展。2022年，OpenAI公司提出了DALL·E 2[18]视觉－语言模型，它能够将语言描述转化为逼真的图片。值得注意的是，数据驱动的深度神经网络已在药物研发、蛋白质结构预测等基础科学领域发挥重要作用，该方面研究呈现学科交叉融合的发展态势。大数据智能发展历史与演化如图2.1所示。

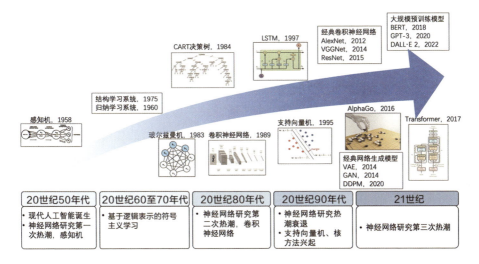

图2.1　大数据智能发展历史与演化

目前，大数据驱动的人工智能仍处于快速发展阶段，世界各国持续加大对人工智能技术研发的投入力度。美国拥有全球领先的技术优势：在算法层面，美国在人工智能基础理论研究及前沿应用研究方面均有深厚的技术积累；在算力层面，美国的芯片技术产业优势明显。我国人工智能发展水平紧随美国之后，位居世界第二。我国人工智能论文总量和高被引论文数量居世界第一，人工智能领域专利数量超过美国、日本，位居全球首位。我国在数据规模与应用技术领域拥有发展优势，但在人工智能基础理论研究、芯片技术方面与美国存在较为明显的差距。

2.2　知识与数据双轮驱动的大数据智能

随着人工智能技术的不断发展，越来越多的深度智能模型相继被提出并用于解决各种实际问题。这些深度智能模型在众多领域的成功离不开大数据的支持：在训练过程中，模型通过梯度下降方法，从大量数据中自动寻找规律性信息，并学习如何使用这些信息来做出后续预测。虽然目前很多模型在决策精度上已经达到了相当高的水平，但由于这些模型的决策过程中包含了大量的参数和复杂的计算，人类很难理解它们是如何做出决策的。深度智能模型的这种"黑箱"特性对一些安全敏感任务来说尤为致命，如医疗诊断、辅助驾驶和金融分析等任务。缺少可解释性意味着用户难以追溯算法决策的依据，这进而降低了用户对决策模型的信任度。反之，提高深度智能模型的可解释性可以为其增加如下优势：①增强算法结果的可预测性、决策依据的可追溯性和计算流程的透明性；②更好地完成针对算法模块的责任定位；③明确不同模型的系统边界和应用场景。基于此，增强模型的可解释性已成为人工智能领域非常重要的研究课题。

现有的数据驱动的人工智能技术依赖于从数据中发现隐藏模式的计算范式，大数据智能的目的是对大规模数据进行智能分析、语义推理、异常检测、趋势预测，提高模型自动化数据处理水平，但目前大数据智能仍面临着较多挑战。深度学习虽然能够从大规模数据中提取隐藏模式，但无法很好地抽象过程性知识和结构性知识，这限制了深度学习模型的推理能力。当一个可解释的智能系统做出判断时，其决策不仅取决于输入数据，还必须受到可被人类理解的一些机制的限制。这种限制一般可抽象化为一种正则化机制，它能够体现人类的知识，并将这种知识与从数据中获取的知识相结合。这种机制的作用在于限制人工智能系统的决策，使决策更加符合人类的理解和预期。若在大数据驱动的深度学习范式下引入多重知识表达，则提供了这样一种机制，它能够将从数据中获取的知识与人类先验的符号知识相结合，从而让人工智能系统的决策过程更加透明。具体而言，知识与数据双轮驱动的学习范式能够充分利用数据和知识这两个来源的信息。

在数据驱动方式下，模型通过从大量数据中学习规律性信息来提升其决策能力；在知识驱动方式下，模型通过吸收人类的经验和先验知识来提高其可解释性和鲁棒性。在知识与数据双轮驱动下，深度学习模型既能充分利用数据的信息，又能充分利用人类的经验和先验知识，可解释性大大提升。知识的引入能够有效缓解数据驱动模型面临的数据质量和数量要求高、模型泛化性低、结果不鲁棒等问题。知识与海量物联网数据的有机融合可以增强大数据智能的泛化性和鲁棒性，有利于构建异构统一、语义互通的数据交互框架，从而形成知识与数据双轮驱动的智能计算模式。

在增强模型可解释性上，知识相较于数据有两个显著的优势。①知识是结构化的，结构化知识刻画了不同概念和事物之间的关系。结构化知识通常以图的形式表示，包括一个或多个概念节点以及表示概念之间关系的边。传统的知识图谱就是表达结构化知识的一种方式，它将知识以图的形式表示出来，并通过查询和推理技术来挖掘和利用知识。结构化知识在很多领域都有应用，如语义搜索、推荐系统、机器翻译等。②相较于真实存在的数据，知识可以是启发性的，类似于人类的联想推理能力。启发式知识包含人类专家在解决某一特定问题时所积累的经验法则，它通常基于专家的经验和经过验证的做法，并包含了一些特定场景下通用的智能规则。启发式知识主要用于为人工智能系统提供指导，帮助它们在解决问题时做出更加明智的决策。启发式知识在人工智能领域中起着重要的作用，它不仅能提高系统的决策效率，还能提高系统的可解释性。

围绕"如何高效融合知识与数据，实现知识与数据双轮驱动的大数据智能"这一科学问题，国内外学者已初步开展了研究工作。Pan[19]提出了视觉知识的研究方法，旨在从视觉内容中提取结构化知识。Pan[20]还率先提出了多重知识表达的基础理论。Yang等[21]基于以上理论，提出了在大数据智能应用中实现多重知识表达的方法和框架。大数据智能中知识表达能力与解释能力的变化趋势如图2.2所示。首先，知识与数据双轮驱动能够显著降低模型训练对其所需数据的要求。例如，在医学视觉图像领域中，大规模标注数据的缺失一直以来都是限制该领域人工智能技术发展的主要因素，而在模型训练过程中引入医生的专业知识，能够极大程度地减少模型对数据的依赖并进一步优化其结果。其次，知识与数据双轮驱动可使深度学习模型的输入、映射和输出变成人类可以理解的表达，从而提升深度学习模型的可解释性。最后，知识与数据双轮驱动可以提高深度学习模型的可靠性和鲁棒性，如提供符合领域知识的数据增强方式、以领域知识作为模型优化方向的引导。因此，面对不同领域的问题，在海量数据驱动下，以领域知识、结构知识为引导和约束的人工智能技术将成为人工智能的新范式。下面针对这些知识与数据双轮驱动的研究技术展开具体分析和讨论。

图 2.2 大数据智能中的知识表达能力与解释能力的变化趋势

2.2.1 基于多重知识表达理论的大数据智能

知识表达旨在利用特定变换，将输入转换为符号编码或者特征向量，这是人工智能的一项重要研究基础。人工智能已从早期的传统知识表达（如生成式表达、逻辑表达、过程式表达）发展到了如今以深度学习为主导的知识表达。然而，长久以来，人工智能学者普遍持有另一种观点：知识表达需要融合多种表达形式，结合不同知识表达的优点。从该研究观点来看，多重知识表达框架不仅能够融合不同知识表达并获得互相补充和增益，还符合人类在对事物进行感知、认识、推理的过程中，对知识由浅及深地进行抽象的本质特点。在贴合人类认知特点的基础上，多重知识表达还具有诸如多模态知识相互增强、多重表达融合、消除数据偏置、提高泛化性及可解释性等优势。

　　基于多重知识表达的大数据智能，是知识与数据双轮驱动的典型研究。多重知识之间互相支撑、互相补充，有利于增强知识，降低数据需求，促进多感官知识融合，使大数据智能具备更强的可拓展性，适用于处理不同类型的数据。多重知识表达框架不仅结合了多种知识表达作为输入，还采用了合理机制将多种知识融合。

　　目前，针对多重知识表达的研究主要包含以下几种形式：符号化知识表达、知识图谱、手工设计的特征表达以及基于深度学习的表达。绝大多数人类知识存在于上述四种知识表达中。具体而言，符号化知识表达显式地依赖于专家预先定义的一些概念及概念间的因果关系；知识图谱包含了一组互相关联的实体描述、实体对或者实体链之间的关联。这两类表达形式适用于描述高度抽象化的概念及其关系。手工设计的特征表达以及基于深度学习的表达更倾向于从数据中获取表征，它们在利用原始信号提取高层语义表达方面更具优势。由数据驱动的深度特征表达天然具有提取丰富信息的能力，这是现有符号系统所缺少的。多重知识表达旨在高效利用各种知识表达实现知识表达间的深度融合。

　　人类感知事物现象并获取知识的过程是一个由浅及深抽象化的过程，会形成由浅及深的抽象层次。抽象层次是指保留重要信息并丢弃平凡细节的程度。以人类识别生物为例，人类通常会先观察生物的外貌，这些通过人类感官直接获得的信息（如形状、颜色、体型）通常包含很多细节，因此属于比较低层次的抽象表征。更高层次的抽象化知识包含生物的生活习性以及分类法则。在抽取细节并形成类别后，人类会逐渐挖掘类似外形等多种不同生物之间的差异与共性，并总结出"界、门、纲、目、科、属、种"这样的高度抽象化知识。换而言之，人类可以从低抽象化的感知出发，通过思考、归纳加深抽象程度，最终总结出生物的知识图谱。这样一个由浅及深抽象化的过程，目前仍没有人工智能可以独立做到。要想实现这样的人工智能，必须使其具备一个从低层次抽象到高层次抽象全覆盖的多重知识表达系统。

多重知识表达使不同类型的知识表达互相交互，增强了它们的表达能力，形成了更为紧密耦合的深层表达。重要的是，多重知识表达并不只是将多种不同的表达简单地组合起来的技术。例如，在计算机视觉研究中，基于深度学习的深度特征表达在机器感知任务中具有很强的鲁棒性。与符号化知识相比，深度特征表达通常包含更多关于视觉细节的信息，但符号化知识能够弥补深度特征表达在泛化能力方面的不足。

由知识图谱、视觉知识和深度神经网络等构成的典型多重知识表达结构如图 2.3 所示。其中，知识图谱和视觉知识分别擅长处理字符性内容和形象性内容，深度神经网络擅长对感性数据做层次抽象，它们分别对应人类大脑对长期记忆和短期记忆的信息加工与处理，彼此衔接、相互支持，有利于增强知识表达与推理等智能计算的可解释性、可推演性和可迁移性。

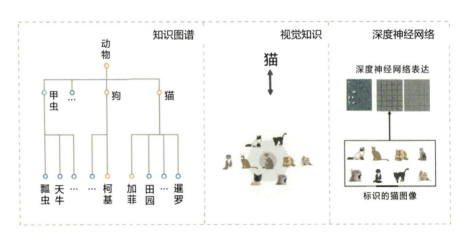

图 2.3　多重知识表达结构

在多重知识表达的若干形式中，我们注意到传统的符号化知识表达、手工设计的特征表达通常是由规则驱动的；而基于深度学习的表达主要是由数据驱动的。因此，一个由来已久的关键问题便是如何将规则驱动和数据驱动相结合。然而，在当前大数据人工智能发展形势下，规则驱动与数据驱动的矛盾已呈现出化解趋势；大数据驱动、多重知识嵌入为深度学习知识表达与传统规则驱动的知识表达的融合提供了可能。这主要有以下两点基础。

①人类语言本身具有较高的抽象程度，且已有语料库甚至完整覆盖了各种传统符号化知识表达（如陈述性知识、过程性知识、启发性知识、结构化知识）。换而言之，从人类语言（语料库）中可以获得多重知识表达所需的高度抽象化知识。

②近些年的视觉–语言模型（如CLIP、BeiT-3）、多模态统一大模型及相应的无监督训练方法，已能够将语言所含有的高度抽象化知识与图像（视觉）中所包含的较低抽象化知识融合。例如，CLIP通过自监督的文本–图像对比学习，得到一个文本信息与图像信息共洽的深度特征空间；BeiT-3在掩码数据建模的范式下，让语言和视觉共享注意力层，从而促进不同模态、不同抽象知识之间的相互增益。

基于此，联合视觉和语言，通过大数据驱动的基础模型训练，能够获得融合了低层次抽象的感知、高层次抽象的认知与推理能力的多重知识表达。这样获得的多重知识表达不仅能享受到丰富语料库中所包含的各种高度抽象化知识，还保留了数据驱动所带来的灵活性以及深度智能模型的强大学习能力。

尽管如此，需要指出的是，当前的视觉–语言模型与多重知识表达驱动的基础模型仍然有很大差别，亟须得到进一步突破。具体来讲，BeiT-3以掩码数据建模范式进行无监督学习，未能直接建立起语言抽象知识与图像、视频等低层次感知之间的直接联系；CLIP虽然建立了这样的初步联系（通过文本–图像对比的自监督方式），但其所用到的文本仅仅是零散的单词，未包含高层次的抽象知识，可以认为，CLIP利用的语言知识局限在单个语义概念的层次上。相比之下，多重知识表达驱动的基础模型需要以逻辑关系丰富的语料库及相应的图像、视频为学习资料，并通过掩码建模、对比学习及更新，甚至未知的学习方式，捕捉高度抽象化的语言知识与较低抽象化的视觉感知知识之间的联系。

多重知识表达作为新一代知识表达范式，从不同抽象层次、不同来源及不同方面的知识中学习有用的表达。这些知识表达相互增强，形成了更完备、更强大的表征。大数据人工智能时代下的多重知识表达不仅能够提高人工智能系统处理传统任务（如检测、分类）的性能，还能够赋予人工智能系统更完善、更丰富的功能及特性，如更好的泛化能力、更高的可解释性和更强的推理能力。多重知识表达理论能够助力新一代人工智能蓬勃发展，驱动人工智能技术登上新台阶。

知识具有多种表达形式，接下来讨论实现知识与数据双轮驱动的多种形式。

2.2.2 符号知识与数据双轮驱动

符号知识作为人类最传统的知识，通常以专家库的形式呈现。专家库包含人类专家精心整理的知识与规律，如定义、定理和推理规则。但这些专家库只能处理有局限的符号和概念，因此在遇到真实世界的复杂问题时，它们往往无法提供有用的解决方案。符号知识目前正在往知识图谱的方向发展。知识图谱的优点在于，它能够以图形的形式表示实体与实体之间的关系，使用户能够更直观地理解知识。此外，知识图谱还能够支持复杂的查询和推理，并且支持跨领域的联合查询。目前，知识图谱技术正在不断发展，并在许多领域（如智能客服、商品推荐等）都有广泛应用。

基于知识工程等方法可以构建大规模知识图谱，其中的主要难点包括知识融合、知识更新等复杂操作，如实体对齐、去歧义、规范化等。构建知识图谱需要一整套知识工程的方法，过程较为复杂，包括图数据库建立、知识表达、逻辑推理等，涉及自然语言处理、机器学习、深度学习等多种技术。知识图谱研究包含知识图谱更新、推理、补全等问题，需要通过关系抽取、关系理解来实现图谱关系分析并预测未知实体间的关系。在实际应用中，美国罗切斯特理工学院的 Khokhlov 等[22]提出了一个集成知识图谱实现数据源模型和数据对象以及它们之间物理关系的通用框架。德国柏林工业大学的 Tran 等[23]创建了一个实时事物图谱来构建实时搜索引擎，该知识图谱类似于谷歌等搜索引擎中使用的知识图，旨在深入描述世界各个连接事物的关系，提供更为智能的发现机制，以探索物联网数据。

虽然已有较多知识图谱与深度学习融合的研究，但目前仍未实现两者的深度融合。通过多重知识表达实现深度特征、知识图谱、手工特征的协同互补，将是一个重要的研究方向（图2.4）。

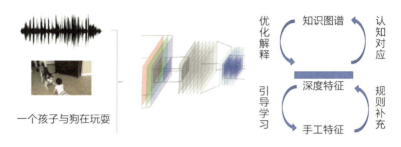

图 2.4　深度特征、知识图谱、手工特征的协同互补

2.2.3　物理规律与数据双轮驱动

物理规律是指自然界中物体之间相互作用的基本原理。这些原理由许多科学家通过观察自然界并开展实验探索和验证得到。物理规律通常可以用数学方法表示，并且在许多领域（如力学、热力学、电磁学等）有着广泛的应用。

人工智能技术可以用来模拟复杂的系统（如粒子碰撞、行星运动），并能够通过观察模拟后的结果来研究这些系统的物理规律。此外，人工智能技术还可以用于分析大量的实验数据，帮助科学家发现新的物理规律或者验证已有的物理规律。例如，可以使用机器学习算法来分析实验数据，并通过模型训练来预测新的结果。

物理规律与数据双轮驱动的研究范式旨在将可解释物理模型与强拟合数据模型结合，形成物理信息驱动的深度学习方法。近年来，物理信息驱动的深度学习方法发展迅速，已成功用于求解流体、医学、材料等领域的科学计算问题。将物理先验知识嵌入深度学习模型和算法中，能够提高模型学习效率和学习能力，这种模型可用于探索复杂问题的求解空间，能够节省数百小时甚至更多的仿真时间成本。

2.2.4　因果知识与数据双轮驱动

因果知识是指了解事物之间的因果关系。将因果知识与数据相结合，有助于我们更好地理解事物之间的关系，预测和解释事物的变化，并做出更为精确和有效的决策。因此，在许多领域中，因果知识与数据双轮驱动是一种有效的方法，可以帮助我们更好地理解复杂世界。

因果知识与数据双轮驱动的研究往往聚焦于物体与事件的因果关系、时空关系建模方法，以及多种图谱结构的综合推理算法。因果学习过程中一般需要建立因果图，建立通过数据方式证伪的途径。通过数据拟合，预测干预行动的效果，实现反事实推断；通过交叉计算，获得增益效果的有效途径。

2.2.5　视觉知识与数据双轮驱动

近年来，为了突破大数据智能可解释性不足、迁移能力弱的瓶颈，形成知识与数据双轮驱动的计算范式，视觉知识逐渐成为研究热点。视觉知识包括视觉概念与视觉命题。视觉概念结构清晰，能实现语义可解释和知识可推演。视觉命题描述了视觉概念的空间和时间关系。视觉知识具有层次结构，拥有典型和范畴，能够表达空间的形状、大小和关联关系，以及空间的色彩和纹理。通过视觉关系、视觉推理等知识计算方法，视觉知识可提升模型的外推与复杂大数据推理能力，实现可泛化、可解释的大数据智能。通过设计因果关系、时空关系等视觉关系推理框架，视觉知识能够显著提升大数据智能的可靠性和可信性。

视觉知识的表达形式有别于传统表达，它以典型和范畴的形式表达，避免在迁移中使用大量冗余参数。知识表达是指将人类知识形象化、模型化，将知识转化为便于处理的模式，以解决人工智能中的复杂任务。不同于传统的基于规则或是深度学习的特征表达，知识表达包含实体的客观属性，实体间的语义关系和时空关系，以及时间之间的因果关系表达。知识表达还可以处理复杂的关系推理。

语义合成性是实现视觉知识建模的途径之一。复杂语义是由原始元素组合构建的一种新的表示。人类往往将世界理解为各个部分的总和，其中，对象可以分解成部件，事件由一系列动作组成。一方面，通过简单概念的组合，人类可以构造复杂概念并创建多功能系统；另一方面，人类可以将复杂事物快速分解，并将陌生的事物分解为熟悉的部件，实现更强的泛化能力。可将复杂文本描述分解为多个简单视觉概念，通过视觉知识解耦与分解，降低训练难度，实现模型的有效正则化。

视觉分解为视觉知识提供了视觉概念自动提取能力。借助自监督学习，运用各种视觉知识的分解、替换、变形，可将表征解耦为表示不同属性和视觉概念的特征，提升基础底层特征的可解释性和可操作性。视觉知识分解旨在捕获视觉内容中显著或具有可解释性的因素，将抽象知识解耦成独立、易解释的概念。研究视觉知识分解的机理有助于深刻理解数据生成过程及其中潜在的因果关系，帮助提炼重要的视觉信息，并创建更泛化的知识表达。

基于自监督的视觉分解研究可能是实现大规模自动提取视觉知识的有效途径。首先，通过深度编码器将视觉知识映射到特征空间，再将输出的特征分解为代表不同视觉概念的子特征。接着，将不同子特征交换，使新生成的特征同时包含多个来源的视觉概念。其中，子特征的交换是通过掩码和加法操作实现的。随后，利用生成器将新特征映射到图像空间。最后，以减小特征之间的曼哈顿距离作为自监督训练的损失函数。由此，可以同时端到端地优化生成器和编码器，实现不同视觉概念的特征解耦。以上是基于特征解耦的视觉概念自监督学习的技术方案的一个简单样例，在实际系统中，我们可以根据仿真引擎的建模能力和实际任务定义更多类型的子特征。这些解耦特征有明确的可解释的意义，可以运用到后续的计算推理系统中。

视觉知识能够通过知识迁移应用到更多的任务和场景中，加快模型学习速度并减少模型对大量标注数据的依赖。对于目标域中与源域类别相近的视觉类别，可以基于源域知识范畴，通过形象思维模拟来增强目标域的多样性，进一步提升方法的泛化能力。其中，多类别场景下的视觉知识迁移更为通用。多类别视觉知识迁移包括源域及目标域视觉类别的典型与范畴提取、源域及目标域间的多类别匹配、多源域视觉知识的迁移。例如，通过深度神经网络抽取每一类别的特征的均值及方差，获得典型与范畴，再根据类别典型间的相似度，通过匈牙利算法匹配得到类别匹配，最后实现源域范畴与目标域典型的合并，根据源域视觉范畴生成目标域图像。这个迁移过程如图 2.5 所示。

图 2.5　基于视觉知识的迁移学习

　　视觉知识重建是指根据视觉知识表达重构出原始视觉内容。视觉知识重建是视觉知识表达的逆过程。视觉知识重建不仅需要重建视觉概念的形状、结构等典型信息，还需要根据视觉概念的范畴进行可控的多样性内容生成。视觉知识重建不仅包含静态二维图像、三维几何的生成，还包含连续动作变化的模拟。视觉知识重建亦可用于视觉知识表达质量的评估，为可解释视觉概念提供有效工具。视觉生成是利用计算机图形学和计算机视觉技术生成单个或多个物体的图像或视频的技术，在数据可视化、计算机动画、虚拟现实（virtual reality，VR）和增强现实（augmented reality，AR）等领域得到了广泛应用。在视觉生成中，解析生成对象的部件结构有助于获得外观形态逼真的生成效果，而视觉知识正好提供了这种支持。因为每一个视觉概念都包含部件空间结构关系，因此有关动物的视觉概念还应有动物对应常见动作的动作结构，这种视觉结构在视觉生成中能够发挥重要作用。在深度学习广泛应用之前，传统计算机视觉、图形学在动画生成中就已经实质性地运用了视觉知识，如人脸动画生成。人脸的外貌是由面部骨骼以及覆盖在其之上的脸部肌肉、皮肤共同决定的。从视觉知识的观点来看，这些骨骼、肌肉、皮肤部件正是人脸这一视觉概念的层次结构。面部关节的运动、肌肉的紧张程度以及表情的变化能够使同一张人脸呈现出丰富的外貌表现。基于这个角度，一些研究对人脸这一视觉概念进行了层次化、动作化分解。

知识类比联想是指识别概念之间的关系并类比推断至超越已有概念的能力。类比联想是推理的重要步骤，如玫瑰之于花相当于猫之于什么？人类可以推理出答案是动物，并理解"玫瑰之于花"为从属关系。类比联想涉及对视觉知识的操作。基于类比联想的推理方式通过实例组合的形式，将隐式关系包含在推理过程中。类比联想的研究将视觉知识中的关系建模推广到逻辑关系、从属关系等更为抽象的关系。

在视觉关系学习表达中，我们需要关注视觉相关关系，避免学习与视觉无关的信息。现有数据中存在大量的非视觉的先验信息，因此视觉关系学习表达模型很容易学到简单的位置关系或单一的固定关系，而不具备进一步推测学习语义信息的能力。这就导致现有关系数据的表征并不能明显提升语义相关任务性能。可通过设计一个视觉相关判别网络解决上述问题。该方法利用网络自主的学习，分辨那些仅通过一些标签信息即可推断的非视觉相关关系，从而保证数据中留存的都是具有高语义价值的视觉相关关系。但由于模型对场景的泛化能力不足，无法有效、准确地理解新场景中的物体，因此很多研究只聚焦于图片解耦和图片生成的闭环学习，通过图片解耦出与场景无关的特征，并将其运用于下游任务，以提升模型性能，增加模型泛化能力。

2.3 大数据智能的应用及案例

2.3.1 数字人

数字人是指运用计算机技术创造出来的、与人类形象接近的数字化人物形象。数字人研究起源于 1989 年美国国立医学图书馆发起的"可视人计划"（Visible Human Project，VHP）。早期的数字人研究基于计算机图形学技术和人体信息，以期实现人体解剖结构的数字化，主要面向人体解剖、临床诊疗等智能医疗应用。近年来，得益于大数据智能的突破性发展，数字人的制作过程被有效简化，传统的计算机图形学、图形渲染、动作捕捉、语音合成等技术，逐步被人工智能技术替代。大数据智能下的数字人构建模型从人物视频、三维模型、语音文本等数据中学习人物形象、肢体动画、语音对话、图像/视频合成等构建数字人的关键信息，从而根据应用需求合成和驱动不同的数字人形象，甚至能实现数字人与真人的智能交互。

目前，主流的数字人研究和应用方向聚焦于运用大数据智能实现实时真人驱动的高质量数字人形象。这类数字人技术通过人工智能模型实时捕捉真人的形象、动作和语音，并将其转化为对数字人的实时合成与控制信号，实现真实自然的人机交互。通过运用大数据智能，数字人能够更好地理解与应对真人的语言和动作，并实现更高质量和更真实的人机交互。2021年，英伟达公司开发了NVIDIA Maxine视频会议软件，用户只需要提供一张照片或一个卡通头像，就可以实时且逼真地将自身形象替换为虚拟形象。这款软件使用了名为Face Vid2Vid [24]的人工智能技术，该技术基于大规模视频数据学习到了如何由真人视频驱动一幅照片合成高清自然的三维人脸说话视频。2022年，谷歌公司的研究团队提出的PHORHUM模型[25]可以从单张图像中重建逼真的三维人体形象，从大规模人像数据中学习推理三维人体的几何结构和表面纹理，该模型可对图像中不可见部分进行详细、合理的形状与颜色估计。

真人驱动的数字人已被应用于医疗、娱乐、社交领域，并形成了一定的产业规模。在医学领域，2022年7月，美国斯坦福大学医学中心展示了如何将数字人技术应用于人体健康领域的前沿研究中，如通过数字人指导研究参与者改进行走姿态，以减轻膝盖负担。研究结果显示，在数字人的指导下，研究参与者的平均膝盖负担降低了12%，相当于减轻了20%的自身体重。这项研究表明，数字人技术可以通过分析指导人类改进人体状态，为人体健康带来益处。在娱乐方面，随着网络直播平台的发展，真人驱动的数字人虚拟主播开始兴起。2020年11月，字节跳动公司推出了A-SOUL虚拟偶像团体，该团体在抖音平台的粉丝总人数已超过600万。2021年6

月，哔哩哔哩平台公布的数据显示，虚拟主播已成为该平台直播领域增长最快的品类，该平台已有超过3万名虚拟主播，同比增长40%。虚拟主播的兴起正在影响人们的娱乐方式。通过人工智能技术，虚拟主播能呈现更为定制化、符合观众需求的表演内容。在社交领域，数字人与虚拟现实相结合，衍生出了远程面对面社交的应用产品。例如，用户可通过美国Meta公司推出的Quest虚拟现实头戴式设备，化身三维数字形象，与朋友在虚拟世界中开展交流、协作和游玩等社交活动。通过大数据智能技术，Meta公司的虚拟现实应用让用户可以通过手机摄像头在数分钟内完成对自己脸部形象的高清数字三维重建[26]。

除真人驱动的数字人外，智能决策、自主驱动的数字人近年来也备受关注。智能驱动的数字人是指通过人工智能技术实现自主驱动和决策的虚拟数字形象。大数据智能可收集、分析和学习海量的自然语言、图像等信息，从而使数字人能够在传媒、客服、商务等特定应用场景中做出符合实际情况的决策，完成智能化的自主演出、人机交互等任务。在智能化演出方面，2018年，新华社与搜狗联合发布人工智能合成新闻主播，该人工智能模型通过学习真人主播新闻播报视频中的声音、唇形、表情动作等特征，基于输入的中、英文文本进行语音、唇形、表情合成，生成与真人主播无异的播报视频。2022年，字节跳动研究团队提出的AvatarGen数字人模型[27]能自主生成不同形象的逼真的三维数字人体，并支持驱动数字人做出不同姿态及动作；基于人体结构信息引导，该模型能从大规模人体图像数据中学习到不同人体的外貌、衣着、体型、体态等三维信息。在智能化人机交互方面，2020年，三星旗下子公司STAR Labs在国际消费电子展（Consumer Electronics Show，CES）上发布了"人造人"项目"NEON"。"NEON"是由人工智能技术驱动的数字人，拥有拟真的人体形象、面部表情和肢体动作，并具备沟通交流和表达情感的能力。2021年，京东人工智能研究院推出可对话的数字人客服，其具有逼真的视频形象，支持多轮对话的智能人机交互，能完成客服咨询和助理服务等多种任务。2022年2月，Meta公司宣布了对话式人工智能机器人项目"CAIRaoke"，计划将大数据驱动的对话式智能模型与虚拟现实、增强现实相结合，实现可以进行沉浸式、多模态人机交互的虚拟语音助手功能。

2.3.2 智能教育

在智能教育方面，大数据智能主要有以下几种应用。

①大规模学生分组。学生分组学习和实践是现代教育的常见教学模式。在智能教育系统中，学生自动分组是要解决的重要问题之一。教育领域的数据具有异构化特性，阻碍了学生自动分组算法的发展。学生分组依赖于多种异构信息，这些信息通常以音频、文本、视频以及结构化表格等形式出现，包括学生在学习平台上的个人活动、组员之间的合作对话、学生与教师互动的历史记录，以及其他与学生学习经历相关的信息。分组的质量极大地影响了学生的参与度，继而影响后续小组作业的交流、教师的教学管理等。多重知识表达通过构建图结构以及增强知识表达能力，从异构线索中自动发掘线索间的因果关系和结构依赖，从而提高自动分组质量。基于多重知识表达的自动分组机制：首先，将学生与学生、教师与学生之间的交互联系以及教育专家知识图谱嵌入同一个图空间中；其次，以符号知识图谱为引导，按照多重知识推断的流程提取出节点间的因果关系并抽象出多层知识表达；最后，给出具备可解释性的学生与学生之间的关系图。其中，图的边代表分到同一组的权重，每对权重代表统计意义上两个学生之间的关联性，这也可以从教育专家知识图谱上的最近邻节点得到相应的解释说明。多重知识表达可将最终分组的推荐结果可视化，以供教师做决策。在这一实例中，多重知识表达起到了将学生和学生、学生和教师之间产生的异质数据对齐的重要作用。更进一步，多重知识表达能够为在线教育系统实现自动分组提供支持，进而优化学习环境。

②智能教案生成。教学模式是课堂实施的主要途径，是达成教学目的、完成教学任务的重要手段，有助于学生在具体情境中进行有意义的教学活动。总结成功的教学模式形成教案，是人机协同提高教学水平、分享经验的关键。基于大数据的训练模型在知识的引导下，可以针对教师画像、教

学目标、机器判断与学习成果之间的关联规则选择合适的教学模式以及与该教学模式相对应的小组讨论、总结等教学活动，以便为授课教师自动生成满足教学场景的教学方案组织框架。多重知识表达可离线构建教学模式库与教学活动库，基于在线的一些优质教学资源和教学设计方案，采用关联规则挖掘算法，建立多种教学模式库，剖析不同教学模式所包含的教学活动环节，形成面向不同教学模式的教学活动序列结构；可构建教学模式引导的教学活动序列标注模型，构建与教师能力、教学目标、教学模式匹配的教学活动序列，自动为授课教师生成"教学模式－教学活动序列"的两级教学模式框架。在跨媒体教学资源的一致性表征基础之上，采用深度多任务学习框架，选取适配于当前教学目标与教师能力的跨媒体教学资源，可为后续方案内容的填充提供数据支撑。可将方案内容的填充问题转化为面向"教学模式－教学活动序列"教学资源的层次化分类问题，形成个性化的教学方案。在这一应用实例中，多重知识表达起到了将来自数据的抽象知识和源于先验的教师经验分步建模的作用，实现了对优秀教学模式框架和个性化教学内容的解耦，保障了先进教学策略在不同学科的泛化和应用。

③智能课堂活动编排。课堂活动编排旨在通过人机协同的方式掌握整个班级或小组的学习任务进展，挖掘、跟踪、感知群体动态信息，优化教学活动顺序和力度，从而提高学生的学习主动性和协作有效性。教学场景存在媒体数据形式繁多、用户反馈参差不齐、时间空间信息离散等特点，给教师的编排策略选择带来了很大的挑战。在以往的教学活动过程中，大量的活动状态变化数据为活动的编排与干预提供了指导信息。使用此类数据训练深度神经网络，可通过分解群组任务、定位成员角色、推断角色关系等操作，构建基于角色的群体感知模型。在此基础上，可利用多模态内容分析、滞后序列分析等方法，推理角色间感知强度，建立群体协作程度的高阶描述，并结合多重知识表达机制和人脑学习机理的引导，完成对活动状态的计算与识别。同时，可进一步设计一种基于强化学习的教学活动编排方法，先在多重知识的引导下，结合动态图算法和循环神经网络等相关技术，建立动态环境驱动的强化学习序列生成模型；然后设计基于积分规

则的激励方法，引导和增强师生对活动编排的协同反馈；最后完善人机回路中强化学习的奖励函数设计，实时、准确地生成编排策略。这一应用实例将多重知识表达放置在了"人在回路"（human-in-the-loop）的训练范式当中，综合利用了知识表达的先验引导和强化学习的反馈迭代形成的良性闭环，确保了课堂活动编排的实时性和有效性。

④智能学情诊断归因。课后针对学情进行诊断与归因是辅助教师分析课堂活动编排和策略选择优劣的重要教学活动。智能模型根据课堂教学活动的多时空特征，首先对课堂教学过程中形式多样的学习活动事件进行采集、跟踪、记录和存储；然后基于课堂交互信息的多模态属性，利用文本、语音、视觉等预训练模型，结合领域自适应技术，构建跨模态交互行为编码；最后通过自监督网络表示学习技术，研究时空异质信息网络的嵌入学习方法，构建异质实体与关系的统一语义空间，实现教学主体与交互行为可计算。在此基础上，形成交互行为增强的认知状态诊断与追踪。具体来说，根据教学过程中的智能活动编排与共享调节策略，多重知识表达首先梳理代表教学全流程活动的"课堂活动流"与代表教学干预活动的"课堂干预流"，研究一种基于"课堂活动流"与"课堂干预流"的多轨道时序注意力模型，构造交互行为认知计算模型；然后分别构建参数化的学习者认知追踪模型和能力追踪模型，从知识和能力两个维度刻画学习者认知隐状态；最后通过多层次知识能力交互模型，连接学习者隐状态与外显作业练习结果数据，构建数据驱动的模型优化目标。在这一应用实例中，多重知识表达将教学策略表达为不同抽象层级的知识形式，如手工特征表达、深度特征表达、视觉知识、知识图谱等，并建立同一表征，实现了策略与学情间的因果关联。

2.3.3 科学机器学习

大数据及其技术与应用在计算机视觉、自然语言处理、语音识别等人工智能领域取得了巨大进展。除此之外，基于大数据的计算方法在科学领域（如生物信息学、天气预报、小行星发现等）也发挥着重要作用。下面将介绍大数据技术是如何辅助这些科学研究的。

①生物信息学。可基于已发现或获得的相关数据，设计出有效的人工智能算法来解决生物信息学中的重要问题，如蛋白质结构预测与分类、生物医学图像处理与诊断等。蛋白质涉及四级结构，即多肽链中的氨基酸序列、多肽链上的局部亚结构、由单条多肽链形成的三维结构以及由两条或多条作为单一功能单元运作的多肽链创建的三维结构。由于蛋白质的功能与其三维结构密切相关（这也同样适用于药物），因此蛋白质结构预测，即根据其氨基酸序列预测蛋白质的三维结构，是目前生物学领域极为重要的目标之一，这也将促进一系列下游任务和应用，如酶和药物设计等。通常，确定蛋白质的三维结构需要大量的物理、化学和生物实验。最近，基于大数据的深度学习在蛋白质结构预测方面取得了令人瞩目的成就。例如，基于蛋白质三维结构数据的大型数据库Protein Data Bank（PDB），DeepMind公司提出的AlphaFold利用深度神经网络对蛋白质结构进行了高度准确的预测。蛋白质三维结构预测可以看作是一个生成任务。除此之外，大数据智能还可以用在蛋白质分类任务上。例如，基于PDB和蛋白质结构分类（SCOP）1.75等数据库，浙江大学、新加坡国立大学等提出了一种连续离散卷积（continuous-discrete convolution，CDConv）操作，它可用于提取蛋白质一级结构（多肽链中的氨基酸序列）和三维结构的全局表征，解决了蛋白质属性预测和分类问题。该方法成功地应用到了蛋白质折叠分类、酶反应分类、基因本体预测和酶学委员会编号预测。该类技术还可以拓展应用到其他与分类相关的问题中，如蛋白质-药物和蛋白质-蛋白质相互作用预测等。

受益于计算机处理大量生物医学数据的能力不断增强，计算机辅助诊断系统被广泛用于医疗诊断。并且，由于计算机能够准确处理高分辨率生物医学图像，以及具备捕捉小异常区域或识别不完整病变的优势，这些系统有时甚至胜过专业医生。例如，在结直肠癌的诊断和治疗中，识别和去除结肠中的癌前病变（如息肉）非常重要。然而，由于医学光学仪器检测不完整等因素，小息肉很可能被医生遗漏。最近，Google Research通过用大规模数据训练人工智能系统来检验和预测被忽略或未完成检测的息肉问题，大大减少了息肉的漏检问题。

②天气预报。传统的天气预报通常基于物理技术、定律或专业知识。然而，这些传统方法对物理定律的近似值很敏感，并且可能会忽略它们所基于的未发现的因素。此外，传统方法通常会受到超高计算要求的限制。在过去的几年中，基于天气观测的大量数据，人们已经开始尝试使用人工智能直接理解天气图像数据，从而解决天气预报问题。这些方法可以充分利用观察到的数据，对计算资源要求相对较低。例如，2015 年，由香港科技大学提出的卷积长短期记忆神经网络（convolutional LSTM）就展示了用大数据技术解决降水预报问题的能力。2020 年，Google Research 直接将天气数据引入神经网络模型，该方法可进行提前 8 小时的天气预报，并能够生成长达 90 分钟的连续雷达数据。2021 年，该方法提升到了提前 12 小时预报，空间分辨率为 1 千米，时间分辨率为 2 分钟。这些成果显示了大数据和人工智能在天气预报中的有效性。

③小行星发现。因为某些小行星可能对地球构成潜在威胁，所以识别和跟踪近地天体一直以来都非常重要。历史上，美国航空航天局（National Aeronautics and Space Administration，NASA）曾使用性能强大的地面望远镜及 NEOWISE 航天器来识别小行星和其他近地天体，NASA 还使用跟踪系统跟踪了小行星的运动。然而，受限于现有的望远镜和图像检查工具，一些小行星无法被有效地发现和识别。为了解决这个问题，天文学家们开始采用大数据技术分析天空图像，从而寻找新的小行星。例如，一家总部位于美国的非营利性小行星研究所通过处理和分析不同天空图像中的光点，发现了前人未探测到的小行星轨道。该研究所通过这项技术成功发现了 104 颗新小行星。不过，这仅仅是开始。该研究所预测，基于更多的观测数据和先进的算法，未来将探测到数以千计的新小行星。

2.3.4 视觉场景理解

人类对于视觉场景的理解主要包括两个部分：场景中存在的大量规则物体以及物体之间的视觉关系。随着社交媒体技术的迅速发展和视觉媒体数据的"爆炸式"增长，视觉场景的组成成分呈现出复杂化、多样化的特点。

在知识与数据的双轮驱动下，视觉智能系统对于物体级别的理解不断超越人类的极限，但其对于场景级别的理解与人类的理解相比尚存在一定的差距。因此，如何使计算机模型能如人类一般快速、精确地理解视觉场景是计算机视觉领域关键的研究方向之一。

为了使视觉智能系统具有视觉场景理解的能力，一种广泛应用的解决方案是使用计算机模型将视觉场景提供的不规则视觉信息转化为带有语义信息的结构化表征（即场景图）。场景图是一种有向图形式的结构化表征，其中每个节点代表一个物体，每条有向边代表物体之间的视觉关系。一般地，场景图可由一系列〈主语（物体），谓语（视觉关系），宾语（物体）〉视觉三元组构成。得益于结构化表征所蕴含的关于视觉场景的高级语义理解，场景图被广泛应用于视觉问答、图像描述、图像检索等多种下游智能视觉任务并取得了有效的收益。近年来，研究者们提出了数个关于视觉场景理解的大规模数据集（如斯坦福大学研究团队提出的Visual Genome数据集），为场景图生成任务的研究奠定了基础。

场景图生成任务主要包括三个子任务。①关系分类（PredCls）：给定图像中物体的边界框及类别，预测物体之间的视觉关系。②场景图分类（SGCls）：给定图像中物体的边界框，预测物体的类别与物体之间的视觉关系。③场景图生成（SGGen）：给定一张图像，定位物体边界框，再预测物体的类别以及物体之间的视觉关系。

目前，主流的场景图生成算法主要包括三个步骤。①目标检测：利用预训练的目标检测器提取图像中物体的边界框及视觉特征。②物体分类：利用物体分类器预测提取边界框的物体的类别。③关系分类：利用关系分类器预测物体之间的视觉关系。视觉场景理解的复杂性在于，关系分类不仅与物体（主语和宾语）的视觉、语义和位置等显式特征相关，还与场景中其他物体及背景等复杂信息构成的上下文有关。例如，对于〈人，踏，冲浪板〉这个三元组，我们可以根据图像中的其他物体（如"海浪"），推断出"人"与"冲浪板"之间的关系是"踏"而不是"携带"。为了更好地建模整个视觉场景的上下文信息，一种主流的研究方向是采用LSTM、Transformer等序列模型进行信息传递。具体而言，该类方法首先利用目标检测器提取出图像中所有物体的视觉特征，然后通过序列模型挖掘视觉场景的上下文信息并编码关系分类时所需的视觉关系特征，最后同样利用一个序列模型解码视觉关系特征，从而获得视觉关系的类别。

由于数据集标注的缺陷，目前在场景图生成任务方面仍旧面临一些问题，主要有两个方面。一方面是当前研究的视觉数据存在严重的长尾分布，即少量的类别拥有大量的训练样本，而大量的类别却只拥有少量的训练样本。例如，视觉关系为"在……上面"的样本数量是视觉关系为"骑"的好几倍。另一方面是视觉关系类别的定义存在高度的语义重叠。例如，视觉关系"在……上面"在某些场景中同样可以表达"骑"的语义，而数据标注人员往往倾向于标注那些粗粒度语义的视觉关系，如"在……上面"。因此，计算机模型更倾向于预测那些训练样本数量较多且为粗粒度语义的视觉关系，而粗粒度语义信息无法为下游智能视觉任务提供丰富的场景理解信息。为解决以上问题，无偏场景图生成任务受到了研究者的广泛关注。当前无偏场景图生成的研究方法可分为两大类。①重平衡策略：这类方法通常采用样本数量等先验知识去平衡不同视觉关系在模型训练过程中的贡献，或使用重采样的方法减缓视觉关系的长尾分布。②不同语义粒度的视觉关系转换：这类方法从标签相关性的角度出发，通过迁移学习等方式将粗粒度的视觉关系转换为细粒度的视觉关系，从而丰富细粒度视觉关系的分布。

深度神经网络的发展和大数据时代提供的海量数据，使计算机模型在场景级别上的理解取得了长足进步，为其进行视觉场景推理奠定了坚实的基础。然而，作为打通上游感知任务和下游应用任务的桥梁，视觉场景推理目前仍面临着诸多挑战。例如，在当前互联网提供数据海量、人工标注成本昂贵的背景下，如何在弱监督信息甚至没有视觉关系标注的数据基础上学习视觉场景理解的模型、将视觉关系预测从固定的集合扩展到开放的词汇集的研究尤为重要。同时，面向多个模态的场景图生成的研究需求也日益迫切。

2.3.5　人机视觉问答

近年来，借助日益增长的海量数据，智能系统在复杂视觉场景的理解上取得了突破性成果。在此背景下，研究者开始思考人工智能模型能否像人类一样在视觉场景中进行知识推理，视觉问答应运而生。视觉问答是经典的视觉推理任务：给定一个与视觉场景内容相关的问题，视觉模型需要在充分理解视觉场景的基础上，经过一系列逻辑推理，给出问题的答案。由于视觉场景的多样性和测试问题的开放性，理论上，视觉问答要求智能系统同时具备物体检测、识别分类、知识推理、自然语言理解等多方面的能力。因此，视觉问答被誉为视觉图灵测试。视觉问答技术的进步能够推动多模态信息处理技术的发展，为众多人机交互技术奠定基石。视觉问答技术具有广泛的应用空间：帮助视障人员了解视觉场景；与医疗相结合，提供专业的诊疗意见，帮助医疗人员提高诊疗效率。

典型的视觉问答模型接收图像和处理问题的过程包含以下四个步骤：①通过自然语言处理技术理解输入的问题，提取文本信息；②通过计算机视觉技术对输入的视觉场景进行理解和建模，提取与问题相关的视觉信息；③通过多模态信息处理技术将文本信息和问题信息融合；④基于融合后的信息完成答案的最终预测。

随着多个大规模视觉问答数据集的发布（如 VQA v1 数据集），视觉问答在近年来受到了前所未有的关注。早期的视觉问答模型采用循环神经网络模型（如 LSTM 模型）提取问题的文本信息，采用深度卷积神经网络（如 VGG 模型）提取视觉场景的全局信息。然而，这样一来，模型往往会忽略某些重要的细节信息。为了使视觉问答模型能够有选择性地关注更重要的视觉信息，研究者开始将注意力机制引入模型，即根据文本信息对视觉场景进行动态建模。类似地，对问题应用注意力机制也能帮助模型关注更重要的文本信息。为此，研究者利用协同注意力机制，同时对视觉场景和视觉问题应用注意力机制，进一步提升了视觉问答模型的性能。随着大规模多模态预训练的进步，视觉问答任务的性能如今主要由预训练的多模态BERT模型为主导。在多个大规模数据集（如MS COCO数据集、Visual Genome数据集）上进行文本任务、视觉任务、多模态任务的预训练，可大幅提升视觉编码器和文本编码器的能力，提升视觉问答任务的性能。例如，在VQA v2数据集中，预训练的多模态BERT模型LXMERT的准确率达到了72.5%，远远超越了基于注意力机制的视觉问答模型（自顶向下、自底向上的UpDn模型在VQA v2数据集上的准确率为63.48%）。

尽管目前视觉问答技术得到了快速发展，但仍然面临着严峻挑战。大量研究表明，目前视觉问答模型的卓越性能依赖于文本偏置（即问题和答案之间的相关性），而不是基于模型自身的知识推理能力，这与视觉问答任务的设立初衷背道而驰。例如，面对"what sport"（什么运动）开头的问题，模型直接回答"tennis"（网球）就可以达到较好的准确率。为了研究文本偏置产生的原因并尽快消除其对视觉问答模型的影响，研究者提出了多个诊断性质的视觉问答数据集（如VQA-CP数据集）。通过刻意地修改这些数据集中测试集的答案分布，使其与训练集的分布不一致。如此一来，依赖文本偏置的视觉问答模型便无法在这些诊断数据集上达到良好的性能。为了缓解文本偏置，视觉问答领域中有两类主流的解决方案。①基于集成的模型：这类方法通过设计更加合理的模型结构来减轻文本偏置对视觉问答模型的影响。具体来说，集成模型中引入了一个辅助模型，集成模型可直接对文本偏置进行建模并尝试消除偏置，其中辅助模型仅以问题作为输入。②数据增强：这类方法通过生成额外的训练样本，隐式地缓解了数据集中数据分布不平衡的现象，同时，更丰富的训练样本提高了模型的鲁棒性。

综上所述，随着视觉问答技术的蓬勃发展，智能系统已经初步具备基于视觉场景进行知识推理的能力。尽管如此，智能系统在视觉问答任务上的表现与人类专家的表现还相差甚远，仍没有达到大规模普及和落地应用的水平。未来，我们需要进一步提高视觉问答模型的性能及其对文本偏置的鲁棒性，同时，推动视觉问答技术在传统行业实现更深层次的结合，加快项目落地进程，为人类的生活带来更多便利。

2.4 结　语

大数据智能的兴起是技术进步和社会需求共同作用的结果。早期，计算机数据处理能力有限，计算机科学家和工程师主要关注如何存储和检索大量信息。随着时间的推移，计算机处理能力的飞跃、互联网的普及以及移动技术的发展使得数据的收集和处理的速度变得更快，范围变得更广。这些技术革命为大数据的分析和应用提供了肥沃的土壤。近年来，机器学习和人工智能技术的突破使得从海量数据中提取知识和洞察原理成为可能。从智慧教育到人机协同交互，从商业决策支持到医疗诊断，从天气预报到个性化推荐……大数据智能应用于各个领域，影响着社会的各个方面。

当前，大数据智能正处于快速发展的阶段，面临着许多挑战和机遇。在这个过程中，知识的作用不可忽视。一方面，随着数据量不断增加，如何有效地获取、融合和表达知识，是大数据智能领域的核心问题。为了解决这个问题，需要构建合适的知识表达模型，设计高效的知识获取算法，开发灵活的知识融合方法，并且提供友好的知识表达界面。另一方面，如何利用知识与数据双轮驱动的方法，整合符号知识、物理规律、因果知识、视觉知识等多重知识，探索复杂问题的求解过程，是大数据智能领域的重要目标。为了实现这个目标，需要把握知识和数据之间的相互作用机制，建立多重知识之间的协调关系，并且设计基于多重知识的复杂问题求解框架。

未来，大数据智能将继续探索新的理论、方法和应用，促进知识和数据的协同演进，持续驱动技术革新和社会变革。在理论方面，大数据智能将探索更深层次的数据本质和规律，建立更完善的数学模型和理论框架，提高数据分析的准确性和可靠性。大数据智能将结合人工智能、深度学习等技术，开发更高效、更灵活、更智能的数据处理和分析方法，实现数据的快速获取、清洗、融合、挖掘、可视化等功能。在应用方面，大数据智能将广泛应用于科学研究、工业生产、社会管理、公共服务等领域，为各种复杂问题提供解决方案，促进社会经济的发展和进步。随着计算能力的进一步增强，算法的不断优化，以及新型传感器和设备的普及，人们将能够处理和分析更加复杂、更高维度的数据。大数据智能将实现知识从数据中产生、通过数据自主更新的过程。大数据智能将与人类协作，实现人类思维与机器智能的互补和融合，提供更精准的预测、更深入的洞察以及更高效的决策支持。

执笔人：杨　易（浙江大学）

肖　俊（浙江大学）

参考文献

[1]　Rosenblatt F. The perceptron: A probabilistic model for information storage and organization in the brain [J]. Psychological Review, 1958, 65(6): 386-408.

[2]　Minsky M L, Papert S A. Perceptrons [M]. Cambridge, MA, USA: MIT Press, 1969: 14.

[3]　Breiman L. Classification and Regression Trees [M]. New York: Routledge, 1984.

[4]　Hinton G E, Sejnowski T J. Learning and relearning in Boltzmann machines [M]// Rumelhart D E, McClelland J L. Parallel Distributed Processing: Explorations in the Microstructure of Cognition: Foundations. Cambridge, MA, USA: MIT Press, 1963: 282-317.

[5]　LeCun Y, Boser B, Denker J S, et al. Backpropagation applied to handwritten zip code recognition [J]. Neural Computation, 1989, 1(4): 541-551.

[6]　Hochreiter S, Schmidhuber J. Long short-term memory [J]. Neural Computation, 1997, 9(8): 1735-1780.

[7]　Cortes C, Vapnik V. Support-vector networks [J]. Machine Learning, 1995, 20(3): 273-297.

[8]　Krizhevsky A, Sutskever I, Hinton G E. ImageNet classification with deep convolutional neural networks [J]. Communications of the ACM, 2017, 60(6): 84-90.

[9]　Szegedy C, Liu W, Jia Y, et al. Going deeper with convolutions [C]// 2015 IEEE Conference on Computer Vision and Pattern Recognition (CVPR), Boston, MA, USA, 2015: 1-9.

[10]　Simonyan K, Zisserman A. Very deep convolutional networks for large-scale image recognition [C]// International Conference on Learning Representations (ICLR), San Diego, CA, USA, 2015: 16-19.

[11]　He K, Zhang X, Ren S, et al. Deep residual learning for image recognition [C]// 2016 IEEE Conference on Computer Vision and Pattern Recognition (CVPR), Las Vegas, NV, USA, 2016: 770-778.

[12]　Kingma D P, Welling M. Auto-encoding variational Bayes [C]// International Conference on Learning Representations (ICLR), Banff, Canada, 2014.

[13]　Goodfellow I, Pouget-Abadie J, Mirza M, et al. Generative adversarial nets [J]. Neural Information Processing Systems, 2014, 27: 2672-2680.

[14]　Ho J, Jain A, Abbeel P. Denoising diffusion probabilistic models [J]. Neural Information Processing Systems, 2020, 33: 6840-6851.

[15]　Silver D, Huang A, Maddison C J, et al. Mastering the game of Go with deep neural networks and tree search [J]. Nature, 2016, 529(7587): 484-489.

[16]　Devlin J, Chang M W, Lee K, et al. BERT: Pre-training of deep bidirectional transformers for language understanding [C]// Proceedings of the 2019 Conference of the North American Chapter of the Association for Computational Linguistics: Human Language Technologies, Minneapolis, MN, USA, 2019: 4171-4186.

[17]　OpenAI. GPT-3 Powers the Next Generation of Apps [EB/OL]. (2021-03-25) [2023-01-31]. https://openai.com/blog/gpt-3-apps.

[18]　OpenAI. DALL·E 2 [EB/OL]. (2022-11-03) [2023-01-31]. https://openai.com/dall-e-2.

[19]　Pan Y H. On visual knowledge [J]. Frontiers of Information Technology & Electronic Engineering, 2019, 20(8): 1021-1025.

[20]　Pan Y H. Multiple knowledge representation of artificial intelligence [J]. Engineering, 2020, 6(3): 216-217.

[21]　Yang Y, Zhuang Y T, Pan Y H. Multiple knowledge representation for big data artificial intelligence: Framework, applications, and case studies [J]. Frontiers of Information Technology & Electronic Engineering, 2021, 22(12): 1551-1558.

[22]　Khokhlov I, Reznik L. Knowledge graph in data quality evaluation for IoT applications [C]// 2020 IEEE 6th World Forum on Internet of Things (WF-IoT), New Orleans, LA, USA, 2020: 1-6.

[23]　Tran N K, Sheng Q Z, Babar M A, et al. Internet of things search engine: Concepts, classification, and open issues [J]. Communications of the ACM, 2019, 62(7): 66-73.

[24] Wang T C, Mallya A, Liu M Y. One-shot free-view neural talking-head synthesis for video conferencing [C]// 2021 IEEE/CVF Conference on Computer Vision and Pattern Recognition (CVPR), Nashville, TN, USA, 2021: 10034-10044.

[25] Alldieck T, Zanfir M, Sminchisescu C. Photorealistic monocular 3D reconstruction of humans wearing clothing [C]// 2022 IEEE/CVF Conference on Computer Vision and Pattern Recognition (CVPR), New Orleans, LA, USA, 2022: 1496-1505.

[26] Cao C, Simon T, Kim J K, et al. Authentic volumetric avatars from a phone scan [J]. ACM Transactions on Graphics, 2022, 41(4): 1-19.

[27] Zhang J, Jiang Z, Yang D, et al. AvatarGen: A 3D generative model for animatable human avatars [C]// Computer Vision–ECCV 2022 Workshops, Tel Aviv, Israel, 2022: 668-685.

第3章

群体智能

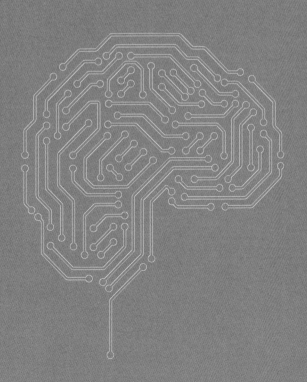

以互联网和移动通信为纽带，人类群体和机器群体正在实现广泛、深度的互联与协同，这使得以激发汇聚多智能体为主要形式的群体智能（简称群智）发挥着日益重要的作用。单个智能体不断耦合关联，形成群体化的智能系统可涌现出人–机–物融合的复杂智能系统新形态，如大规模智慧城市的智能管理系统、开放复杂环境下的社会智能治理系统、海量的智慧金融市场管理和优化系统、宏观社会经济智能决策系统、超大规模工业互联网和产业链的智能管理系统等。这些在城市、社会、经济、工业等领域的复杂系统的智能管理、优化调控、持续发展，是关系到社会治理和国民经济进步的重大科学工程问题。

国际上，与人工智能相关的战略报告都强调了群体智能研究的重要性，美国斯坦福大学的《2030年的人工智能与生活》(*Artificial Intelligence and Life in 2030*) 指出，支持协同性的智能系统和群体智能计算模式是人工智能研究的重要趋势之一。我国的《新一代人工智能发展规划》也把群体智能列为新一代人工智能理论和技术体系的重要组成部分。因此，发展群体智能理论和技术来满足面向国家科技创新与开源建设的重大需求，具有重要的战略意义。

在自然界和人类社会中，存在着各种各样的群体智能系统。蚁群、鱼群、鸟群等常见的动物集群，人类社会中的大规模复杂群体行为（如开源软件社区、共享经济、市场博弈等）都属于群体智能的研究范畴。无论群体智能系统是何种形态，其核心问题都是群体智能的涌现机理，即多样性的独立个体如何通过局部的相互作用，涌现出全局性和整体性的行为特征。群体智能涌现本质上是一个复杂非线性动态迭代过程，涌现的时间、强度、代价往往呈现出高度不确定性，因此需要基于复杂系统的方法论，建立普适的群体智能涌现理论框架，以指导面向不同群体智能系统的研究者理解群体智能涌现的内在机理、度量群体智能涌现的强度、分析群体智能演化的模式，从而更好地设计、研发和调控各类群体智能系统。

本章试图对当前的群体智能研究进行全景式分析与总结，系统地梳理群体智能的基础理论、关键技术和典型应用场景。

3.1 群体智能研究的国内外现状

自 20 世纪 90 年代以来，群体智能逐渐得到学术界的广泛重视。学术界通过对物理世界和生物世界群体现象的深刻理解，提出了主流群体动力学模型。例如，群体运动同步的 Reynolds（雷诺）模型和 Vicsek（维则克）模型[1]等，通过将各种群体简化为自驱动粒子群体，建立运动和交互规则的动力学方程组，从而刻画群体的自组织和涌现等性质。除了群体运动的理论模型，学术界还对社会复杂网络中的观点变化和共识涌现等问题进行了深入研究，提出了观点动力学理论（如 Hegselmann–Krause 模型[2]）来刻画群体认知状态的扩散、融合、分歧等演化模式和共识决策形成的规律。在经济学和社会学等领域，群体智能的研究理论往往以群体博弈的方式呈现，研究者提出了演化博弈论、行为博弈论等许多理论模型，对社会规则形成、市场均衡优化等进行了深入研究。

群体智能的关键技术基于这些群体智能理论研究成果，围绕不同的群体智能系统形态，取得了许多重要进展，特别是在多智能体学习、无人集群协同、基于互联网的群体智能技术等方面。

多智能体学习是群体智能领域的一个重要研究方向，其相关算法和关键技术（如群体感知、决策规划、博弈对抗、强化学习等），都与群体智能研究密切相关。当前，多智能体学习存在两条主要技术路线：一是受生物群体智能的动力学模型启发，设计仿生群体智能（swarm intelligence）算法[3-4]，其中既包括蚁群、鸟群等仿生群体智能算法，又包括基于生物种群的遗传算法，以实现群体智能策略迭代；二是借鉴人类社会群体智能的机理，或是基于博弈理论的机制设计方法，或是结合博弈的多智能体强化学习方法。近些年，采用深度神经网络的多智能体强化学习方法成为研究的热门方向，特别是在实时多人策略游戏方面的应用，如 DeepMind 公司设计的 AlphaStar 多智能体已经可以在游戏星际争霸中战胜绝大多数的人类选手，初步具备了应对局部视角、非线性复杂态势的游戏智能决策能力[5]。

基于上述群体智能理论和技术，出现了大量的群体智能系统，这些群体智能系统总体上可以分成两个大类：一类是以智能机器人为主体的无人集群系统；另一类是基于互联网环境的人–机–物融合的群体智能系统。无人集群系统往往由众多具有一定自主/协同能力的受控智能体模仿生物群体运动的规则而构成。国内外研究者面向智能物流、智能农业、空间探测、国防等领域，设计了各类无人集群系统，如智能物流的自动导向车（automated guided vehicle，AGV）系统、无人机群、水面和水下的无人船或艇群等。互联网环境中的群体智能系统则强调在人–机–物融合环境下人类群体互助协作，与机器智能交互整合并形成复杂的生态智能，解决个体无法应对的挑战。互联网群体智能在大规模网络共享经济、数字社会治理、开源技术创新等领域有着广泛的应用。

群体智能的理论和技术经过二三十年的发展，已经逐渐形成基本的理论框架和研究范式，但仍存在许多不足之处，具体表现在如下三个方面。

①群体智能理论体系有待完善。随机、非线性和动态融合作用下的群体行为，在数学上可以抽象为一类非线性随机动力系统。目前，大多数群体智能理论研究都是基于动力学方法对生物集群行为或者社会群体智能行为进行建模分析，缺乏对群体智能系统复杂性的统一度量和分析。因此，需要引入群体熵的概念，刻画群体行为对应系统的复杂性特征，进而度量群体行为的智能性。同时，现有群体智能理论体系还不够完善，需要深化群体智能理论和核心技术框架，吸收更多科学新成果，构建群体智能认知模型和演化动力学，从而形成完备的群体智能的理论体系。

②群体智能算法协同缺乏智能。智能群体在局部交互中按照一定规则形成全局性共识，进而驱动群体智能涌现，这是群体智能的内在体现。在目前以模仿生物群体智能为主的机器群体智能系统中，个体智能行为模式简单，只具备较简单的决策适应能力。因此这些机器群体智能系统无法实现在复杂动态环境下的智能自适应，它们与人类高度复杂和社会群体智能协同相比差异巨大，仍然呈现"群而不智"的状态。为实现真正智能化的协同群体智能算法，需要吸收生物和社会群体智能的理论研究成果，将群体智能动力学理论和多智能体系统方法创新性融合，从根本上提高智能群体的自适应性能力、自主决策能力、强协同能力，实现智能群体在随机突发事件中的实时应变。

③群体智能海量计算不够高效。群体智能系统，无论是无人集群还是互联网群体智能平台，都涉及海量的群体智能计算问题，不仅需要收集和处理海量数据，还需要对维度爆炸的策略空间进行分析和推演。由于群体智能计算问题具有高度复杂性，因此传统的群体智能计算通常直接解算规模较小、组成简单的问题。我们需要结合智能计算领域的最新成果，基于统计物理、动力系统、计算博弈论等理论，研究各种群体智能场景的极限性质、分解策略和近似算法，实现高效、精准的群体智能海量计算。

3.2　群体智能基础理论

群体智能最早源于对自然界中蚂蚁、蜜蜂等社会性昆虫群体行为的研究[6]，这些昆虫群体有相应的结构与组织，能够通过简单规则涌现出群体性的智慧，同时具有一定的学习能力来适应环境的变化。许多类型的生物有类似的群体智能行为，如鱼群集体游动可以减小阻力，大型食草动物集聚在一起躲避天敌，蜜蜂和蚂蚁集体外出觅食、共同筑巢，甚至连细菌都具备一定的集体决策能力。人类社会中的大规模复杂群体行为（如开源社区的软件创新、基于众包众享的共享经济、各类市场中的群体商业金融博弈等）均通过社群化组织结构来管理、协调和运行，人类以竞争、合作、对抗等多种自主协同方式来共同完成挑战性任务，超越个体能力的群体智能从中涌现[7]。

这些不同形态的群体智能系统的本质是动态认知复杂网络，群体智能涌现的强弱程度决定了网络演化的复杂程度。自然界和人类社会中的群体智能虽然各具形态，但其蕴含的核心概念却是相同的，即复杂认知网络的群体性、涌现性、共识性和演化性。

①群体性：群体智能系统是由智能体集合中的要素相互作用、耦合关联，通过一定的结构和组织形态而形成的分布式智能系统。

②涌现性：群体智能系统不是个体行为的简单叠加，它基于复杂认知网络展现出了超过单个智能体的整体性行为模式和功能。

③共识性：智能群体在局部交互中，按照一定规则形成全局性共识，产生共识激励，驱动群体智能涌现，这是群体智能涌现的内在核心机理。

④演化性：智能群体在群体智能涌现过程中不断演化其行为，以适应动态变化的环境。

在这些共性概念中，群体性定义了群体智能的基本形态，共识性和涌现性共同刻画了群体智能的核心机理，演化性反映了群体智能在涌现过程中的复杂变化和实现原理。其中，共识性是群体智能最重要的性质，共识机制对群体智能的涌现和群体智能行为的演化起到了决定性的作用。这也说明，群体智能本质上具有复杂系统属性的智能形态。

群体智能的复杂系统性质，需要从其非线性、随机和动态的特征出发，遵循系统主义的精准智能研究范式[8]，构建内嵌领域知识和数理机理的群体智能系统学习框架。自然界和人类社会存在两大类型的群体智能共识机制：一类是以蜂群、蚁群为代表的生物群体智能共识机制，另一类是人类群体智能共识机制。这两类群体智能共识机制的比较如表3.1所示。

表3.1 生物群体智能与人类群体智能共识机制的比较

群体智能类型	智能体性质	共识机制
生物群体智能	受限智能体：低级智能体简单行为模式，只具备较简单的决策适应能力	服从性共识：个体受周边的生物激素、同伴运动的激励，被动地模仿和趋同
人类群体智能	自由意志智能体：高级智能体复杂行为模式，具备自主决策能力	自主性共识：根据内在的需要，结合外在激励，自主选择策略，通过信息交互形成共识

对于蜜蜂和蚂蚁这类低级生物而言，虽然它们的感知和认知能力很弱，不具备记忆能力、自我意识以及对同伴的相互感知意识，更没有自主的任务分配和相互协同的能力，但它们在完成觅食、筑巢这些活动时，整体上是以有组织、有协调的方式运转的。这背后依赖的是共识主动性（stigmergy），即以一种自组织模式，在没有任何规划、控制甚至是直接通信的情况，产生复杂的整体智能结构与行为[9]。这种共识主动性机制的本质是间接式的协同机制，通过环境和智能体之间的交互而实现。其基本原则是，智能体的动作会在环境中留下轨迹（或信息），信息量的累积和汇聚将影响其他智能体的后续行动。因此，智能体与环境交互实际产生了强化的效果，使群体的行为逐渐形成整体性、趋同化的动作模式。

无论是生物群体智能还是人类群体智能，都可以大致分为汇聚型共识机制和博弈型共识机制两类。复杂系统的各种理论方法是研究共识机制的有力工具。对于汇聚型共识机制，主要基于动力系统建模的方法进行研究，而对于博弈型共识机制，主要基于博弈论对群体交互进行建模分析。

①汇聚型共识机制强调"规则"。汇聚型共识机制的实例包括人类社会中的投票决策机制、生物集群共同决定运动方向、社会性昆虫选择巢穴等。其核心概念是"聚合规则"，聚合规则被定义为一个函数，该函数规范了如何综合所有智能体输入并形成集体输出。

②博弈型共识机制强调"博弈"。博弈型共识机制是指由相对独立决策的智能体通过交互做出决策。博弈型共识机制的实例包括独立的顾客选择影响整个市场价格、独立的投资人决定影响整个股市波动等。其核心概念是"均衡"。均衡是满足特定"最佳响应"或"稳定性"标准的个体间策略的组合。均衡概念的两个典型案例是社会科学中的纳什均衡（Nash equilibrium）和自然科学中的进化稳定策略（evolutionarily stable strategy）。

3.2.1　生物群体智能共识建模

自然界中，大量个体聚集时往往能够形成协调、有序的场景[9]。从迁徙的角马、飞行的鸽子、巡游的鱼类，到觅食的蚂蚁、采蜜的蜜蜂，乃至微小的细菌、细胞和蛋白质分子等，不同尺度的个体均存在着复杂的群体现象。这些群体现象具有分布、协调、自组织、稳定和智能涌现等特点，从物理学角度来看，它们都是偏离平衡态的活性物质（active matter）的自组织行为，群体智能的概念正是来自对自然界中生物群体的观察[10]。

理论建模是理解仿生群体智能的发生机理、研究个体行为与群体特性之间关系的重要手段。相关研究开始于20世纪80年代研究者对鱼群和鸟群运动的计算机仿真模拟，在探讨运动机理方面较为突出的代表人物有Reynolds（雷诺）、Vicsek（维则克）和Couzin（库赞）。

Reynolds[11]在模拟鸟群飞行的建模过程中，明确提出三条基本规则：分离、聚集、速度一致（图3.1）。这三条基本规则对群体运动模型的建立具有基础性意义，后续研究者提出的大部分群体运动模型均建立在这三条基本规则的框架之上。

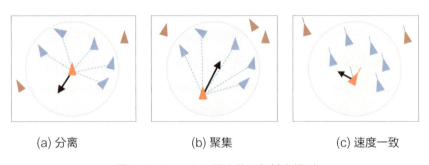

(a) 分离   (b) 聚集   (c) 速度一致

图3.1　Reynolds 提出的三条基本规则

在Vicsek模型中，个体保持速度大小不变，朝着周围一定范围内的邻居个体的平均方向运动[12]。该模型仅遵循速度平均这一条规则，符合物理学家极尽简化的研究思路。在Vicsek模型中，每个个体可全方位感知所有位于自身感知范围内的邻居个体，每个个体的运动方向由其邻居个体运动角度的矢量平均来更新，且个体会在更新方向过程中受到噪声干扰。Vicsek模型虽然简单，但可以进行上千个个体的群体运动仿真，是研究群体动力学的有力工具。Vicsek模型为理解和分析集群行为的内部作用机制提供了独特的视角，后续很多研究者针对该模型进行了扩展研究。

Couzin模型将个体的感知区域由内而外依次分为排斥区域、对齐区域和吸引区域三个互不重叠的区域，分别对应群体中的分离、速度一致和聚集规则。随着对齐区域的增大，会依次出现聚集、涡旋、松散平移和一致平移四种不同的集群运动模式[13]。

3.2.2　社会群体智能共识建模

关于人类群体共识机制的研究主要聚焦于社交网络分析和观点动力学，如研究谣言如何传播、如何扩大政治影响力等。大多数研究侧重于形成共识，但也有侧重于分歧的研究[14]。社交网络中智能体的独立动机能够自发地达成共识，并收敛到纳什均衡。这种共识的一致程度取决于最初的意见分歧、个体对影响的敏感性以及个体的固执程度。

在观点动力学领域，学术界已经提出了很多不同的动力学模型，比较知名的模型有Voter模型、Deffuant-Weisbuch模型和Hegselmann-Krause模型等，这些模型都试图对人类观点的共识性进行刻画[15]。在Hegselmann-Krause模型中，有限数量的智能体交互更新各自的观点；由于社会实体的保守性，该模型中的每个智能体只与同自身意见更接近的个体进行交流。智能体的观点更新过程分为同步和异步两类。同步Hegselmann-Krause模型是指每个智能体同步更新自身状态；异步Hegselmann-Krause模型是指每个时刻只有一个智能体将其值更新为它的邻居的平均值，其他智能体保持不变，更新顺序可以是随机的或预定义。研究表明，Hegselmann-Krause模型的共识演化过程能够被建模为博弈过程，异步Hegselmann-Krause模型的演化等效于精心设计的位势博弈中的一系列最优响应，且能够收敛到纳什均衡[16]。

观点显示了人们对不同事物的看法，是社会群体行为的内在驱动因素之一。除了观点的影响，社会规则（norm）也体现了社会群体智能共识，对群体行为的产生具有非常重要的作用。因此，也有大量的研究运用演化博弈理论对人群遵守和违反社会规则的决策行为进行建模，分析社会规则是如何涌现的[17]。

在演化博弈论框架中，每个人都有各自的行为策略，他们与环境交互，通过将初始策略不断地遗传变异来生成后续策略，进而形成多样性的策略种群。根据环境给出的奖励函数，可以定义策略种群对环境的适应度，基于进化原则选择出最优的策略，从而使策略种群达到平衡。社会环境往往通过社会道德压力对遵守规则的协作行为给出正向的奖励，而对违反规则的破坏行为则施加负向的惩罚。在交互演化过程中，大部分人会逐渐学会遵守规则的行为，从而演化并涌现出整体的社会规则模态。

3.2.3 群体智能动力学理论框架

群体智能的两个关键要素是多模态群体智能的长效激励机制和稳态汇聚规程。形成长期高效的个体智能激发和动态调控、实现群体智能稳定有序的汇聚策略，是群体智能行为动力学建模的主要目标。罗杰等[18]提出，应从表示模型和演化模型两个方面对复杂群体智能行为进行深入研究，不仅需要给出群体行为在不同尺度、不同层次上的表示模型，还需要揭示个体与个体之间在复杂的非线性和随机因素的作用下不断演化的动力学规律及特征。

（1）复杂群体智能行为的表示模型

复杂群体智能行为的表示模型需要基于"行为主体为达到目标而执行动作序列"这一认知，对个体、个体间交互和群体层面建立层次化的智能行为表示模型。

具体而言，针对群体中的单个个体，个体行为表示模型需要结合动作序列和目标驱动因素，刻画个体在与随机环境和其他个体相互作用下的行为轨迹，其一般具有时间意义上的复杂性和不确定性。在个体行为描述的基础上，具有一定自由度的个体之间会进一步产生交互作用，其特征可以概括为局部有限、全局可达的交互范围以及包含合作、竞争、对抗等类型在内的非线性交互行为。可以通过领域知识指导的机器学习模型参数初始化、模型结构设计、识别结果约束等手段，实现对个体与个体之间非线性交互行为的准确描述。最后，群体层面的行为描述需建立在个体行为、个体交互、环境因素融合的基础之上，个体组成相互关联的众多子群体，并与随机变化的异质资源进行交互演化，构成群体层面行为的复杂特征。

复杂群体智能行为的演化模型是指在表示模型的基础上，进行智能群体关联动态演化行为建模，从而形成融合个体与群体互动行为演化的综合模型。该模型应涵盖智能个体的感知、交互和运动等动力学特性，同时还应考虑体现行为随机性、环境影响、个体差异性、非线性交互等因素。因此，群体行为演化的时空聚集性、运动的有序性、环境的适应性等特征是构建该模型应重点考虑的对象。

群体行为的演化特性包含个体、群体、环境中各要素相互协调适应的演化规律：由个体组成的子系统不是孤立地起作用的，而是相互关联、相互影响的；群体系统的特性也是动态的，这种动态关联性不但涉及子系统与子系统之间的相互适应和调整，而且涉及系统与环境之间相互作用所引起的宏观结构的动态变化；内部子系统之间相互作用或者环境突发变化引起的随机因素影响共存于子系统之间的适应与群体组织过程之中。因此，微观个体和宏观整体之间形成了一种关联网络演化模型，群体系统的组织结构、交互机制等关系体现为网络的自组织机制与演化迭代机制，外在则表现为蜂拥、目标集合聚集、对抗博弈、合作汇聚等群体行为模态。

群体智能动力学理论框架如图 3.2 所示。初始智能体由内嵌系统的深度动力模型、时变的深度图神经网络组成。可将智能体的主要组成部分抽象为奖励系统和策略系统，进而对智能体进行动态建模及优化。其中奖励系统激发智能体优化策略，智能体执行策略并与其他智能体及环境进行交互，达成群体智能汇聚。汇聚系统评估群体智能系统当前的汇聚状态，进而引导奖励系统迭代优化。

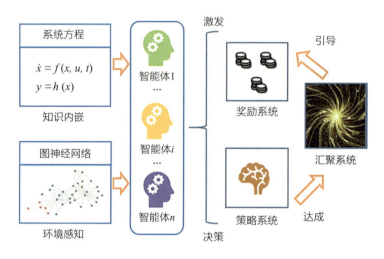

图 3.2　群体智能动力学理论框架

（2）基于群体熵的复杂群体智能度量模型

要研究群体行为的智能特征，首先需要刻画群体行为对应系统的复杂性特征，进而基于复杂性程度来衡量群体行为的智能性。在群体智能的激发阶段，由于多样性个体行为的出现和加入，群体行为在时间和空间上均呈现复杂性激增的无序状态；而在群体智能的汇聚阶段，随着目标导向机制逐步建立，随机和非线性关系导致的不确定性逐渐消退，群体行为呈现协同有序的状态，其复杂性逐渐保持稳定。

熵（entropy）作为复杂性度量的深刻科学概念，可以有效度量群体智能的复杂性。群体熵可用于度量群体智能的群体行为的动力学复杂性，描述群体行为和关联结构在统计意义下的混乱程度和不确定性、群体智能形成过程中的动态复杂性特征和结构复杂度，判定演化最终形态的复杂性[18-19]。

从数学角度看，群体熵是群体行为演化形成的类动力系统的一种拓扑熵概念，它是群体行为演化系统的一个不变量，也是一个关于系统不确定性的度量。群体熵不仅描述了群体行为随时间演化的隐藏信息产生率，还决定着群体行为的遍历性，即是否能达到时间和空间的均匀混乱。显然，在群体智能的激发阶段，系统更希望多样性个体和异质资源大量涌入，群体熵增加；而在群体智能的汇聚阶段，系统的动态随机性被逐步控制，群体熵趋于稳定或者减小。针对群体智能的动力学复杂性分析，需要深入研究大规模复杂群体在形成智能过程中的微观个体激发、宏观群体协作、全局群体智能汇聚三个核心属性的动力学特征，从而有效地描述群体智能的复杂性内涵。

微观个体激发行为对应系统的不同初值和不同系统参数条件下的轨道：微观个体激发过程可以被模型化地描述为不同类型的微观个体在一定自由度范围内实现主动演化的行为，一组微观个体行为本质上对应一簇非线性动力系统在不同初值或边界条件下形成的轨道，激发条件则对应非线性动力系统的系统参数。同时，对于多个微观个体而言，不同微观个体可能处于不同的子系统中，其行为演化的复杂性可以由微观个体在多初值条件和多子系统的轨道演化形态所刻画。

宏观群体协作过程对应动力系统形成的轨道集合及其结构复杂性问题：群体行为可以由不同类型的个体在关联规则（非线性关系）下演化形成的动态轨道集合来描述。其中，个体行为的随机性和非线性必将导致群体轨道结构的复杂性。因此，度量群体行为的动态复杂性可以转化为度量相应动力系统轨道的复杂性。例如，非线性系统经典的Lorentz（洛伦兹）吸引子都具有稠密周期轨道集合，其动态复杂性表现为混沌和分形特征。

全局群体智能汇聚过程可以模型化为动力系统的"分支理论"：如果把群体系统受到的激发条件、环境的随机因素等表示为系统的控制参量，那么群体行为演化所确定的动力系统的整体演化状态会在控制参量的某些分支值（bifurcation value）处发生结构性变化。汇聚过程可以通过度量群体行为轨道复杂性的群体熵（拓扑熵）来刻画。群体熵的不断增大意味着系统变得更复杂、更能呈现随机性质，即个体行为的轨道过于稠密会导致分辨个体行为的复杂度不断升高，进而使得系统发展的趋势难以确定。为了使群体智能向可控、可解释发展，需要实现带有目标约束条件的个体主动演化和关联规则演化的复合优化过程来调节系统的控制参量，以满足适当的分支值。目前，人们往往在技术层面上通过施加约束条件来达到局部智能，而真正的群体智能问题，本质上是研究群体系统基本要素所呈现的非线性关系在复杂系统规律性变化上起到的关键作用，通过揭示群体行为全局演化的固有规律，使群体行为的演化更加协同、高效、可信和实时。

复杂群体智能行为因大量个体相互作用而涌现，因此复杂性程度是对群体智能行为水平和涌现模式的一个重要度量指标。结构熵是系统总体演化行为复杂程度的总体度量，涵盖了系统的整体行为属性；信息熵是衡量个体演化行为状态的子度量。如果信息熵描述的是自洽封闭系统的行为，则计算入内层熵；如果信息熵描述的是开放系统的行为，则与外界的交互行为计算入外层熵。熵是衡量系统复杂程度的度量指标，群体智能系统既有整体系统结构演化（结构熵），又有个体交互行为（信息熵），因此形成了两个层次的综合熵度量体系。群体熵具有以下两方面的性质。

①内层熵函数的自变量是微观个体之间相互作用的状态统计值，即通过计算微观个体及其关联的互信息熵，实现统计学意义下大规模复杂群体智能涌现过程中瞬态特征的序优化程度。复杂群体系统中个体之间的互信息熵用于衡量任意个体之间的耦合程度，其熵值大小衡量了群体智能涌现过程中个体之间耦合协作行为的有序程度。互信息熵的计算原理是在序优化过程中个体之间交互耦合程度和条件不确定性的基础上，通过统计指标，度量基于群体协作行为模式的个体竞争合作行为演化的复杂度。

②外层熵函数的自变量是内层熵函数和系统结构演化复杂性，即通过计算不同序优化水平状态概率序列的拓扑结构熵，度量大规模群体中群体智能行为的结构复杂性差异和智能涌现水平。复杂群体系统的拓扑结构熵用于衡量系统整体有序结构在演化过程中的复杂性，熵值的大小表示群体智能行为在时间尺度上的演化波动性。带有时间参量的拓扑结构熵的计算原理是在衡量系统内部个体序优化关联结构的基础上，通过系统演化特征谱指标，度量系统作为整体的智能涌现复杂度。

综上所述，当群体熵值不断增加时，大规模群体对象中的组分个体在微观尺度条件下处于普遍潜力激发和交互耦合状态；当群体熵值不断减小时，大规模群体系统向着低能量状态的优序结构演进；当群体熵值不断波动时，系统处于智能涌现博弈状态，并会反复产生群体智能的激发汇聚循环。

群体熵可以表示为瞬态熵函数与过程熵函数复合的形式，在不同的群体智能系统中，函数形式可以根据实际情况调整。例如，对于有明确个体和群体行为关系的大规模群体智能系统，群体熵可以写成 $E=F\circ G(\ln[\Omega])$，其中 $F\circ G$ 表示反映个体构型瞬态熵的演化函数 G 与反映系统整体协同关联水平过程熵的演化函数 F 形成的复合运算，$\ln[\Omega]$ 表示某时刻大规模群体行为中个体的统计学意义熵。

3.3 群体智能关键技术与应用场景

群体智能动力学理论从生物群体智能和社会群体智能的研究中提取共性特征，给出了群体智能涌现的数学分析原理，为群体智能关键技术和核心系统的研发提供了理论指导和建模方法。在新一代人工智能中，群体智能关键技术基于系统主义的理论路线，克服了经典方法"群而不智"的局限性，着重解决了复杂开放环境下如何有机协同异构异质的众多智能体，实现持续的群体智能涌现的问题。

3.3.1 多智能体强化学习

多智能体强化学习（multi-agent reinforcement learning，MARL）是群体智能的重要研究领域，源于对多智能系统的长期研究，旨在实现多个具有自主决策能力的智能体在环境中交互学习并完成最优决策。多智能体强化学习技术结合博弈论、认知学、多智能体系统的基本原理，以探寻多智能体博弈均衡为目标，催生出一系列新型群体智能技术。目前，多智能体强化学习在游戏博弈、无人集群、智能电网、智能制造、智能交通等领域都得到了广泛应用。

面对复杂的开放环境，多智能体强化学习理论存在诸多挑战，主要表现在以下几个方面。

①环境的不稳定性：某个智能体在做决策时，其他智能体也在采取动

作，所以整体系统环境状态的变化与所有智能体的联合动作相关。

②信息获取的局限性：智能体一般可以智能获取局部的观测信息，但无法获得全局的信息，因而单个智能体无法得知其他智能体的观测、动作和奖励信息，这就使得每个智能体都缺乏足够的信息来进行策略优化。

③训练的高复杂性：多智能体系统诸多因素的耦合导致训练算法的复杂性一般为NP难问题。随着系统规模的扩大，状态和动作空间维度急剧上升，随之产生维度灾难的问题。

为了应对以上挑战，多智能体强化学习的研究主要聚焦于多智能体的合作与协同、多智能体的竞争与博弈两个方向。

（1）多智能体的合作与协同

在协作式多智能体环境中，往往存在整体性的全局团队或社群收益，它们激发了各个自主智能体积极参与合作与协同，汇聚形成有效的联合动作，保障全局收益和每个个体收益的同步提升。智能体的合作是指多个智能体通过合理选择联合动作，使得每个智能体的收益都获得提高。智能体的协同是指当有多个较好的联合动作可供选择时，多个智能体协调一致地选择其中一个，从而避免了由于不协调而无法选中其中的任何一个。本质上，多智能体合作与协同的核心是信用分配问题（credit assignment problem）[20]，即如何以整体收益最优为目标来选择联合动作，优化分配每个智能体选取的角色和任务。目前，面向协作式多智能体强化学习的主流研究方法有以下几种。

①独立智能体学习。最基本的多智能体强化方法就是单独学习每个智能体，而把其他智能体看成环境的一部分。

②集中式训练–分布式执行（centralized training and decentralized execution，CTDE）。美国伯克利大学研究团队提出的MADDPG（multi-agent deep deterministic policy gradient，多智能体深度确定性策略梯度）模型[21]引入了CTDE思想，即在集中训练中统一协调智能体联合动作，而在分布式执行中让各智能体独立地与环境交互和采样，使智能体更有效地学会合作与协同。

③基于值函数的多智能体协作算法。这类算法在经典强化学习 Q-Learning 的基础上发展而来，它采用 CTDE 的方式，着重解决值函数因式分解问题（value function factorization）[22]，把全局的联合 Q 值函数分解为每个智能体的局部个人 Q 值函数。这类算法的一个重要假设是个体–全局最大化（individual-global maximization，IGM）约束条件[23]，该条件强调每个智能体的独立值函数最大化与全局联合值函数最大化要一致。面向 IGM 约束条件，研究者提出了一系列相关算法。例如，值分解网络（value-decomposition network，VDN）算法采用线性累加的方式实现局部 Q 值的汇聚[23]，QMIX 算法则引入具有特定结构的神经网络来实现值函数的分解[22]。

④基于策略梯度的多智能体强化学习（policy-based MARL）。这类算法是在经典的基于策略梯度的强化学习基础上发展而来的，它结合 CTDE 和策略梯度算法的行动者–评判者（actor-critic）模式，实现了集中式评判和分布式执行。该类算法通过引入全局可观察的评判者，克服环境平稳态的问题，即通过观察所有智能体状态和动作，对每个智能体的策略生成给出评判和指导，确保策略整体的平稳性和收敛性。

最重要的理论基础是多智能体策略梯度定理（multi-agent policy gradient theorem）[24]。该定理给出了整体策略梯度与智能体模型参数的形式化关系，从而指导基于策略梯度的多智能体学习算法的设计。

众所周知，单智能体的基于策略梯度的强化学习算法需要解决奖励估计方差大的问题，而在多智能体场景下，这个问题变得更为突出。因为每个智能体与环境交互时都存在一些随机性因素，汇聚所有智能体的 Q 值函数估计只会产生更大的方差，使信用分配问题更加难以确定。为了有效地克服奖励估计产生的方差，如何给集中评判者定义合理的基线 Q 值函数成了关键。典型的策略梯度算法——反事实多智能体（counterfactual multi-agent，COMA）策略梯度算法引入了反事实的基线函数，它能从智能体联合动作 Q 值中推算出每个智能体特有的优势函数值[25]。

目前，基于值函数和基于策略梯度的多智能体协作算法在团队协作的游戏博弈中具有广泛应用，典型的应用案例是游戏星际争霸Ⅱ，它已经成为这个领域的算法测试基准场景[26]。国内外针对团队协作的动态角色涌现、任务分配和通信优化等方向，开展了大量相关算法研发工作。

（2）多智能体的竞争与博弈

除了共同利益驱动的合作式多智能体之外，现实中还存在大量的竞争与合作共生的场景。例如，在经济和金融市场、能源调度分配、智能城市交通等复杂开放的环境中，人们的利益经常是不一致的，需要基于随机博弈的理论框架，对系统进行整体性的博弈机制设计，避免具有独立决策意志的智能体选择完全自私和具有破坏性的决策，确保竞合（co-opetition）式群体智能的涌现。

前述合作式多智能体强化学习方法所采用的CTDE模式不再适用，需要引入更偏向独立训练的模式。但是独立训练会带来一系列新问题，尤其是竞合类型的随机博弈参与者会过度采用自私的破坏性策略，使得整个系统无法实现均衡稳定的正向收益。该方面的最新研究主要从如下三个方面展开。

①博弈纳什均衡点的近似计算。计算博弈理论对纳什均衡点的计算复杂度给出了定义，在竞合类型的随机博弈中，计算其纳什均衡点的复杂度通常都比较高。近年来，不少研究利用强化学习方法实现纳什均衡点的近似计算。研究结果表明，对于竞合类型的随机博弈而言，基于Q值的强化学习方法容易收敛到不稳定的均衡点，不适合用于构造多智能体随机博弈的均衡策略[27]。而基于策略梯度的均衡点近似计算方法具有更好的性质。已有的基于动力系统理论框架的相关研究，对不均等学习率的多智能体学习算法的收敛性给出了理论证明。例如，Balduzzi等[28]提出的博弈分解方法把二阶动力学分解为两个部分：第一部分与潜博弈（potential game）有关，它随隐式函数梯度下降而减小；第二部分与哈密顿博弈（Hamiltonian game）有关，这是一类新的遵循守恒定律的博弈，与经典机械系统中的守恒定律类似。

②多智能体的对手建模和对手塑造。最简单的多智能体强化学习算法是独立式学习，即在学习的过程中不显式地考虑其余智能体的学习过程的影响，而仅仅将它们当作环境中的一个静态组成部分。这种朴素的方法虽然实

现起来简单，但由于缺乏对对手的认知，使用这种方法时会遇到非稳态、部分观测和学习目标不清晰等严重问题，难以接近或达到稳定的纳什均衡点。因此，智能体需要能够通过观察对手智能体的行为对其建模，从而更好地预判对手的行为，并通过自身的行为，影响和塑造其合作者对应的行为。无论是合作类场景还是竞争类场景，这种社会性的认知能力是人类群体智能的必备要素，这种能力在认知心理学上被称为"心智理论"（theory of mind）[29]。多智能体系统只有具备心智能力，才能促使利益相对独立的自主智能体在社会交互过程中涌现互惠式群体智能，避免类似"囚徒困境"等互相损害利益的行为发生。在多智能体系统中实现心智认知，主要涉及对手建模算法和对手塑造算法的研究。对手建模算法就是通过对手可观察到的行为数据构建预测模型，从而分析对手未来的相关状态信息，如对手下一步的动作、偏好、目标和信仰等。典型的对手建模算法有PR2模型[30]，该模型考虑了自身动作对对手策略产生的影响，同时对手也会对自身做同样的考虑。在此基础之上，智能体之间还可以进行更深层次的递归推理，即无穷地考虑对手的策略依赖于自身的策略、自身的策略依赖于对手的策略，循环往复。而对手塑造算法则要更进一步，它是指把对手学习更新的信息纳入自身学习过程，以此影响对手的学习过程，进而得到理想的多智能体收益。典型的对手塑造算法包括LOLA（learning with opponent-learning awareness，考虑对手学习情况的学习）、SOS（stable opponent shaping，稳定的对手塑造）和M-FOS（model-free opponent shaping，无模型对手塑造）等。LOLA算法[31]在参数更新过程中通过引入额外的修正项（这些修正项考虑了其对手策略的变化梯度）来考量智能体的策略对智能体学习过程的影响。SOS算法结合LOLA算法和Lookahead算法的策略，改进了LOLA算法的收敛性问题，并基于博弈纳什均衡点的近似计算理论，给出了收敛性的严格定义。LOLA算法和SOS算法[32]都要求对手模型是白盒的，即智能体可以从其合作者那里获得策略模型的参数和更新算法，但这在实际应用中往往是不可行的。M-FOS算法[33]通过引入元博弈的建模方法，将初始博弈的每一幕抽象为元博弈的步骤，形成了对手策略建模的黑盒模型，从而解决了上述问题。

③经验博弈论与大规模对抗式博弈解算。大规模复杂多智能体博弈的策略空间过于庞大，通常要采用经验博弈论分析的方法建立元博弈，从而实现对原有策略空间的压缩表示。一般把原子粒度的策略动作合并为高层级的策略集合。理论研究表明，元博弈的分析解算可以得到初始博弈的纳什均衡点的近似解。DeepMind公司的研究者提出了PSRO（policy-space response oracle，策略空间响应预测）方法[34]，该方法采用了演化博弈论中的复制动力学（replicator dynamic）方法[35]，通过迭代训练来寻找最佳响应策略，为博弈参与者收集和管理策略种群。

未来，多智能体强化学习的理论和技术仍是人工智能领域的研究热点之一。其发展趋势将聚焦如下几个方向。

①面向开放复杂环境的多智能体强化学习方法。当前，大多数研究场景仍然聚焦在经典的博弈和各类游戏中，真正应用于开放复杂环境的案例尚待普及，特别是能广泛应用于自然环境和社会环境不断变化的场景（如动态变化的气象和水文环境）的算法还比较缺乏。为此，需要发展内嵌数理的系统主义方法，将复杂环境的动力学因素和多智能体强化学习深度融合，解决强化学习普遍存在的"从仿真到实际"（sim-to-real）问题，使群体智能可以自动适应多样性的复杂动态环境。

②面向通用任务的多智能体强化学习。随着近些年大语言模型取得的重大进展，面向通用化、多样性任务的超强智能体涌现了出来。学术界正试图在强化学习领域复制类似的思路。DeepMind公司以模仿学习方式训练了单个智能体的Decision Transformer大模型Gato[36]，该模型具备多种游戏和机器人的操作功能。国内学者借鉴这一方法，试图实现多智能体领域的通用决策模型。未来，如何使这类大模型和多智能体强化学习方法更好地结合起来，使多智能体更自如地面对多样的环境、多变的任务，涌现类人的社会化群体智能，无疑是群体智能领域需要探索的重要问题。

3.3.2 无人集群系统技术

无人集群系统由众多具有一定自主/协同能力的受控智能体（单个运动

体）按一定的协议构成，如微纳卫星群、无人机蜂群、自动导向车系统等。对于无人机、无人车、无人艇等实际集群系统而言，以群体智能涌现能力为核心的高效能协同体系，能够为侦察、探测、搜救、测绘等典型任务带来非线性效能增长和颠覆性应用突破，正在成为国家各个战略领域中不容忽视的力量。在民用领域，无人机、无人车等无人集群系统在仓储物流、资源监控、环境保护、灾难响应、农林作业、森林防火、安防巡逻中展现出了强大的应用潜力。

（1）无人集群智能协作模式

无人集群智能协作模式是模仿生物和人类社会的激发汇聚模式，通过激发汇聚单个无人系统的机器智能而涌现群体化的机器智能。传统上，无人集群系统往往通过参考生物群体的运动机理、模仿生物动力学方程来构建机器智能体的交互方式和行为规则。交互方式用于描述集群系统中智能体之间的相互作用，如信息传输的拓扑网络关系；行为规则用于描述智能体接收信息之后的反应规则[37]。

无人集群运动的基本动作往往包括一致性运动、编队运动、编队-合围追逐等。对于一致性运动（可以参考鸟群或鱼群的运动规律），可通过设计合适的分布式共识控制算法，使集群中所有智能体的运动速度和方向隐式地交互对齐，从而实现一致性和趋同性。对于编队运动，要求集群中所有智能体的运动状态在对应空间内保持特定的相对位置关系，可以借鉴雁群的编队方式，设计分布式编队控制算法，使集群系统形成期望的编队构型。对于编队-合围追逐，则要求智能体模仿人类或动物界的围猎模式，将集群智能体分为领导者和跟随者两类，使所有跟随者的运动状态进入由领导者状态形成的凸包内部[38-40]。

这种经典的群体智能设计模式相对简单而可靠，可使无人集群在场景相对固定、任务相对单一的情况下高效地协同工作。但是在面对复杂多变的环境、多样性任务、异构化群体组成等情况时，这一设计模式就显得自主性不高、适应性不够。为此，如何基于新一代人工智能理论和技术的新成果，特别是吸收合作式多智能体强化学习的新思路和新方法，设计无人集群系统的分布式协同体系与框架，实现面向多样性协同任务的群体智能高效、精准涌现，是当前学术界和工业界共同关注的热点与难点。

（2）无人集群系统的关键技术

无人集群系统群体智能的涌现不但需要智能算法，而且依赖链路层、信息层、决策层、控制层、制导层等软硬件一体化技术，需要实现群体化的感知－认知－决策－行动的控制环路。其中蕴含的关键支撑技术包括动态自组织网络、协同感知定位、协同决策规划、协同控制和协同制导等。①通过构建无人集群系统的动态自组织网络，可实现个体之间的数据传输与信息交互，建立"神经"传输通道，为群体智能涌现提供链路层保障。②协同感知定位技术是无人集群系统的"眼睛"，能够实现对目标的跟踪以及对集群内部各智能体的相对导航定位，从而提供信息层保障。③协同决策规划技术作为无人集群系统的"大脑"，能够给出集群协同航迹生成与在线任务分配方法，为无人集群智能协同提供决策层保障。④以时变编队、自主防碰防撞为代表的协同控制技术如同无人集群系统的"小脑"，可在运动控制层面为群体智能涌现提供执行保障。⑤对集群系统进行协同制导（好比"肌肉"运动制导），可实现对目标的精准交会与协同到达，进而提供制导层的执行保障。与人类智能类比，上述内容分别涵盖了"神经""眼睛""大脑""小脑"和"肌肉"五个层面。无人系统的软硬件集成架构，可实现这些环节的一体化集成和联动，从而涌现群体化的"具身智能"。

这些算法和技术部件的集成，需要通用化、开放式的完整无人集群软硬件技术栈来实现。一方面，不同类型无人集群的机器智能体的形状尺寸和运动功能往往千差万别，不过它们本质上都属于智能化的嵌入式系统，需要遵循嵌入式系统的设计方法和理念，集成传感器、服务器、嵌入式智能模型等，进行综合性的设计与验证。另一方面，面向多样化的应用场景，需要基于云－边－端一体自主集群架构来设计、验证、部署和维护无人集群系统。

在设计验证阶段，研究者需要基于行为层、交互层和决策层的分布式仿真体系架构，构建无人集群装备的数字孪生模型、集群与环境的交互模型，通过虚拟模型－实际装置的一体化虚实结合仿真系统，实现大规模分布式仿真运行，支撑多任务、多场景的无人集群系统的演练和评估。

在部署运维阶段，研究者需要结合物联网和云计算的最新技术，建立基于微服务的云-边-端一体自主集群架构。在这种融合分布式控制和集中管理的软件架构下，无人集群系统既可以灵活赋予集群自主的决策和行动能力，又可以实现云到端各类智能模型算法的智能管理，实现各模型的增量学习、蒸馏提炼、自动封装、持续部署更新等，支撑面向多变环境和任务的云-边-端协同感知、智能决策及任务分配等。无人集群系统可以通过动态自组织网络形成边到端的智能网络，动态连接地面指挥云中心，形成具有高扩展性、强可靠性的集群部署模式和运维系统。基于异常预警、故障发现、动态自愈的智能运维方法可以对任务执行过程中的故障单元节点进行及时响应，从而保障自主无人集群系统安全稳定地运行。

未来，无人集群系统仍有巨大的发展空间[41]，相关重大研究方向包括以下三点。

①研发各类多尺度、多类型、超大规模的新型无人集群系统。首先，纳米集群新技术已经得到高度关注，医疗领域的纳米机器人研究持续取得进展，这种机器人已经初步具备在人体复杂血流环境中自主运动的能力，未来有望成为药物精准递送的智能载具。群体智能和纳米机器人前沿领域的结合，会给智慧医疗指明全新的研究方向。其次，异构化大规模集群的研究方兴未艾，由于作业任务的多样性和复杂性，无人集群的构成有时呈现出异构特点。例如，在精准农业领域，多种无人农业机器需要在农田耕种、农药播撒等环节协同作业；而在应急响应领域，空中的无人机群和地面的无人车群需要实时协同，开展现场勘察和搜救等任务。因此，需要在经典同构多智能体算法的基础上进行扩展和创新，引入自组织式的角色生成、任务分配、协同作业等新技术。

②无人集群与元宇宙和数字孪生技术的深度结合。元宇宙和数字孪生技术的进步给无人集群研究带来了新的机遇。首先，它们有助于研究者设计面向复杂环境的无人集群系统大规模仿真和演练环境；引入具有复杂地形地貌、水文气象等因素的高逼真环境建模和动态生成方法后，可实现环

境动力学实时性高精度模拟；再结合开放复杂环境下的多智能体强化学习方法，解决大规模无人集群的"从仿真到实际"问题。其次，元宇宙环境可以沉浸式地记录人们在完成各种任务时的行动轨迹和决策历史，可通过模仿学习和交互式学习直接训练无人集群系统，极大地提升无人集群系统智能训练的效率。

③多场景和多任务中人机协同共生的无人集群系统。随着自主无人智能技术的成熟和无人集群智能化水平的提升，无人集群系统未来有望更深入地渗透人类生活。如何解决人机交互中的信赖问题，调解人机共生可能出现的社会化博弈问题，是当前学术界关心的重要课题。例如，自动驾驶技术广泛应用后，公共交通中会普遍出现人类驾驶与自动驾驶并存的情况，各种交通博弈场景十分常见，只有在无人集群中引入社会性博弈理论和相关多智能体学习方法，才能有效地优化和均衡系统运行。

3.3.3　开源群体智能软件技术

互联网、云计算和大数据的发展为大规模人群的信息共享与交互提供了崭新的技术手段，依托互联网的社会群体活动已达到前所未有的规模，促使了社会群体智能研究蓬勃发展。例如，维基百科（Wikipedia）借助大众协作编辑形成了世界最大的网络百科全书，智能地图通过时空数据众包共享实现了实时精准的导航服务，开源软件通过协作开发创造了以 Linux 为代表的软件产品并成功形成一种新的软件技术创新模式。但是，互联网环境下群体协作模式的参与边界开放性、参与群体动态性以及参与个体多样性等特征，对群体间的高效协作和社会群体智能的实现提出了挑战。首先，群体参与的边界不再有严格的限制，有意愿者都可以参与其中，这种开放性极大地扩展了参与者规模；其次，参与者可随时、自由地加入和退出，而且每个参与者在不同时间所处的状态也有较大差异，这使得参与者群体具有较大的动态性。此外，每个参与者在文化背景、技术能力等方面都存在巨大差异。因此，如何将大规模、高动态、多样化的群体联结和激发起来并实现稳态的群体智能释放，是社会群体智能面临的巨大挑战。

（1）互联网社会群体智能协作模式

互联网社会群体智能的研究内涵是通过互联网组织结构和大数据驱动的人机合作系统，吸引、汇聚与管理大规模的参与者，使参与者以合作和竞争的自主协同方式来进行群体智能协作。下面分别介绍群体智能合作和群体智能竞争两种模式。

1）群体智能合作模式

开源软件是群体智能合作最具代表性的实践案例。开源软件作为互联网的一类大规模群体创作模式，以互联网开源社区为协作环境，将软件源代码和开发过程对外开放，并允许大众自由参与、修改和传播。分布在世界各地的软件开发者在少数核心人员的协调下，研发出了Linux、Apache等商业级软件产品。开源模式经历了从早期的下意识协作行为到自由软件，再到能够更好地平衡开放理念和商业利益的开源软件这三个阶段，逐渐形成了一种利用大众群体智慧进行"大众参与创作"的开源群体智能合作模式（图3.3），实现了高效率、高质量的创新软件开发。Wang等[42]将开源开发模式的核心机理总结为大众化协同、开放式共享和持续性演化三个方面，并提出了一种新的软件开发群体化方法。

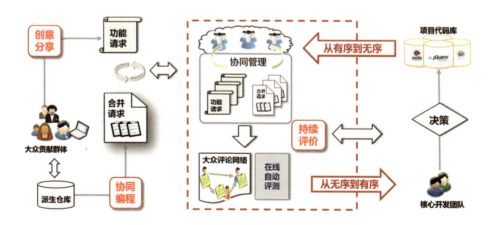

图3.3 开源群体智能合作模式

科研创新领域也在广泛开展大规模的群体智能合作实践。Galaxy Zoo [43] 在建立之初便被要求完成斯隆数字化巡天（Sloan Digital Sky Survey）所提供的约 100 万个星系图像的分类工作。该工作按照常规方法需要几年的时间，而基于众包计算的分类算法，每小时可完成 7 万项分类任务，因此 Galaxy Zoo 在第一年就获得了超过 6000 万项星系分类结果。Galaxy Zoo 不但可以通过科学志愿者收集海量的标注信息，而且可以通过交互式机器学习方法，不断提升星系分类模型的准确性。近十年来，Galaxy Zoo 陆续参与了能量相机巡天、时空遗迹巡天等新的天文数据集的采集，有力支撑了海量星系的智能分析。

2）群体智能竞争模式

群体智能竞争模式作为一种逐渐兴起的任务解决范式，旨在将任务以众包的形式指派给群体智能参与者并由其共同完成，参与者在参与过程中竞争任务完成的奖励[44]。许多组织使用基于群体智能竞争的众包平台，以开放挑战的形式将任务外包给相关任务解决人员，代表性的平台有 Topcoder 和 Kaggle 等。Topcoder 是软件开发领域的典型竞争式众包平台，该平台将软件开发任务以众包形式发布并提供一定的物质奖励，众多参与者提交代码后由平台进行评分，得分排名靠前的参与者将获得相应的物质奖励。这种方式可以将全球优秀开发群体汇聚并高质量地解决软件开发任务[45]。Kaggle 是目前全球最大的数据科学竞赛平台[46]，拥有 800 万注册用户，与 Topcoder 的众包方式类似，企业和学校都可以在 Kaggle 平台上发布数据集和机器学习任务，组织机器学习竞赛，选择性能最优的模型，然后给获胜者发放奖金。Kaggle 不但是竞赛社区，而且已经成为数据科学和人工智能的学习社区。许多初学者都愿意参与竞赛，分析其经验和知识，从中学习相关知识和技术，从而增加自己在业界工作的机会。

（2）互联网社会群体智能关键技术

大规模群体的持续群体智能激励和有效群体智能汇聚，是人–机–物三元融合环境下组织群体活动、实现稳态社会群体智能释放的关键，相关技术受到工业界与学术界的持续关注。下面从群体智能激励机制和群体智能汇聚机制两个维度进行介绍。

1）群体智能激励机制

开源和众包模式下的参与者通常利用自己的业余时间参与任务竞争，他们可以长期做出贡献，但也可能随时退出。因此，为了吸引大规模群体积极参与和持续贡献，需要构建有效的激励机制。对于激励机制的设计，博弈理论方面已经积累了长期的研究经验，特别是社会群体智能共识和经济学拍卖理论等。在这些理论模型的指导下，可以针对不同应用场景，构造相应的激励机制。

在开源领域，当前的激励机制以声誉机制为主。Linux、Apache等项目设定了不同的参与者角色，并赋予不同角色的参与者不同级别的权限，如提交缺陷、提交代码、合并代码、发布软件等，从而激励参与者为获得更高等级的参与权和决策权积极做出贡献。在众包领域，研究者针对不同任务场景研究设计激励机制。在 Amazon Mechanical Turk 平台，任务发布者会给每个任务设定相应标价，完成任务的参与者能够获得相应的奖金[47]。在激励机制的设计中，物质奖励的额度设定会对参与者数量和任务完成质量产生很大的影响。Yang 等[48]面向智能手机的移动感知场景，提出了基于斯塔克尔伯格博弈（Stackelberg game）的集中式激励机制，证明了其具有唯一的均衡状态并给出了快速算法，同时面向非集中式场景提出了基于拍卖的激励机制，并定性分析了其计算效率、可信度和营利性。Shah 等[49]针对众包平台上存在的大量非领域专家试错滥答的问题，提出了一种引导非领域专家谨慎完成任务的"加倍或全无"（double-or-nothing）二元激励机制，这种机制有效提高了群体参与的积极性。

2）群体智能汇聚机制

在互联网大规模群体自由参与的氛围下，基于强组织与弱组织相结合的"小核心-大外围"组织模式实现了大规模外围群体与小规模核心团队之间的联结。外围群体如何高效参与、核心团队如何有效评估，是群体协作实现群体智能汇聚需要解决的核心问题。

在开源领域，大规模开发者群体以自组织的形式参与开源。在开发过程中，可以先将参与者的开发活动相互隔离，等到贡献汇聚时再进行合并处理，这将极大地提高大规模群体间的协作效率。为提升群体智能汇聚效率和质量，研究者围绕开发者能力分析评估、群体智能贡献审阅者推荐等开展深入研究，为群体智能任务的分配提供了自动化的辅助工具和手段[50-51]；针对大规模群体智能贡献的质量分析评估、贡献多样性以及合并效率等开展研究，为保证群体智能贡献汇聚的质量等提供了相应的技术和工具[52-54]。Zhou 等[55]基于参与者能力和任务难度的概率分布，提出了一种最小最大化熵（minimax entropy）方法，提高了群体智能汇聚效率。

（3）互联网社会群体智能协作平台

大规模群体协作离不开平台的支撑，典型的群体智能协作平台有 Wikipedia、Topcoder、Trustie 等。Trustie 是由科学技术部资助，国防科技大学、北京大学、北京航空航天大学、中国科学院软件研究所、南京大学等国内多所知名高校、科研机构和软件企业围绕网络时代软件开发群体化方法联合发起、构建的开源平台，致力于系统研究新型软件开发方法，为开源生态建设提供方法指导和实践指南，支撑科教领域原始创新成果的开源孵化与开源人才培养等。该平台为全社会提供开源社区托管服务，同时也为新一代人工智能启智社区、云计算与大数据木兰社区、可控红山开源社区等的建设提供基础平台和核心技术等支持。此外，在软件开发领域，基于众包模式的软件开发涵盖了软件需求、开发、测试、应用反馈等不同阶段。

未来，开源群体智能作为互联网科技创新生态系统的智力内核，将在社会智能化发展进程中发挥重要作用，与其相关的重大研究方向如下。

①基于人机协同的开源群体智能。开源群体智能是以人类智能为中心、机器智能为辅助的群体智能形态，人类智能和机器智能相辅相成。由于软件创新本身的复杂性，开源群体智能激发汇聚的过程往往涉及多个步骤和任务，需要借助各种智能软件机器人来提质增效，保障汇聚而成的软件制品有较高的质量。例如，OpenAI 和微软合作推出的编程大模型 Codex 和智能

编程工具Copilot[56]，能从海量的GitHub开源代码中训练大模型，具备较强的自动代码生成能力，正在成为软件开发者的编程助手。软件开发除了包含编程这一环节，还包含需求分析、架构设计、测试验证、部署运维等环节，这些环节都需要智能助手协助人类完成。

②开源群体智能支撑智能模型生态发展。过去，人类的社会群体智能主要通过数据标注，为深度学习模型训练提供数据集。随着大语言模型技术的发展，社会群体智能越来越多地使用提示（prompt）来训练模型，这使其具备了处理新任务的能力。未来，仍然需要研究如何更好地利用开源群体智能对超大模型进行教学、引导和反馈，进而面向领域来汇聚海量的标注数据与任务指示，促进模型的智能涌现，从而形成领域通用化人工智能新业态。

3.3.4 群体智能联邦学习技术

群体智能技术虽然已在多个领域取得了初步成果，但在更多的社会生活真实应用中，由于"数据孤岛"（data island）问题的存在，群体智能面临数据不足、难以落地的困境。数据孤岛，顾名思义就是多方的数据像孤岛一样分布式存储，且因隐私保护等限制而难以打通融合。例如，我国政府部门之间往往存在着数据孤岛问题，公安部门、政法部门、工商部门等拥有各自独立的数据库系统且难以开放共享。如果能找到一种方法，在各政府部门原始数据不出本地的前提下实现部门间联合计算、查询、分析与学习，将有助于全面提升行政效率，实现更加智能化的社会治理。为了解决这个问题，联邦学习（federated learning）技术被提出。联邦学习，本质上是打破传统机器学习原有的"计算不动，数据动"的计算模式，各参与方直接共享数据给中心平台进行计算，构建出"数据不动，计算动"的新模式（图3.4），即各参与方原始数据不出本地，只共享计算中间结果，再由中心平台进行聚合，从而实现真正意义上的群体智能。

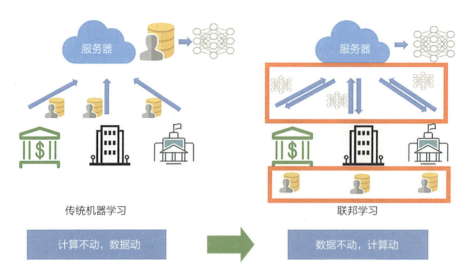

传统机器学习　　　　　　　　　　　联邦学习

计算不动，数据动　　→　　数据不动，计算动

图 3.4　联邦学习的基本原理

　　由此可以看出，联邦学习也是一种社会化的群体智能方式。与开源群体智能更强调开放和共享不同，联邦学习以个人隐私保护为核心。由联邦学习构成的智能系统的本质是一种分布式合作多智能体系统，系统合作的核心目标是提升参与者所需要的机器学习性能。同时，为了实现隐私保护的前提，参与者可选择共享私有模型参数，而不是私有数据。每个参与者一般都具有自主决策权力，能够自主决定是否留在联邦系统之中，以及共享多少数据或模型参数。联邦学习系统的参与者可以是个人或社会单位，也可以是连接在物联网中的无人系统终端。

　　（1）联邦学习框架和关键技术

　　联邦学习是一种新型的群体智能范式，其目标是在各参与方原始数据不离开本地的情况下，通过传输安全处理后的数据或中间结果，实现模型的训练[57]。联邦学习最早由谷歌公司提出[58]，主要用于解决在保护个人数据隐私前提下安卓手机终端用户联合更新本地模型的问题。在此基础上，联邦学习的概念被进一步扩展，参与方不局限于手机终端用户，也可以是多家企业或机构。

1）联邦学习的数据划分和共享模式

联邦学习按照数据划分方式，可主要分为横向联邦学习、纵向联邦学习和联邦迁移学习三种[59]（图3.5），下面将分别介绍它们的特点及联邦学习的应用。

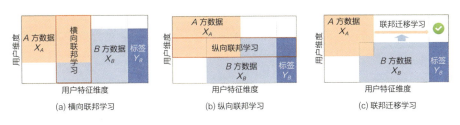

图3.5 联邦学习分类

联邦迁移学习主要用于应对用户和用户特征重叠度都较低的情况。在横向联邦学习和纵向联邦学习中，用户和用户特征至少有一个是有着较大重叠的，这让不同的参与方通过协作扩展数据规模开展模型训练成为可能。但很多时候，多方的数据难以满足上述条件，联邦迁移学习仍为其提供了联合学习的可能。联邦迁移学习场景一般面临数据分布差异大、数据规模差异大、数据标签少的问题，这些问题适合使用迁移学习来解决，因此为联邦学习引入迁移学习能够进一步拓展联邦学习适用的业务范围，更好地满足中小企业与机构的需求[60]。

联邦迁移学习可以分为以下三类。①基于实例的联邦迁移学习：通过迁移学习的方法，对不同领域的数据重要性进行评估，从而选取有效数据进行训练。②基于特征的联邦迁移学习：参与方协同学习一个共同的特征表示空间，在该空间中，从原始数据转换而来的特征表示之间的分布差异可以减小，从而使知识得以跨域传递。③基于模型的联邦迁移学习：参与方利用预先训练的模型作为联邦学习任务的初始模型，各方可在每一轮通信过程中对数据进行微调。目前，关于联邦迁移学习的相关研究较少，该领域存在着可迁移知识表达难度大、加密算法效率低等挑战。

2）联邦学习的激励机制设计

像其他群体智能系统一样，激励机制也是联邦学习的核心要素。联邦学习需要参与的智能体提供计算资源、私有数据、模型参数等。而在这个过程中，参与者会权衡利弊，综合考虑自己的成本、安全风险和收益，自主决定是否参与联邦学习。因此，激励机制发挥着激发智能体持续参与这一协同学习任务动力的重要作用，促使智能体不断共享充分的资源和高质量数据，以便实现整体模型性能的提升。

联邦学习激励机制研究充分借鉴了群体智能激励理论框架。例如，采用Shapley值模型来定量评估每个参与者对模型性能提升的贡献，采用拍卖理论和合同理论等来计算每个参与者的收益分配，采用强化学习和区块链技术来实现参与节点选择和优化决策，等等[61]。

3）联邦学习的隐私保护机制

联邦学习需要从安全多方计算和差分隐私保护两个方面来保护参与者的数据隐私。安全多方计算中的同态加密和其他加密技术确保参与者可以加密数据之间的通信消息并处理加密数据，还可以在接收数据时解密输出并获得结果。差分隐私保护则在共享的数据和模型参数中引入随机扰动噪声，保障这些私有数据的统计隐私性，同时防止攻击者通过推理攻击等方式窃取私有模型数据。

（2）联邦学习应用和开源平台

在金融、医疗、计算机视觉、自然语言处理等领域，联邦学习已经有了很多应用尝试。我国微众银行的研究者已经申请获得了联邦学习的首个IEEE（Institute of Electrical and Electronics Engineers，电气电子工程师学会）国际标准[62]，并开源了国内首个完全自主可控、可支撑亿量级客户和高并发交易的联邦学习平台FATE [63]，这对打破数据间壁垒、实现群体智能技术在多个领域真正落地具有重要意义。

在金融领域，随着国家政策的支持，小微企业贷款越来越受社会关注。但小微企业贷款风险很高，如何建立有效的风险控制模型并以此规避风险，从而降低微型企业贷款的不良率，显得尤为重要。训练风险控制模型需要综合利用征信报告、税收、声誉、财务和无形资产等数据。然而，发放贷款的银行一般只能看到征信报告，其他数据都沉淀在电商公司或企业管理软件公司。为了让银行能够更好地利用小微企业的数据评估风险，可以使用纵向联邦学习建模，在数据孤岛困境下打破数据隐私限制，实现群体智能。

在保险领域，有一种新型权益产品——交通违章权益保险，其运营涉及定价、购买和付款风险综合控制。其中，用户风险控制建模是核心。业务收益的增加、保险成本的控制，依赖于有效而准确的风险控制模型，但用户风险控制模型训练依赖的数据是巨大掣肘。即使是规模较大的汽车租赁服务商，也依然面临数据不足的问题。该类数据缺失主要是由于标签不足，但是用户的互联网数据特征可以对这些标签进行填充，因此，这是一种典型的纵向联邦学习情况。微众银行人工智能部门发起的开源项目FATE为实现纵向联邦学习训练交通风险控制模型提供了重要技术支撑，在完成FATE系统部署之后，保险公司和用户方即可开展纵向联邦学习训练。该模型衡量了用户的风险，并有效提高了业务利润，是群体智能技术在保险行业实际应用的初步探索。

在医疗领域，训练数据通常包含大量的患者信息，但因涉及大量病患隐私而难以公开。此外，医疗数据还面临标签稀缺的问题。由于医疗领域的专业性，只有具有医疗领域背景的专业人士才能对数据进行标注，但是医生的时间又非常宝贵，难以进行大量数据标注。上述因素导致通过众包模式获得大规模有效数据的难度很大，把医疗数据放在第三方公司标注，需要1万人用长达10年的时间才能完成有效数据收集。数据不足与标签缺失导致传统机器学习模型训练效果不理想，这是目前智能医疗的瓶颈。联邦学习方法可以突破这一瓶颈。设想，如果所有的医疗机构都联合起来，贡献出各自的数据，将会汇集成一个足够庞大的数据集，而对应的机器学习模型的训练效果也将取得质的突破。实现这一构想的主要途径便是联邦迁移学习。联邦迁移学习的优势体现在两个方面：一方面，各个医疗机构的数据具有很高的隐私要求，直接进行数据交换并不可行，而联邦学习能够保证在不进行数据交换的情况下训练模型；另一方面，数据存在标签缺失严重的问题，而迁移学习可以用来补全标签，扩大可用数据的规模，进一步提高模型效果。联邦迁移学习在医疗领域起着举足轻重的作用，为群体智能在智能医疗的发展奠定了数据基础。

未来，群体智能联邦学习技术还有很大的拓展和应用空间，对促进新一代人工智能产业发展将起到重要的支撑作用，其相关重大研究方向如下。

①从联邦学习到群体学习（swarm learning）。目前，联邦学习系统主要还是以一个或多个云服务器为中心，由连接边和端的各类计算设备组合而成，其应用场景以中小规模为主。目前，已有学者提出大规模、对等化的群体智能学习系统，即集成云–边–端计算、区块链和对等计算（peer-to-peer computing）等技术，形成一个对等分布式机器学习网络，该网络不再依赖中心节点，而是由每个智能体完成模型更新和参数交换步骤。这一模式无疑为未来模型生态的构建提供了新的思路。

②面向分布式自治组织的大规模联邦学习。近年来，Web 3.0 和元宇宙得到了产业界的高度关注，其中的核心要素是基于区块链的分布式自治组织（decentralized autonomous organization，DAO）[64]。这一完全分布式治理机制通过区块链建立信任，基于智能合约引入社区规则从而实现自治，并借助数字货币技术实现数字资产的经济交易和资源的优化分配。基于DAO的自治机制和数字市场平台，将促进现有的面向可控环境的联邦学习发展到开放市场环境的社会群体智能联邦学习。这种全新形态的群体智能联邦学习，可能会给 Web 3.0 系统提供所需要的智能模型生态，使智能化社会迈向新的高度。

3.4 结 语

群体智能是符合我国国情、服务国家战略的关键技术，与我国在智能经济和智能社会等领域的发展需求紧密相关。本章全面梳理了群体智能的国内外现状和发展趋势，阐述了群体智能的基础理论框架、核心技术和应用领域，并展望了重大研究方向的发展趋势。

本章把群体智能的理论研究分为生物群体智能和社会群体智能两个方

面，重点论述了汇聚型和博弈型共识涌现机理，并给出了群体智能动力学理论框架。基于这些群体智能理论研究成果，本章重点介绍了多智能体学习、无人集群协同、基于互联网的群体智能、联邦学习等技术，分析了这些技术的关键要点、系统形态和应用领域。

基于目前已经取得的群体智能理论与技术成果，我们需要进一步在群体智能理论技术体系构建、群体智能算法研究、大规模群体智能系统开放等方面持续着力，立足于国家战略部署，服务于未来社会重大需求，在国家人工智能领域推动形成基于群体智能的科技创新生态系统。为此，提出如下四点展望。

①群体智能的理论和技术更加体系化。未来的群体智能理论框架将融合许多相关学科，形成涵盖高级群体智能的感知、学习、决策、动作等方面的完整理论体系，确立面向各种应用的群体智能构造设计方法。

②人机融合一体的群体智能系统。未来的群体智能系统将是高度智能的机器集群和人类智能交织融合的形态，将突破动态开放场景下人机智能互补融合与协同演进技术，实现人机一体的群体智能对复杂场景的动态适应能力。

③规模和能力等远超"天然"群体智能。目前的群体智能系统仍然局限于传统的仿生模式或者以汇聚人类群体能力为主的互联网形态，未来将形成集成海量智能体的超级群体智能系统，如汇聚上万台智能监控设备的超级集群视觉系统、汇聚大量工业机器人的超级无人工厂等。

④新兴繁荣的群体智能产业发展新生态。未来的群体智能产业将呈现全新业态和全新模式，以智能生态方式促进传统产业转型升级和新兴产业发展，逐步形成群体智能产业生态新体系。

执笔人：吴文峻（北京航空航天大学）

唐绍婷（北京航空航天大学）

徐　毅（北京航空航天大学）

王　涛（国防科技大学）

参考文献

[1] Vicsek T, Zafeiris A. Collective motion [J]. Physics Reports, 2012, 517(3-4): 71-140.

[2] Hegselmann R, Krause U. Opinion dynamics and bounded confidence models, analysis and simulation [J]. Journal of Artificial Societies and Social Simulation, 2002, 5(3): 1-2.

[3] Bonabeau E, Dorigo M, Theraulaz G. Swarm Intelligence: From Natural to Artificial Systems [M]. New York, NY, USA: Oxford University Press, 1999.

[4] Eberhart R C, Shi Y, Kennedy J. Swarm Intelligence [M]. Cambridge, MA, USA: Morgan Kaufmann, 2001.

[5] Arulkumaran K, Cully A, Togelius J. AlphaStar: An evolutionary computation perspective [C]// Proceedings of the Genetic and Evolutionary Computation Conference Companion, Prague, Czech, 2019: 314-315.

[6] Bonabeau E, Dorigo M, Theraulaz G. Inspiration for optimization from social insect behaviour [J]. Nature, 2000, 406(6791): 39-42.

[7] Li W, Wu W J, Wang H M, et al. Crowd intelligence in AI 2.0 era [J]. Frontiers of Information Technology & Electronic Engineering, 2017, 18(1): 15-43.

[8] 郑志明, 吕金虎, 韦卫, 等. 精准智能理论: 面向复杂动态对象的人工智能 [J]. 中国科学: 信息科学, 2021, 51(4): 678-690.

[9] Theraulaz G, Bonabeau E. A brief history of stigmergy [J]. Artificial Life, 1999, 5(2): 97-116.

[10] Ramaswamy S. The mechanics and statistics of active matter [J]. Annual Review of Condensed Matter Physics, 2010, 1(1): 323-345.

[11] Reynolds C W. Flocks, herds and schools: A distributed behavioral model [J]. ACM SIGGRAPH Computer Graphics, 1987, 21(4): 25-34.

[12] Vicsek T, Czirók A, Ben-Jacob E, et al. Novel type of phase transition in a system of self-driven particles [J]. Physical Review Letters, 1995, 75(6): 1226.

[13] Couzin I D, Krause J, James R, et al. Collective memory and spatial sorting in animal groups [J]. Journal of Theoretical Biology, 2002, 218(1): 1-11.

[14] Sîrbu A, Loreto V, Servedio V D P, et al. Opinion dynamics: Models, extensions and external effects [M]// Loreto V, Haklay M, Hotho A, et al. Participatory Sensing, Opinions and Collective Awareness. Cham, Switzerland: Springer, 2017: 363-401.

[15] Lorenz J. Heterogeneous bounds of confidence: Meet, discuss and find consensus! [J]. Complexity, 2010, 15(4): 43-52.

[16]　Etesami S R, Başar T. Game-theoretic analysis of the Hegselmann-Krause model for opinion dynamics in finite dimensions [J]. IEEE Transactions on Automatic Control, 2015, 60(7): 1886-1897.

[17]　Tessone C J, Sánchez A, Schweitzer F. Diversity-induced resonance in the response to social norms [J]. Physical Review E, 2013, 87(2): 022803.

[18]　罗杰, 姜鑫, 郭炳晖, 等. 群体智能系统的动力学模型与群体熵度量 [J]. 中国科学: 信息科学, 2022, 52(1): 99-110.

[19]　冯埔, 吴文峻, 罗杰, 等. 基于群体熵的机器人群体智能汇聚度量 [J]. 智能科学与技术学报, 2022, 4(1): 65-74.

[20]　Gronauer S, Diepold K. Multi-agent deep reinforcement learning: A survey [J]. Artificial Intelligence Review, 2022, 55(2): 895-943.

[21]　Lowe R, Wu Y, Tamar A, et al. Multi-agent actor-critic for mixed cooperative-competitive environments [J]. Advances in Neural Information Processing Systems, 2017, 30: 6379-6390.

[22]　Rashid T, Samvelyan M, de Witt C S, et al. QMIX: Monotonic value function factorisation for deep multi-agent reinforcement learning [C]// Proceedings of the 17th International Conference on Autonomous Agents and MultiAgent Systems, Stockholm, Sweden, 2018: 4295-4304.

[23]　Sunehag P, Lever G, Gruslys A, et al. Value-decomposition networks for cooperative multi-agent learning based on team reward [C]// Proceedings of the 17th International Conference on Autonomous Agents and MultiAgent Systems, Stockholm, Sweden, 2018: 2085-2087.

[24]　Kuba J G, Wen M N, Meng L H, et al. Settling the variance of multi-agent policy gradients [J]. Advances in Neural Information Processing Systems, 2021, 34: 13458-13470.

[25]　Foerster J N, Farquhar G, Afouras T, et al. Counterfactual multi-agent policy gradients [C]// Proceedings of the 32nd AAAI Conference on Artificial Intelligence, New Orleans, LA, USA, 2018: 2974-2982.

[26]　Vinyals O, Babuschkin I, Czarnecki W M, et al. Grandmaster level in StarCraft II using multi-agent reinforcement learning [J]. Nature, 2019, 575(7782): 350-354.

[27]　Zinkevich M, Johanson M, Bowling M, et al. Regret minimization in games with incomplete information [J]. Advances in Neural Information Processing Systems, 2007, 20: 1729-1736.

[28]   Balduzzi D, Racaniere S, Martens J, et al. The mechanics of n-player differentiable games [C]// International Conference on Machine Learning, Jinan, China, 2018: 354-363.

[29]   Leslie A M, Friedman O, German T P. Core mechanisms in 'theory of mind' [J]. Trends in Cognitive Sciences, 2004, 8(12): 528-533.

[30]   Wen Y, Yang Y, Luo R, et al. Probabilistic recursive reasoning for multi-agent reinforcement learning [C]// Proceedings of the 7th International Conference on Learning Representations, New Orleans, LA, USA, 2019: 1326-1346.

[31]   Foerster J N, Chen R Y, Al-Shedivat M, et al. Learning with opponent-learning awareness [C]// Proceedings of the 17th International Conference on Autonomous Agents and MultiAgent Systems, Stockholm, Sweden, 2018: 122-130.

[32]   Letcher A, Foerster J, Balduzzi D, et al. Stable opponent shaping in differentiable games [C]// Proceedings of the 7th International Conference on Learning Representations, New Orleans, LA, USA, 2019: 2115-2127.

[33]   Lu C, Willi T, de Witt C S, Foerster J. Model-free opponent shaping [C]// Proceedings of the 39th International Conference on Machine Learning, Baltimore, MD, USA, 2022: 14398-14411.

[34]   Lanctot M, Zambaldi V, Gruslys A, et al. A unified game-theoretic approach to multiagent reinforcement learning [J]. Advances in Neural Information Processing Systems, 2017, 30: 4193-4206.

[35]   Hennes D, Morrill D, Omidshafiei S, et al. Neural replicator dynamics: Multiagent learning via hedging policy gradients [C]// Proceedings of the 19th International Conference on Autonomous Agents and MultiAgent Systems, Auckland, New Zealand, 2020: 492-501.

[36]   Reed S, Zolna K, Parisotto E, et al. A generalist agent [J]. Transactions on Machine Learning Research, 2022, 7(6): 307-312.

[37]   Oh K K, Park M C, Ahn H S. A survey of multi-agent formation control [J]. Automatica, 2015, 53: 424-440.

[38]   Chen H H, Duan H B. Multiple unmanned aerial vehicle autonomous formation via wolf packs mechanism [C]// 2016 IEEE/CSAA International Conference on Aircraft Utility Systems, Beijing, China, 2016: 606-610.

[39]   Vásárhelyi G, Virágh C, Somorjai G, et al. Optimized flocking of autonomous drones in confined environments [J]. Science Robotics, 2018, 3(20): 3536.

[40]　Dong X, Li Y, Lu C, et al. Time-varying formation tracking for UAV swarm systems with switching directed topologies [J]. IEEE Transactions on Neural Networks and Learning Systems, 2019, 30(12): 3674-3685.

[41]　Dorigo M, Theraulaz G, Trianni V. Reflections on the future of swarm robotics [J]. Science Robotics, 2020, 5(49): 4385.

[42]　Wang H, Yin G, Li X, et al. TRUSTIE: A software development platform for crowdsourcing [M]// Li W, Huhns M N, Tsai W T, et al. Crowdsourcing cloud-based software development. Berlin, Germany: Springer, 2015: 165-190.

[43]　Lintott C, Schawinski K, Slosar A, et al. Galaxy Zoo: Morphologies derived from visual inspection of galaxies from the Sloan Digital Sky Survey [J]. Monthly Notices of the Royal Astronomical Society, 2008, 389(3): 1179-1189.

[44]　Tsai W T, Wu W J, Huhns M N. Cloud-based software crowdsourcing [J]. IEEE Internet Computing, 2014, 18(3): 78-83.

[45]　Wu W J, Tsai W T, Li W. An evaluation framework for software crowdsourcing [J]. Frontiers of Computer Science, 2013, 7(5): 694-709.

[46]　Banachewicz K, Massaron L, Goldbloom A. The Kaggle Book: Data Analysis and Machine Learning for Competitive Data Science [M]. Birmingham, UK: Packt Publishing, 2022.

[47]　Heer J, Bostock M. Crowdsourcing graphical perception: Using mechanical turk to assess visualization design [C]// Proceedings of the SIGCHI Conference on Human Factors in Computing Systems, Atlanta, GA, USA, 2010: 203-212.

[48]　Yang D, Xue G, Fang X, et al. Crowdsourcing to smartphones: Incentive mechanism design for mobile phone sensing [C]// Proceedings of the 18th Annual International Conference on Mobile Computing and Networking, Istanbul, Turkey, 2012: 173-184.

[49]　Shah N B, Zhou D Y. Double or nothing: Multiplicative incentive mechanisms for Crowdsourcing [J]. Advances in Neural Information Processing Systems, 2015, 28: 1-9.

[50]　Zhang Z Y, Sun H L, Zhang H Y. Developer recommendation for Topcoder through a meta-learning based policy model [J]. Empirical Software Engineering, 2020, 25(1): 859-889.

[51]　Yu Y, Wang H M, Yin G, et al. Reviewer recommender of pull-requests in GitHub [C]// Proceedings of the 2014 IEEE International Conference on Software Maintenance and Evolution, Victoria, BC, Canada, 2014: 609-612.

[52]   Yu Y, Yin G, Wang T, et al. Determinants of pull-based development in the context of continuous integration [J]. Science China Information Sciences, 2016, 59(8): 1-14.

[53]   Li Z X, Yu Y, Zhou M H, et al. Redundancy, context, and preference: An empirical study of duplicate pull requests in OSS projects [J]. IEEE Transactions on Software Engineering, 2020, 48(4): 1309-1335.

[54]   Karger D R, Oh S, Shah D. Iterative learning for reliable crowdsourcing systems [J]. Advances in Neural Information Processing Systems, 2011, 24: 1953-1961.

[55]   Zhou D, Platt J C, Basu S, et al. Learning from the wisdom of crowds by minimax entropy [J]. Advances in Neural Information Processing Systems, 2012, 25: 2195-2203.

[56]   Chen M, Tworek J, Jun H, et al. Evaluating large language models trained on code [EB/OL]. (2014-09-04) [2023-01-31]. https://arxiv.org/abs/2107.03374.

[57]   Yang Q, Liu Y, Chen T, et al. Federated machine learning: Concept and applications [J]. ACM Transactions on Intelligent Systems and Technology, 2019, 10(2): 1-19.

[58]   McMahan H, Moore E, Ramage D, et al. Communication-efficient learning of deep networks from decentralized data [C]// Proceedings of the 20th International Conference on Artificial Intelligence and Statistics, Fort Lauderdale, FL, USA, 2017: 1273-1282.

[59]   Liu Y, Kang Y, Xing C P, et al. A secure federated transfer learning framework [J]. IEEE Intelligent Systems, 2020, 35(4): 70-82.

[60]   Jiang D, Tong Y X, Song Y F, et al. Industrial federated topic modeling [J]. ACM Transactions on Intelligent Systems and Technology, 2021, 12(1): 1-22.

[61]   Ng K L, Chen Z C, Liu Z L, et al. A multi-player game for studying federated learning incentive schemes [C]// Proceedings of the 29th International Joint Conference on Artificial Intelligence, Yokohama, Japan, 2021: 5279-5281.

[62]   IEEE Draft Guide for Architectural Framework and Application of Federated Machine Learning: P3652.1 [S]. 2020.

[63]   微众银行. FATE Federated AI Ecosystem [EB/OL]. (2022-03-21)[2023-04-16]. https://github.com/FederatedAI/FATE.

[64]   Hassan S, De Filippi P. Decentralized autonomous organization [J]. Internet Policy Review, 2021, 10(2): 1-10.

第4章

跨媒体智能

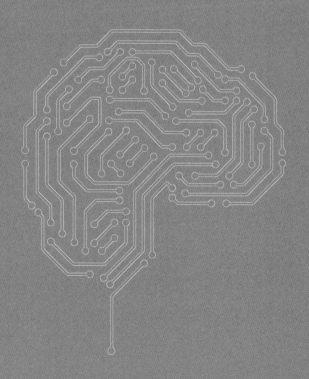

随着互联网的飞速发展以及数据量的急剧增加，从不同渠道产生的文本、图像和视频等类型的媒体数据紧密混合，以一种新的形式，更形象、更综合地表达个体或群体的意图。这种多类型媒体有数据依赖共存、数据来源广泛、用户交互性高的新型媒体表现形式，被称为跨媒体（cross-media）。对不同来源和不同类型的媒体数据进行分析与理解的"跨媒体计算"正成为多媒体领域的一个新研究热点，在新一代搜索引擎、数字内容产业和公共安全等方面具有重大需求。

以跨媒体这一形式，从不同侧面表达高层语义，研究不同类型媒体数据间的模态互补机理，挖掘它们之间的语义关联，实现内容跨越，从而克服异构鸿沟和语义鸿沟——这是跨媒体智能要解决的核心问题。

随着对跨媒体智能研究的逐渐深入，跨媒体关联、跨媒体推理与跨媒体大模型的开发显得尤为重要（图4.1）。这些技术能够实现文本、图像、视频等多媒体数据之间的深层语义理解和内容生成，不仅增强了媒体内容的表现力，也极大地改善了用户体验，提高了信息传递的效率。

为此，必须攻克几个关键技术问题。

① 跨媒体关联的实现[1]。解决此问题的关键在于如何有效地连接并解释不同媒体中的内容。这要求模型能识别并解释包括文本、图像、视频等在内的多种数据格式，实现信息的语义一致性与连贯性。例如，模型需要从一篇文章中提取核心信息，并使用这些信息来生成或检索与文章内容相匹配的图像和视频。模型不仅需要具备精确的内容理解能力，还需要具有高效的信息检索技术。

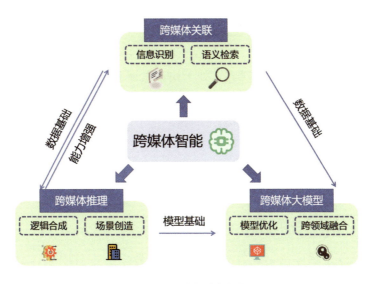

图 4.1　跨媒体智能总框架

② 跨媒体推理能力的提升[2]。这一关键问题不仅涉及对现有信息的加工处理，还涉及在多媒体内容之间进行逻辑推理和情境判断，以及多媒体内容的合成。在推理方面，模型要能判断媒体之间的关系，如判断文本描述与图像内容是否一致、推断视频场景中未明说的情节等。这种能力对于生成连贯和逻辑一致的跨媒体内容至关重要。在合成方面，模型需要深刻理解某一媒体的内容，并在这一媒体的要求下进行内容合成，如模型通过分析关于景观的一篇文章合成一幅相应的图像、根据描述日落的一个句子生成一段音乐等。

③ 支持这些复杂功能的更大、更强的模型框架，也就是新一代跨媒体大模型的开发。为了解决这一关键问题，需要积极探索如何优化模型架构，提高算法的效率和效能。不仅要努力提高模型的处理能力和理解深度，还要考虑如何使模型能够更好地在不同类型的媒体内容之间进行信息融合和交互。此外，大模型的应用范围远不止常见的图像和文本处理。随着技术的发展，大模型已开始在药物合成、分子设计、天气预测等复杂科学问题上发挥重要作用。这些模型通过深度学习和机器学习技术，处理与分析大

量科学数据，为新药开发、材料创新和气候变化模拟提供精准的预测与解决方案。

跨媒体计算和智能化研究正处于快速发展阶段，将为信息技术、人工智能和多媒体处理领域带来革命性的变革。通过这些技术，未来的数字媒体将更加丰富多彩、更具互动性，且更贴近人们的实际需求。

4.1 跨媒体关联

4.1.1 浅层学习建模

在跨媒体关联挖掘领域，早期的研究专注于非深度学习的浅层学习建模方法，这些方法主要为统计分析技术和模型，如典型相关性分析（canonical correlation analysis，CCA）[3]和概率主题模型（probabilistic topic model）[4]。在以深度学习为主的方法流行之前，这些方法已经被广泛应用于多种跨媒体任务中，如图像、文本、视频等多媒体信息之间的关联学习等。

跨媒体关联挖掘从文本、图像、音频、视频等信息中提取复杂的关联关系和结构，在不同媒体之间建立统一的特征并进行表达。这类问题的关键是如何将不同媒体的信息映射到编码空间中并将其嵌入，由此产生两种常规思路（图4.2）：① 先将不同媒体分别提取特征后直接融合，然后通过学习一个跨媒体的距离函数来度量不同媒体之间的关联关系；② 先建立一个共享的隐空间，然后在该隐空间中提取不同媒体的数据特征，利用一个统一的可解释的距离函数来度量，如常用的欧几里得距离、余弦相似度距离等。后续的各种深度学习挖掘跨媒体关联方法，也都是在此基础上发展，并与传统非深度学习模型产生了多种融合后的变种。

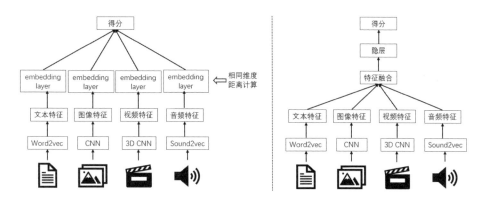

图4.2 跨媒体关联挖掘思路

（1）相关性分析

CCA是一种统计学分析方法，也是一种子空间学习方法，如图4.3所示。CCA类似于主成分分析（principal component analysis，PCA）[5]，是一种常用的数据分析和降维方法。CCA通过处理多个媒体数据的空间特征并进行联合降维，将不同空间中的联合信息表示为相关性。CCA与PCA类似，通过提取不同媒体数据之间的互协方差矩阵，将问题转化为广义的特征值问题，进而捕捉数据最大相关的方向。CCA被广泛应用于跨媒体关联挖掘和经济学等领域。一些常见且经典的基于CCA的研究工作如下。

Rasiwasia等[6]研究了多媒体文本和图像的联合建模问题，在使用尺度不变特征转换（scale-invariant feature transform，SIFT）[7]提取图像特征和使用隐含狄利克雷分布（latent Dirichlet allocation，LDA）[8]提取文本特征后，提出了三种子空间学习模型，即相关匹配（correlation matching，CM）、语义匹配（semantic matching，SM）和语义相关匹配（semantic correlation matching，SCM），以分别学习不同媒体数据之间的两两关联最大化。

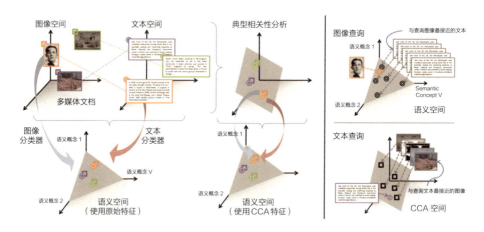

图 4.3　典型相关性分析（CCA）[6]

　　CCA是一种无监督的不依赖于语义信息标签的分类方法，且主要对两种类型的媒体进行关联分析检索，依赖线性的投影关系进行分析关联（图4.4），因此后续有诸多工作需要基于CCA进行完善和延伸。如内核典型相关性分析（kernel canonical correlation analysis，KCCA）[9]，通过引入核函数，将数据映射到核函数的特征空间并进行关联分析，克服了CCA只能挖掘两种媒体数据线性关联组合的缺点。KCCA扩展到了非线性数据之间更复杂的相关性表示和挖掘，且依赖于训练数据。然而KCCA具有训练开销庞大、训练速度缓慢、可解释性差等缺陷，故有学者在此基础上又提出了深度典型相关性分析（deep canonical correlation analysis，DCCA）[10]。

　　然而CCA只能处理成对的数据，即需同时处理两种媒体的数据，故又出现了聚类典型相关性分析（cluster canonical correlation analysis，cluster-CCA）和均值典型相关性分析（mean canonical correlation analysis，mean-CCA）以及核聚类典型相关性分析（kernel cluster canonical correction analysis，cluster-KCCA）等扩展方法[11]。这些方法可以提取多个集合数据之间的相关性信息并加以挖掘。

　　传统的CCA及其变种方法尽管能快速挖掘跨媒体信息，但无法对更高维度的语义信息进行挖掘，故有学者提出了多标签典型相关性分析（multi-label canonical correlation analysis，ml–CCA）[12]，以引入多标签数据进行跨媒体检索匹配，并在此基础上提出了fast ml–CCA（快速ml–CCA）以提升效率。此外，基于稀疏表示的特征降维方法也与CCA进行了结合，如sparse CCA（稀疏CCA）[13]、structured sparse CCA（结构化稀疏CCA）[14]等。另一类 2D CCA系列方法，通过扩展CCA，直接挖掘图像之间的关系而不将其重新处理为向量，大大提升了计算复杂度和计算效率。

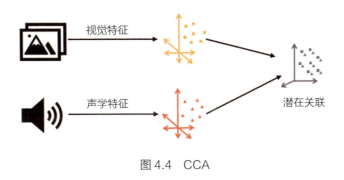

图4.4 CCA

（2）概率主题模型

概率主题模型是一种用于文档建模和主题发现的统计模型，如常见的隐含狄利克雷分布（LDA）等。在跨媒体关联挖掘中，这些模型可以挖掘出文本数据中的隐含主题，再将这些主题与其他媒体（如图像中的内容）进行检索和关联，联合建模跨媒体数据。

LDA是概率主题模型中的典型方法（图4.5），在建模单一媒体的文本文档的主题聚类中取得了成功。它通过生成主题隐变量来表示文档中不同的单词和以概率形式出现的主题，并生成主题字典，按照LDA采样主题比例和主题字典的超参数。这种概率主题模型的方法已被推广到多媒体的应用中[15]。该方法将跨媒体数据的特征映射到隐空间，利用生成式模型挖掘跨媒体数据的主题隐空间。利用该方法学习得到的主题具有很强的可解释性。

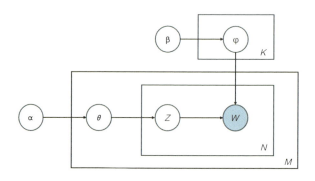

图4.5 LDA

常见的跨媒体概率主题模型的算法如文献[15]所述。该文献针对图像和标注文本的跨媒体数据，提出了高斯–多项式混合（Gaussian-multinomial mixture，GM-mixture）、高斯–多项式LDA（Gaussian-multinomial LDA，GM-LDA）和关联LDA（correspondence LDA，corr-LDA）的方法。这类方法通常假设图像和对应文本是相同的主题分布，因此多媒体混合LDA（mixture of multi-modal LDA，MoM-LDA）[16]假设图像和对应文本由不同的隐主题分布生成[15]，可对一种媒体主题进行线性回归后得到另一种媒体主题。主题回归多媒体LDA（topic-regression multi-modal LDA，tr-mmLDA）[17]通过变量回归来学习跨媒体主题之间的线性映射。

然而，以上方法均不能处理跨媒体数据之间更复杂、非线性的关系，因此多媒体文档随机场（multi-modal document random field，MDRF）方法[18]通过引入随机场来表示任意媒体之间不同文档的主题单词分布关系。多媒体多视图主题观点挖掘（multi-modal multi-view topic-opinion mining，MMTOM）模型[19]将mmLDA方法扩展到了跨媒体主题的学习和关联挖掘。

另外一类方法集中于处理不同媒体内部的私有信息，并有学者提出了多领域相关主题模型（multi-field correlated topic model）[20]和因子分解多媒体主题模型（factorized multi-modal topic model）[21]。

除相关性分析和概率主题模型方法外，还存在字典学习、概率图模型等方法。例如，浙江大学Zhuang等[22]基于组结构先验的跨媒体关联学习和跨媒体检索，提出了SliM2（sparse inter-media mapping 2）算法和M3R模型来挖掘不同媒体间的关联关系，以实现高效的跨媒体检索。SliM2算法通过多媒体耦合字典学习解决了不同媒体数据在特征空间上的不一致性问题。该方法创新性地同时学习各媒体字典和它们之间稀疏系数的线性映射关系，通过混合范数（L1 norm /L2 norm）探索同一类别内不同媒体数据的共享结构，使得这些结构在不同字典中能够表现出媒体间的差异性，并揭示它们之间的关联性。M3R模型[23]通过建立一个跨媒体概率图模型来增强不同媒体之间的语义一致性。该模型不仅学习了每个媒体的隐含主题，还强化了媒体之间的互补性和相互作用，它通过自适应传递机制来加强跨媒体主题的表达，并将类别信息整合到图模型中，从而提升隐含主题的判别能力。

总体而言，传统的非深度学习的浅层跨媒体关联挖掘模型和方法的研究热点，集中在传统统计学习方法的可扩展性和计算效率的提升，并致力于发掘更准确、更鲁棒的跨媒体关联信息。大部分浅层跨媒体关联挖掘方法不依赖标注数据，可在隐空间中提取信息和相互关联，为资源受限场景下的应用提供了重要理论支撑。这些基于统计学习的方法，也为后续基于深度学习的方法及两者结合提供了重要依据，并成为解决大规模跨媒体数据分析问题的重要突破口。

4.1.2 深度学习建模

基于深度学习的跨媒体关联学习的主要挑战在于如何高效地整合截然不同的信息媒体，实现潜在表征空间的精准对齐。为应对这一挑战，研究者们探索了包括全局编码和局部编码在内的多种信息理解方法，其中全局编码着重于对信息全局性的理解，而局部编码则致力于对信息细节的挖掘。更有研究者通过融合外部知识来加深信息处理的深度。这些方法不局限于单一视角的处理方式，而是通过设计创新的损失函数和度量学习策略来推动高质量视觉与文本表示的获取，从而提高跨媒体匹配的准确性。

当前基于深度学习的跨媒体关联学习方法主要分为三类（图4.6）。首先是基于媒体内关系建模的双流方法，该类方法通过分析单一媒体内部的局部信息关系来增强该媒体的表征能力。其次是基于媒体间关系建模的单流方法，该类方法专注于挖掘和利用跨媒体之间的交互信息，以实现不同媒体细粒度局部信息的有效对齐。最后是混合交互建模方法，该类方法结合了前两类方法的优势，通过全面考虑媒体内外的动态交互，实现更为复杂的信息融合。下面通过跨媒体检索和跨媒体定位这两个跨媒体关联学习任务对深层关联学习技术进行介绍。

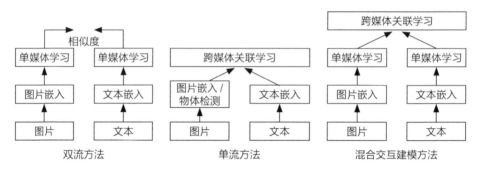

图 4.6　跨媒体深层关联学习典型方法

（1）跨媒体检索

① 对抗学习方法。He 等[32]提出的分类对齐对抗学习（CAAL）以嵌入的类别信息作为对齐标记，生成假的图像和文本特征，这些对齐标记有助于在训练阶段重构共同的表征空间，减少生成假数据中的噪声。深层自监督跨媒体检索方法（DSCMR）[33]（图 4.7）通过媒体间的不变性损失、共享空间的判别损失和标签空间的判别损失三种训练目标来处理跨媒体检索任务，DSCMR 特别为句子级输入设计了卷积神经网络，以提取高级语义特征。Wang 等[24]提出了一种名为对抗性跨媒体检索（ACMR）的技术，该技术通过对抗学习创建一个共享的子空间，用于生成不受媒体影响的特征表示，并通过三元组约束来维持跨媒体的语义结构。Xu 等[26]提出的双向对抗互学习（DAML）方法，通过并行特征映射网络减少媒体间的差异并引入媒体分类器和跨媒体相似度度量，通过三重训练任务，显著提高了跨媒

体检索的性能。跨媒体生成对抗网络（CMGAN）[27]则利用生成对抗网络（GAN）的卓越建模能力，掌握不同媒体数据的联合分布，并通过学习共同的特征表示来构建媒体间的联系，从而有效提升了媒体间的辨识能力。基于语义一致性的对抗跨媒体检索（SC-ACMR）[28]和基于原型的自适应网络（PAN）[29]等技术通过引入语义一致性约束和自适应学习机制，进一步提升了跨媒体检索的准确性和稳健性。

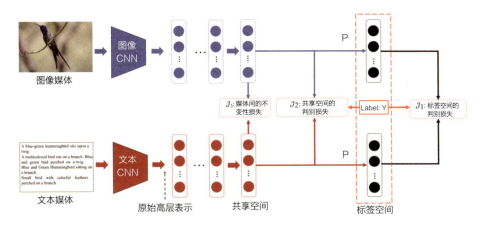

图 4.7　深层自监督跨媒体检索方法

②图网络学习方法。对偶对抗图神经网络（DAGNN）[31]利用标签共现（tag co-occurrence）统计信息建立初始关联矩阵，并通过多跳图神经网络捕捉标签间的语义相关性。DAGNN的双解码器结构和对抗学习框架进一步增强了媒体间的不变性和表征能力。Qian等[34]提出的自适应标签图卷积网络（ALGCN），采用动态优化的自适应关联矩阵和自监督损失来提高图卷积网络在捕捉和利用标签相关性方面的学习效率。对抗图卷积网络（AGCN）能构建每个实例的关系图，通过并行的图特征生成器表征网络学习输入和输出的边节点，并通过融合这些表征来最小化媒体间的异质性。

除此之外，Peng等[30]提出了多通道语义匹配（MCSM）方法，通过递归注意网络和长短期记忆（LSTM）模块构建了独立的语义空间，专门处理和学习图像与文本的特征。其核心为使用注意力机制进行联合嵌入，以此提升跨媒体相关性的学习效率。Peng等[25]开发的双阶段学习方法（CCL），采用多路径策略从原始样本中提取粗略和细致的特征表示，并通过联合限制玻尔兹曼机（RBM）整合这些特征，有效地模拟了媒体内部的语义关系和媒体间的对比关系，推动跨媒体检索任务达到新的高度。统一框架与排名学习（URL）[35]通过预对齐网络和交叉互动网络学习视觉与文本媒体的特征，其训练目标涵盖类别精度、配对匹配和排名精度，优化了媒体间的平均精度。

这些方法从不同的角度出发，共同推进了跨媒体检索学习的深度和广度，为实现更准确、更高效的信息检索和理解提供了强有力的技术支持。

（2）跨媒体定位

跨媒体定位的研究主要集中在通过监督学习方法解决视频中的时间段定位问题。早期的跨媒体定位方法普遍采用滑动窗口或段落提案网络来生成初步的候选提案，再通过跨媒体匹配选择最佳答案。然而，这种"提案–排序"的两阶段流程由于需要大量重复的候选采样来保证准确性，计算重复量大且效率低下。为解决这些问题，研究者开发了基于锚点的方法和无提案方法，实现了端到端的处理流程，且这些方法逐渐成为主流。

跨媒体时序回归定位器（cross-modal temporal regression localizer，CTRL）[36]通过滑动窗口生成不同长度的提议（proposal），利用视觉编码器和文本编码器对这些提议进行编码，采用简单的多媒体处理模块来整合视觉特征与文本特征，设计了多任务目标以优化匹配分数和回归损失。时刻上下文网络（moment context network，MCN）[37]将提议和查询特征投影到共享的嵌入空间，并监督模型通过最小化查询与对齐提议之间的距离来学习，同时通过增强内部和跨视频的排名损失来提升性能。潜在上下文时刻定位（moment localization with latent context，MLLC）[38]则结合了MCN的优势，将视频上下文视为潜在变量，统一了瞬间定位的模型框架。基于查询引导的片段提议网络（query-guided segment proposal network，QSPN）[39]改进了提议生成网络，通过查询嵌入与视觉特征的交互来调整视觉特征，从而生成更精确的提议特征，并采用排名损失和字幕损失进行双重优化。语义活动提议（semantic activity proposal，SAP）[40]直接训练视觉概念检测器，通过测量与查询视频帧之间的视觉–语义相关性来生成提议候选。边界提议网络（boundary proposal network，BPNet）[41]和自适应提议生成网络（adaptive proposal generation network，APGN）[42]用无提议模块替代了传统的单独提议生成器，并将它整合到主模型中，进行了端到端训练，通过精确编码整个视频序列来考虑上下文信息。跨媒体交互网络（cross–modal interaction network，CMIN）[43]基于时序图网络（temporal ground net，TGN）策略设计了不同的跨媒体推理策略，通过更复杂的学习模块和（或）辅助目标来实现细粒度的多媒体交互。二维时序邻接网络（2D temporal adjacent network，2D–TAN）[44]利用二维时序图映射提议候选，通过时序邻接网络融合查询特征和每个提议特征来模拟视频内容，丰富上下文信息。基于注意力的位置回归（attention based location regression，ABLR）[45]，通过双向LSTM网络编码视觉和文本特征，并通过三阶段的多媒体共注意力机制进行交叉媒体推理。基于强化学习的视频自然语言描述时间定位（read，watch，and move with reinforcement learning，RWM–RL）[46]定义了时间敏感的全局视频定位序列决策问题，并通过滑动窗口结合行动者–评判者（actor–critic）算法，动态调整了时间边界以寻找最佳匹配位置。语义条件动态调制（semantic conditioned dynamic modulation，SCDM）[47]采用不同尺度的锚点，基于每个时间步的基本跨度生成了提议，并利用时间卷积网络生成层次化的提议候选。

时序定位网络[48]作为首个基于锚点的方法，通过预设锚点在每个时间步生成多尺度的提议候选，并运用序列LSTM对一组提议进行同时评分。时刻对齐网络（moment alignment network，MAN）[49]等方法则通过结构化锚点和二维映射处理提议候选，强调通过预设的多尺度锚点顺序维持提议或层次化地维持提议，以更好地考量时间依赖性，提高提议长度的灵活性。跨媒体时刻定位网络（cross–modal moment localization network，ROLE）[50]等方法专注于改进多媒体交互和融合机制，通过更复杂的结构或对视频和查询的语义进行分解来细化视觉与融合文本特征。基于活动概念的定位器（activity concepts based localizer，ACL）[51]，基于CTRL开发，显式地从视频和语言中挖掘活动概念并将其作为先验知识，用以校准提议作为目标瞬间的置信度。空间与语言-时间注意力（spatial and language-temporal attention，SLTA）[52]通过引入外观知识，即对象级空间视觉特征来增强跨媒体推理。渐进式定位网络（progressive localization network，PLN）[53]等方法在不同的时间粒度或不同的语义内容上解构视频提议，执行粗粒度和细粒度的跨媒体推理。视频-语言图匹配网络（video-language graph matching network，VLG-Net）[54]在图中维护查询词和视频提议，并使用图卷积网络进行内部和跨媒体交互。语义-视觉视频时刻检索（semantic-visual video moment retrieval，SV-VMR）[55]将查询分解为语义角色，并在语义层面上执行多级跨媒体推理。多阶段聚合变换网络（multi-stage aggregated transformer network，MATN）[56]将提议和查询词串联成序列，通过单流变换器网络进行编码，并设计了新颖的多阶段边界回归来细化预测时刻。互匹配网络（mutual matching network，MMN）[57]等方法提出将提议和查询特征投影到共同的嵌入空间，利用度量学习进行跨媒体对比学习。

浙江大学Li等[58]为了解决多媒体视频目标的时空定位问题，研发了一种基于时空对比对齐的算法。该算法不需要人工标注，通过跨媒体的对比学习匹配方案、空间金字塔结构、视频帧的平移对齐机制以及端到端的模型训练，提高了视频与文本信息匹配的准确性和模型对时空变化的敏感度。此外，他们还探索了一种基于层次化分解与对齐的弱监督算法[59]（图4.8），通过构建语言和视觉的多媒体分解树，采用层次化的对比学习策略，实现了文本与视频信息的细粒度对齐。

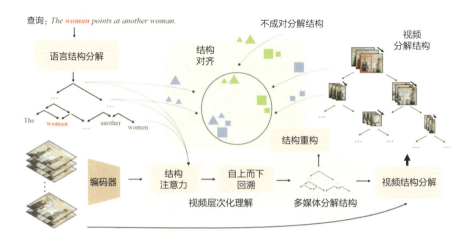

图 4.8　基于跨媒体语义层次分解的关联学习方法

4.2　跨媒体推理

4.2.1　跨媒体生成

（1）跨媒体描述生成

跨媒体描述生成被认为是跨媒体任务中最实用的一项功能，其中图像描述生成（image captioning）是计算机视觉和自然语言处理领域的一个重要研究方向。图像描述生成旨在将图像的视觉内容转换为自然语言描述，使计算机能够理解和解释图像内容，并以人类可理解的方式进行交流。这一任务不仅要求模型能够准确理解图像的内容，还要求模型能够生成流畅、自然的语言描述，具有很高的研究价值和实际应用前景。图像描述生成的研究可以追溯到早期的基于模板的方法，这些方法通过预定义的模板和规则来生成描述，但表达能力有限，难以处理复杂的图像内容和场景。

随着深度学习技术的发展，基于神经网络的方法逐渐成为主流，该方法包括编码器-解码器（encoder-decoder）框架、注意力机制、生成对抗网络和强化学习等技术。在 encoder-decoder 框架中，通常使用卷积神经网

103

络（CNN）作为编码器来提取图像特征，然后通过循环神经网络（recurrent neural network，RNN）或 Transformer 架构的解码器来生成描述文本。这种方法能够端到端地学习图像和文本之间的映射关系，显著提高了图像描述的准确性和自然性。注意力机制的引入是图像描述生成领域的一个重大突破，它允许模型在生成每个单词时聚焦于图像的特定区域，从而更好地捕捉图像和文本之间的细粒度关联。在这一时期的工作中，Vinyals 等[60]提出了一种基于 CNN 和 RNN 的 encoder–decoder 模型用于图像描述生成，其中 CNN 用于提取图像特征，RNN 用于生成文本描述。这是早期将深度学习应用于图像描述生成的重要工作之一。Xu 等[61]引入了注意力机制，使得模型能够专注于图像的特定区域，并生成与之相关的文本描述。这种结合视觉注意力的方法显著提高了图像描述的质量和相关性。Lu 等[62]通过引入一个"视觉哨兵"机制，使模型能够动态地调整自己的注意力，根据生成的文本内容来决定下一步应该关注图像的哪个部分，这种方法提高了模型的灵活性和描述的准确性。Jia 等[63]提出了一种引导式长短期记忆（gLSTM）模型，通过引入外部知识来引导 LSTM 生成更准确的图像描述，该模型能够利用语义信息来指导文本生成过程。

近些年，随着大语言模型的快速发展，多媒体大语言模型在图像描述生成领域的应用逐渐变多。例如，Li 等[64]提出引导式语言–图像预训练（bootstrapping language–image pre-training，BLIP）模型。BLIP 是一种新的视觉–语言预训练（VLP）框架，旨在统一视觉–语言理解和生成任务。该框架能从噪声较大的网络图像–文本对中引导出合成字幕，并使用过滤器去除噪声字幕，有效利用了这些数据。具体来说，该框架使用了多媒体混合编码器–解码器（multimodal mixture of encoder-decoder，MED），这是一种新的模型架构，可用于有效的多任务预训练和灵活的迁移学习。MED 可以作为单媒体编码器、图像引导的文本编码器或图像引导的文本解码器运行。模型通过三种视觉–语言目标（图像–文本对比学习、图像–文本匹配和图像条件语言建模）联合预训练。过滤数据阶段使用字幕生成与过滤（captioning and filtering，CapFilt）方法，这是一种新的数据增强方法，适用于从噪声图像–文本对中学习。BLIP通过微调预训练的MED模型生成两个模块：一个为字幕生成器（captioner），用于网络图像生成合成字幕；一个为过滤器（filter），用于从原始网络文本和合成文本中移除噪声字幕。Li等[65]还提出了BLIP-2模型，通过冻结视觉编码器和语言大模型的参数，使用一组可学习的查询向量，利用交叉注意力机制建立媒体之间的桥梁，使语言大模型能理解并进一步处理视觉表征。

浙江大学Mao等[66]提出了两个新的参考基础图像描述（Ref–DIC）的基准测试，并设计了一个两阶段匹配机制，严格控制了目标和参考图像在对象/属性级别的相似性。他们开发了一种基于Transformer架构的Ref–DIC基线模型——TransDIC，模型不仅可以提取目标图像的视觉特征，还可以编码目标图像和参考图像中对象的差异。此外，Mao等[66]还提出了一种新的评估指标DisCIDEr，用于评估生成的图像描述的准确性和独特性。浙江大学庄越廷等[67]提出了一种新的学习框架——共识图表示学习（CGRL）框架，该框架通过结构图对齐来模仿人类推理过程，减少图像描述中产生的幻觉问题。CGRL利用视觉和语言媒体之间的结构知识，通过共识图推理来生成基于共识的图像描述，提高了图像描述的准确性和描述性。Mao等[68]提出了一种新的对比学习模块和奖励机制——DisReward，用于充分利用参考图像生成更具区分性的图像描述。他们通过引入对比学习，提出了TransDIC++模型，该模型通过正样本和负样本来增强模型的生成能力，同时在多个新的Ref–DIC基准测试上取得了优异的性能。

尽管图像描述生成领域已经取得了显著的进展，但仍面临着一些挑战，如跨领域泛化，生成描述的多样性、自然性和准确性，以及模型的可解释性等问题。未来的研究需要在这些方面进行更深入的探索，以设计出更加高效、准确和可解释的图像描述生成模型。

（2）跨媒体语音合成

语音合成技术，也被称为文本到语音（text-to-speech，TTS）技术，是一种将书面文本转换为可听见的语音的技术。这一领域的目标是创造出能够自然流畅、准确清晰地传达信息的合成语音。随着深度学习技术的发展，语音合成领域取得了显著的进步，特别是在自然度和表现力方面。现代的语音合成系统能够处理多种语言，支持不同的语音特征，如情感、语调、节奏等，使合成语音更加贴近真实人类的发音。

语音合成技术的核心模块包括文本分析、声学模型和声码器。文本分析负责将输入的文本转换为音素或语言学特征，声学模型负责将这些特征转换为声学参数（如梅尔频谱图），声码器负责将这些参数转换为最终的语音波形。近年来，端到端的语音合成模型直接将文本转换到语音波形，简化了这一过程，并在多个评价指标上取得了优异的表现。早期的语音合成技术主要基于规则的系统，如基于合成器的语音合成和基于单元选择的语音合成，这些技术通常需要大量的手动调整和音频样本库来生成语音。随着统计机器学习技术的发展，SPSS软件成了主流。SPSS通过统计模型预测语音的声学参数，如频谱、基频和时长，然后使用声码器将这些参数生成语音。深度学习的发展为TTS带来了革命性的变化，特别是RNN和CNN的应用，使从文本直接生成语音波形成为可能，极大地提高了语音的自然度和可理解性。例如，由DeepMind开发的深度神经网络模型WaveNet[69]在语音合成领域实现了革命性的突破。该模型采用了创新的卷积神经网络架构，能够直接从文本输入生成高质量的语音波形。WaveNet利用扩张卷积捕捉音频信号中的长期依赖关系，并使用跳跃连接（skip connection）来缓解深层网络中的梯度消失问题。在训练过程中，WaveNet通过最大化似然估计来学习生成与真实语音波形相匹配的输出。语音波形生成阶段采用高效的采样技术，使模型能够快速并行地生成语音。WaveNet的语音自然度极高，支持丰富的表现力和多样性，具备实时生成语音的能力。WaveNet自推出以来，自身及其后续变体（如WaveGlow、WaveFlow、DiffWave等）在文本到语音转换、文本到音乐生成等领域得到了广泛应用，为构建自然、富有表现力的AI语音系统提供了强大支持。Tacotron[70]是由谷歌研究团队开发的一种先进的深度学习模型，它在TTS转换领域实现了重要的技术突破。该模型采用创新的RNN架构，能够直接从文本输入中生成高质量的语音波形。Tacotron

利用注意力机制捕捉文本中的语义信息，并将其有效地转换为语音信号，同时处理长期依赖关系的问题。在训练过程中，Tacotron通过最大化似然估计来学习生成与目标语音波形相匹配的输出。这种训练方法使得模型能够更准确地理解和复现文本中的细节与情感。语音波形生成阶段采用了高效的解码策略，使得模型能够快速且并行地生成语音，提高了语音合成的效率。Tacotron与WaveNet声码器结合使用时，能够生成自然度极高的语音，且支持丰富的表现力和多样性。AudioLM[71]是由谷歌团队提出的一种新型音频生成框架，它能将音频映射为离散的令牌（token）序列，并将音频生成任务视为语言建模任务来生成高质量且长期一致性的音频。AudioLM的核心思想是结合自监督表示学习和语言建模的最新进展，通过在表示空间中对音频进行建模，生成自然、连贯的音频续写。即使在只有短音频提示的情况下，AudioLM也能做到这一点。VALL-E[72]是Meta发布的生成式语音系统，它采用了一种创新的方法来处理语音合成任务。VALL-E使用编码器提取离散的声学令牌（acoustic token），并采用类似语言模型（language model，LM）的方式进行语音合成。该模型能够执行零次学习（zero-shot）的新说话人语音合成，这意味着只需极短的示例语音（如3秒的音频），就能复制并合成具有相似音色的语音。VALL-E不仅能够合成语音，还能够执行噪声消除、内容编辑和转换音频风格等任务。SPEAR-TTS[73]是AudioLM的后继者，旨在超越VALL-E。它在训练时统一使用带有声音样本（prompt）的版本，放弃了AudioLM中的三阶段训练策略。在通过语义预测声学的过程中，SPEAR-TTS可直接预测所有层的残差向量量化令牌（RVQ token），而不是像AudioLM那样进行分阶段预测。这种方法简化了训练流程，提高了模型的性能和效率。SPEAR-TTS在保持高质量语音合成的同时，进一步推动了TTS技术的发展。

浙江大学Ren等[74-75]提出了FastSpeech系列模型，这是一种创新的文本到语音合成模型，它通过引入前馈网络结构显著提高了语音合成的速度和鲁棒性。该模型基于Transformer架构，利用自注意力和一维卷积层来并行生成梅尔频谱图，在推理速度上实现了质的飞跃。相比于传统的自回归模型，FastSpeech 在生成梅尔频谱图的速度上提高了 270 倍，在合成端到端语音的速度上提高了 38 倍。此外，FastSpeech 通过预测音素持续时间和设计长度调节器，有效减少了合成语音中的单词跳过与重复问题，增强了模型的鲁棒性。同时，该模型还允许用户通过调整音素持续时间来控制语音的速度和韵律，提供了更好的语音控制能力。FastSpeech 在保持与自回归模型相当的语音质量的同时，显著提升了语音合成的性能。FastSpeech 的提出为文本到语音合成领域带来了新的研究方向，尤其是在需要快速且高质量语音合成的应用场景中，具有重要的实际意义。FastSpeech 2[75]直接使用真实的梅尔频谱作为训练目标，简化了训练流程，减少了信息损失。此外，FastSpeech 2 引入了更多的语音变化信息（如音高、能量和更精确的持续时间），以缓解 TTS 中的一对多映射问题。实验结果表明，FastSpeech 2 在语音合成质量上超越了原始的 FastSpeech 模型，训练速度提高了 3 倍。DiffSinger 是浙江大学提出的基于概率扩散的歌唱合成声学模型，它利用参数化的马尔可夫链，通过迭代过程将噪声转换为以乐谱为条件的梅尔频谱图。DiffSinger 采用了浅扩散机制（shallow diffusion mechanism），结合真实频谱和简单解码器合成预测频谱的扩散路径交点，并从交点处开始生成语音。同时，DiffSinger 研究团队提出了边界预测方法（boundary prediction method）自适应定位交点，这种方法使 DiffSinger 能够实现 zero-shot 的语音合成，即只需要几秒钟的示例语音就能合成具有任何说话人、韵律、风格的语音。DiffSinger[76]的提出为歌声合成领域带来了新的技术突破，展示了扩散模型在音频生成中的潜力。Lu 等[77]专注于通过精细的韵律建模来提升多说话人情感语音合成的自然度和表现力。他们开发了一个端到端系统，该系统可以模拟不同说话人在不同情感状态下的语音特征，从而生成具有丰富情感色彩的语音输出。该研究的核心为捕捉语音中的细粒度韵律特征，如音高、强度和时长的变化，这些特征对于传达情感至关重要。该系统构建了一个包含多个说话人和风格的数据集，结合预训练模型提取的文本特征，预测声学特征并生成符合情感要求的语音。实验结果表明，该系统在多个评价指标上都优于传统的基线模型。

目前，语音合成领域仍然面临一些挑战。例如，一对多映射问题，即同一文本可能对应多种不同的语音表达，这使模型难以捕捉到所有可能发生的语音变化。此外，生成的语音在某些情况下可能仍然缺乏自然性，尤其是在表达复杂情感和语境时。另外，尽管非自回归模型提高了合成速度，但它们在处理长文本时的性能仍有待提高。还有，尽管已经提出了轻量级模型，但如何在保持语音质量的同时进一步减小模型大小和计算资源消耗，仍是一个开放的研究问题。这些问题的解决将进一步推动语音合成技术的发展，使其在各种应用场景中发挥更大的作用。

4.2.2　跨媒体机器推理

跨媒体机器推理是指通过整合来自不同媒体的信息（如视觉、文本、音频等）来实现更加深入和准确的推理能力。视频和图像中的跨媒体机器推理的研究方向多样且具有挑战性，目前主要的跨媒体机器推理任务如下。

① 场景描述（scene description）是视频和图像理解任务的基础，它要求模型能对视频或图像中的环境、物体、动作等进行精确的描述。场景描述的难点在于不同元素之间复杂的空间和时间关系，以及描述时所需的精确语言表达能力。一些研究者通常会利用先进的计算机视觉技术来检测和分析物体，然后使用自然语言处理技术生成描述。

② 证据推理（evidence reasoning）要求模型不仅要能理解视频和图像中的内容，还要能推断视频和图像中的动作意图或某些事件的发生过程。例如，在识别犯罪或事故视频时，模型需要理解事件的时间序列，包括动作发生的原因和结果。证据推理的挑战在于，它需要模型深度理解视频内容，并构建事件的因果链。

③ 常识推理（commonsense reasoning），这涉及预测未来可能发生的动作或情况，并需要解释这些预测的合理性。这种类型的推理超出了视频中的直觉信息，需要模型综合运用视频外部的常识知识。例如，若视频中显示某人正在跑出门，则模型需要推理出此人可能正在追赶开走的公交车。

④ 视觉问答（visual question answering，VQA）是多媒体理解的关键环

节，要求模型能够根据视频或图像的内容回答有关问题。这项复杂的任务需要模型准确理解视觉内容，并将这些内容与问题文本信息结合起来生成正确答案。VQA的挑战在于问题和答案的多样性以及需要处理的视觉场景的复杂性。

多媒体逻辑推理是一项涉及各种多媒体数据整合和理解的复杂任务，存在如下难点。①信息融合：如何有效地结合来自不同媒体（如图像、文本、音频等）的信息，并确保这些信息在推理过程中相互补充和增强。②常识和外部知识：常识推理需要模型具备一定的世界知识和常识，以便在缺乏直接证据的情况下进行推理。③复杂性和多样性：视频和图像内容的复杂性和多样性使得模型理解和推理信息变得困难。④不确定性和模糊性：视频中的动态变化和图像中的视角差异导致了信息的不确定性和模糊性，增加了模型推理的难度。⑤推理的深度和连贯性：构建一个连贯的推理过程，不仅需要识别和解释单个事件，还需要理解事件之间的因果关系和时间顺序。

随着对多媒体研究的不断深入和多媒体技术的不断发展，一些研究团队针对上述难点采取了不同的解决方案。例如，基于前提的多媒体推理（premise-based multimodal reasoning，PMR）[78]以引入文本前提作为背景知识，PMR任务要求模型结合这些前提和图像内容来进行推理。这种方法通过提供额外的文本信息来辅助模型理解图像内容，并生成连贯的推理过程。STaR[79]通过迭代地利用少量推理示例和大量数据来提高模型性能，它通过生成推理来回答问题，并在答案错误时尝试重新生成推理，再基于正确答案进行微调。这种方法允许模型从自己的生成推理中学习，并逐渐提高推理质量。Causal-VidQA[80]通过提出因果视频问答任务来推动视频理解向更深层次的推理发展。Causal-VidQA要求模型能回答包括场景描述、证据推理和常识推理在内的问题，并提供合适的理由。这种方法通过要求模型提供理由来强调推理的深度和连贯性，从而提高模型对视频内容的理解。

Zhu等[81]提出了一种encoder-decoder方法，使用RNN特别是门控循环单元（gated recurrent unit，GRU）来学习视频的时间结构，并引入了双通道排名损失（dual-channel ranking loss）来回答问题。他们提出了一个

encoder-decoder框架，使用GRU捕捉了视频的时间动态。这种框架能够学习视频帧之间的长期依赖关系，从而更好地理解视频中的事件序列。为了处理不同类型的问题（描述现在、推断过去和预测未来），他们设计了一个能同时处理三个子任务的模型。这要求模型能够理解视频内容的时间关系，并能够基于当前帧推断出之前或之后的情况。他们通过这些改进，成功地解决了在处理时间动态和多步推理方面的难点。Ye等[82]提出了一种新的框架来解决视频问答中的逻辑推理任务。研究针对的主要难点是如何有效地模拟视频内容的时间动态以及如何利用视频中的语义属性来提高问答性能。他们通过帧级别注意力机制来捕捉视频内容的时间动态，这种机制允许模型专注于视频中与问题最相关的部分，提高了模型对视频内容的理解。同时，模型还引入了属性增强的注意力网络学习框架，该框架能够在进行帧级别属性检测的同时，学习统一的视频表示。这意味着模型不仅能关注视频的视觉内容，还能关注与问题相关的语义属性。Chen等[83]提出了一种新颖的与模型无关的反事实样本合成与训练（counterfactual samples synthesizing and training，CSST）策略，旨在处理模型需要理解的图像内容和自然语言问题，使模型能在此基础上进行推理以给出正确的答案。CSST策略通过以下几个关键步骤来解决这些难点。①反事实样本合成（counterfactual samples synthesizing，CSS）：通过在图像或问题中掩盖关键对象或词汇来生成反事实样本。这些反事实样本迫使模型关注问题中的关键信息，并在决策过程中依赖正确的视觉区域。②反事实样本训练（counterfactual samples training，CST）：通过使用CSS生成的反事实样本进行对比训练，VQA模型需要关注被掩盖的关键对象和词汇。对比训练进一步帮助模型区分原始样本和表面上相似的反事实样本，提高了模型对问题中语言变化的敏感性。③CSST策略与模型无关，这意味着它可以无缝集成到任何VQA模型中，增强模型的视觉解释能力和问题敏感性，提高模型泛化VQA性能。④CSST策略通过引入对比学习，进一步增强了模型对视觉内容和问题中细微差异的识别能力。CSST策略能够有效地提高VQA模型在逻辑推理任务上的性能，使模型能够更好地理解和回答关于图像内容的复杂问题。这种方法通过生成多样化的训练样本并利用对比学习来减少模型对训练集中表面语言相关性的依赖，从而提高了模型对问题中关键信息的敏感性和对视觉内容的解释能力。Xiao 等[84]提出从特征和样本的角度重新思考与改进多媒体对齐，以提高视频问答任务的性能。首先，他们在视频问答任务中首次引入视频轨迹特征，以捕捉视频中更丰富的因果和时间关系。他们提出了一种轨迹编码器，通过多头自注意力机制和时空嵌入来建模轨迹级别的交互。其次，他们提出从特征和样本两个角度重新思考视频问答中的多媒体对齐问题，通过利用视频轨迹特征来增强视频和语言之间的对齐，且设计了两种有效的训练增强策略来提高模型的跨媒体对应能力。为了解决视频问答模型过度依赖语言先验而忽视图文交互的问题，他们设计了两种样本增强策略，即增加负样本答案和添加与其他视频相关的负问题答案对，以此来提高模型的多媒体对齐能力，提升模型的逻辑推理能力。

多媒体逻辑推理作为人工智能领域的一个重要研究方向，发展潜力巨大。之后的研究会继续探索跨媒体知识融合的新技术，提高模型的解释性和透明度，让模型在多任务学习和迁移学习中可以更好地泛化。随着技术的进步和研究的深入，这一领域有望出现更多突破性进展。

4.3　跨媒体大模型

4.3.1　跨媒体大模型概述

基于垂直领域大模型的成功经验，面向解决跨媒体智能问题，跨媒体大模型受到了更广泛的关注与重视。跨媒体大模型在短短几年内经历了快速地发展，如图 4.9 所示。鉴于当下的大语言模型体现出的强大认知与推理能力，如何利用好语言模型的能力去构建强大的跨媒体大模型涉及以下一系列技术难点：如何针对跨媒体的数据信息设计适配跨媒体任务的输入输出模块，如何完成模型中跨媒体数据之间的关联和理解等。针对这些问题，研究团队提出了一系列跨媒体大模型设计方案。模型基本包含四个核心技术组件：跨媒体编码器、跨媒体特征映射机制、大语言模型以及跨媒体生成器，如图 4.10 所示。不同模型在各个组件的设计与实现上表现出各自的特色与进展。各种研究通过不断提升模型对大规模跨媒体数据的处理与理解能力，在多个任务上逐渐逼近真实人类的表现，推动跨媒体智能技术的不断前进。

图 4.9　跨媒体大模型发展历程

图 4.10　跨媒体大模型核心技术组件总览

2021 年 2 月，OpenAI 公司发布的 CLIP 模型[85]标志着跨媒体大模型研究取得了重要突破，该模型利用超过 4 亿图像-文本对的大规模预训练数据，成功展示了在大规模样本学习下的零样本迁移学习能力和深入的语义理解能力。2021 年 6 月，谷歌公司的 ALIGN 框架[86]则在更大规模训练数据的支持下，揭示了模型强大的泛化性能，即使面对噪声数据，模型仍可通过增大数据规模有效提升网络性能。受这些工作启发，2022 年 4 月，DeepMind公司推出了名为 Flamingo[87]的视觉与语言融合大模型。该模型采用预训练的视觉和语言模型，创新性地融入感知重采样器等组件，实现了对大规模视觉输入的有效处理。具体而言，Flamingo 将语言模型的理解能力转化为对可视信息的精细化处理，即将视觉信息转化为易于管理和理解的视觉令牌，并与文本数据深度融合，使模型能够根据视觉与文本的混合提示精确生成文本输出，在视觉问题回答、图像标题生成等领域展现出了卓越效果。Flamingo 基于包含 1.85 亿张图片和 182 吉字节文本的大规模数据集进行训练，该数据集中有超过 4330 万个实例，确保了模型训练的多样性和代表性，有效降低了模型对特定任务数据的依赖，同时增强了模型的效率与泛化能力。2022 年 1 月，Salesforce 公司同样针对数据规模扩张对模型性能提升的影响，提出了新型视觉语言预训练模型 BLIP [64]。BLIP 通过构建跨媒体编码解码器体系，强化了模型的泛化性能，使模型在理解任务和生成任务上均表现出色。Salesforce 公司随后发布的升级版模型 BLIP-2 [65]，通过双阶段预训练策略，首先利用固定参数的图像编码器优化跨媒体表示学习，继而利用固定参数的大语言模型推进视觉至语言生成学习，大幅度减少了所需训练参数量，并通过引入 Q-Former 来弥合两阶段学习中的语言与视觉鸿沟。BLIP-2 在多个任务中成绩斐然，尤其是在零样本视觉问答任务上，超越了 Flamingo 等模型。BLIP-2 凭借较少的训练参数实现了针对图像、根据自然语言指令来生成高质量文本。2022 年 9 月，谷歌公司推出了 PaLI 模型[88]，研究团队通过大规模预训练与增加参数量，提升了大模型在多种任务上的泛化能力，在性能上再次超越了此前的一众模型。

进入 2023 年后，跨媒体大模型的研究高潮迭起。2023 年 3 月，微软公司的研究团队率先提出了跨媒体大语言模型 KOSMOS-1[89]，系统阐述了从大语言模型向跨媒体大语言模型演进的过程，并提出了一系列跨媒体模型设计方案及评估标准。两周后，GPT-4 [90]的发布引发了跨媒体大模型研究的新热潮，它树立了跨媒体大模型的基准，展现了数据驱动跨媒体大模型可能达到的崭新高度，被众多研究者视为重要的学习目标与赶超目标。同时，GPT-4也激发了更多关于跨媒体大模型的创新思路，如利用GPT-4生成指令数据进行验证等。

GPT-4发布后的一个月内，一批开源跨媒体模型迅速涌现，争相复现GPT-4的跨媒体性能。其中，miniGPT-4[91]通过简洁的映射层将固定参数的视觉感知网络（如ViT[92]与Q-Former[64]）与大语言模型（如Vicuna[93]）无缝衔接，达到了与GPT-4相近的跨媒体理解功能。不久后，阿里巴巴达摩院发布了mPLUG-Owl[94]，该模型整合了视觉编码器、视觉抽象器以及大语言模型，且三个部分都可以进行单独训练并能针对性地进行参数调整，进一步提升了跨媒体模型的性能。2023年5月，中国科学院的研究团队深化大模型处理多种媒体数据能力的研究，提出了X-LLM[95]，该模型的中心设计理念为X2L接口，X2L接口使得LLM能够像处理外语一样理解和处理跨媒体数据。2023年6月，微软公司的研究团队进一步推出了KOSMOS-2[96]，他们在原有的KOSMOS-1基础上，引入并加强了模型的定位能力。同期，字节跳动的研究团队从定量和定性两个角度对现有开源跨媒体模型的网络结构、LLM主干设计、训练数据选取、数据采集策略、指令集提示词的运用等进行了全面细致的研究，并推出了Lynx[97]。他们在保持与现有跨媒体大模型相近的理解能力的同时，提升了模型的跨媒体生成能力。

随着研究的深入，越来越多的新跨媒体模型竞相涌现，不断挑战GPT-4的领先地位。谷歌公司在2023年5月对原有PaLI模型进行升级，推出了PaLI-X[98]。谷歌公司通过扩大模型规模和增加相关训练任务与组件，在多个数据集上取得了当时的最佳成绩。2023年9月，阿里巴巴推出了Qwen-VL[99]，该模型在原有Qwen-LM语言模型的基础上，集成了视觉感受器以及视觉语言适配器，赋予了模型强大的图像理解能力，缩小了国内跨媒体大模型与GPT-4之间的差距。其后续迭代版本（如Qwen-VL-Max），在文档分析和中文图像理解等任务处理上取得了世界领先水平。2023年11月，智谱AI团队推出了CogVLM[100]，不同于以往将图像特征映射到文本特征空间的做法，CogVLM引入了视觉专家模块以获得更好的图像特征建模，并在多个图像理解任务上表现优秀。2023 年末，谷歌公司进一步推出了 Gemini 系列大模型[101]，Gemini 具备强大且灵活的跨媒体处理能力，能够理解与整合文本、音频、图像和视频等多种媒体信息，在诸多跨媒体任务处理能力上与 GPT-4 旗鼓相当。2024 年 3 月，苹果公司也发布了具备较强处理和理解多种媒体数据的跨媒体大模型 MM1[102]。不仅如此，公司的研究团队通过一系列消融实验发现了图像与文本交错分布的数据对预训练模型的重要性，为跨媒体大模型训练提供了宝贵的经验。

鉴于 GPT-4 强大的性能，许多工作也从如何利用 GPT-4 的能力入手，进一步提升跨媒体大模型的各种能力。在 GPT-4 发布后仅一个月，美国威斯康星大学联合微软公司等研究机构，提出使用 GPT-4 生成视觉语言指令集，并将它用于训练大规模语言视觉模型 LLaVA[103]。LLaVA 整合了 CLIP 与 Vicuna 对视觉与语言信息的强大处理能力，借助 GPT-4 的指令数据，极大地提升了跨媒体信息的处理与理解效能。2023 年 5 月，Salesforce 的研究团队提出了 InstructBLIP[104]，并针对跨媒体任务的指令集数据以及对应训练问题展开研究。团队通过在视觉语言任务上进行指令微调，使训练出的模型可以适配多种媒体需求及多种对应的任务。

而在提升现有跨媒体任务性能之外，研究者们还积极探索了如何引入更多跨媒体信息，设计更灵活的跨媒体处理方式。2023 年 5 月，META 公司提出了通用统一表征 ImageBind[105]。ImageBind 将文本、图像（视频）、音频、深度、热成像以及惯性测量单元在内的六种媒体数据统一融合，相较于早期的双媒体表征模型（如 CLIP），ImageBind 大大扩展了跨媒体表征的范畴和能力。同时，新加坡国立大学的研究团队提出了 NExT-GPT[106]，这是一种端到端、任意输入到任意输出的跨媒体大模型系统，能够处理文本、图像、视频和音频的任意组合输入，并输出相应的任意组合。2023 年 9 月，META 公司又推出了 AnyMAL[107]，该模型能处理多种跨媒体信号，并以文本等形式做出响应。相较于先前的跨媒体模型，AnyMAL 增加了对更多跨媒体数据的支持以及数据之间的排列组合输入。此外，在跨媒体大模型的驱动下，跨媒体智能与具身智能的结合碰撞出了更多的可能性。谷歌公司的研究团队推出了 PaLM-E[108]，尝试在机器人领域利用直接收集的真实机器人交互数据训练跨媒体模型，并指导机器人执行任务，这一工作开辟了通往具身智能与真实世界交互的复杂任务的新路径。

在增强跨媒体理解能力的同时，如何更好地利用和整合现有模型参数亦成为一项重要课题。2023 年 11 月，Salesforce 的研究团队对 Q-Former 方法进行了改良，使其可以更好地适应跨媒体输入，并提出了 X-InstructBLIP[109]，该模型能在固定的语言模型参数基础上灵活地整合各种媒体数据。2023 年 12 月，上海人工智能实验室的研究团队提出了 SPHINX[110]，并指出在预训练阶段固定语言模型参数会限制模型的多媒体对齐能力。为此，SPHINX 研究团队设计了一种特殊的混合模型权重的方法，使大模型能够更有效地学习真实数据与虚拟数据中的跨媒体信息。此外，研究者们也开始关注如何利用提示工程技术有效地引导模型完成任务。新加坡南洋理工大学的研究团队发现，此前跨媒体模型在设计时并未充分考虑大模型的上下文学习（in-context learning）特性。据此，该团队提出了 Oscar[112]，这是一个具有上下文指令优化的跨媒体模型，能够在少量上下文学习示例的情况下快速适应新指令。Oscar 在一系列任务中表现出色，甚至在某些物体感知任务上优于 GPT-4。2023 年底，阿联酋马斯达尔大学人工智能研究院的研究团队推出了 GLaMM[111]，它是首个能够生成与对应物体分割掩码紧密相关的自然语言回答模型。GLaMM 不仅能精确定位对话中提及的对象，而且足够灵活，可以接受文本和可选的视觉提示作为输入，使用户能够在文本和视觉层面的不同粒度与模型进行交互，拓宽了跨媒体模型研究的边界。

近年来，随着数据科学和人工智能技术的迅猛发展，机器学习特别是深度学习在化学科学中的应用开启了新的研究篇章。化学，这个历史悠久的科学领域，始终在探索分子的奥秘，解析反应的机理以及设计和合成新的物质。然而，传统的实验方法往往耗时耗力，且面对复杂的化学问题时会显得力不从心。在这样的背景下，跨媒体化学大模型的出现为化学研究注入了新的动力。

跨媒体化学大模型依托强大的计算能力和大数据技术，通过学习大量的化学文献与化学数据，揭示分子结构与性质间、化学反应间复杂的内在联系。跨媒体化学大模型不仅加快了科研进程，提高了研究效率，还能在许多情况下预测和发现人类以往未知的化学现象与规律。从分子性质的快速预测、化学反应的精确模拟，到新分子的创造性设计，跨媒体化学大模型正逐步成为化学研究和相关应用领域中不可或缺的工具。

下面将深入探讨跨媒体化学大模型在化学科学领域中的应用，重点关注其在分子性质预测、化学反应预测、分子文本描述生成以及分子生成与优化等关键任务中的作用和贡献。通过综合分析当前的研究进展，我们期望为该领域的研究团队提供一份全面的参考资料，同时也为未来的研究方向提供启示和指导。在人工智能技术与化学科学深度融合的大背景下探讨跨媒体化学大模型的前沿进展，不仅对化学研究具有重要意义，也对促进新材料、新药物的开发等具有重要的实际应用价值。

4.3.2 典型跨媒体大模型分析——以跨媒体化学大模型为例

（1）化学数据

在深入探讨跨媒体化学大模型之前，有必要了解化学数据的表征形式。基于序列的表征形式简单高效，是化学数据最常用的表征方法之一，如图 4.11（a）所示。一个突出的例子是 Smiles[113]，它通过 ASCII 字符串对原子、键和连接模式进行编码来描述分子结构。类似的还有 SELFIES[114] 与 InChI[115]。另一个常用的化学数据表征方法是基于图的表示形式，如图 4.11（b）所示，该方法将原子描述为节点，将键描述为边，通过邻接矩阵表示原子之间的关系。这种表征方法可通过键长和原子位置等三维信息进行表示增强，从而将二维图转化为三维图。三维原子间距矩阵的加入进一步丰富了这一模型，为模型提供了分子空间结构的全面视图。与基于序列的表征形式相比，基于图的表征形式能有效捕捉分子结构。

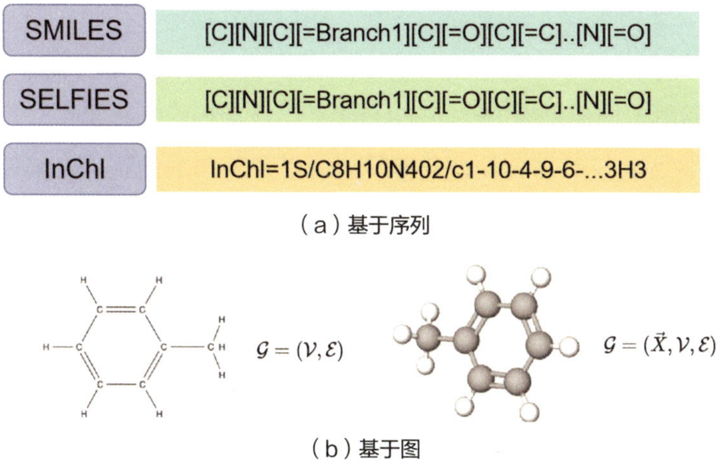

（a）基于序列

（b）基于图

图 4.11　化学数据的表征方法

（2）大模型架构回顾

大模型根据架构可大致分为三类：纯编码器、纯解码器和编码器－解码器。每种架构都有不同的目的，适用于不同类型的任务。

纯编码器架构：纯编码器架构只包含编码器部分，没有相应的解码器，如图 4.12（a）所示。纯编码器架构模型旨在处理输入数据并通过生成固定大小的数据来表示或编码。编码器处理输入序列并将信息压缩到一个潜在空间或编码中，该空间或编码可用于各种下游任务，如分类、聚类、回归等任务。常见的纯编码器架构模型有 BERT[116] 与 RoBERTa[117]，这些模型在自然语言处理任务中用于生成有意义的文本数据表示。

纯解码器架构：纯解码器架构只包含解码器部分，如图 4.12（b）所示。纯解码器架构模型通常用于根据给定输入，生成序列或生成其他形式的输出数据。与纯编码器架构模型不同，纯解码器架构模型侧重基于给定的输入或条件，生成或扩展信息。纯解码器架构模型的一个著名例子是 GPT 系列[118-120]，该系列模型的设计目的是根据提供的提示或初始文本片段生成文本序列。

编码器－解码器架构：编码器－解码器架构模型由编码器和解码器两个

部分组成，如图 4.12（c）所示。其中，编码器处理输入数据，并将其压缩为上下文丰富的表征形式；解码器则接收编码后的表征并生成输出序列。编码器 – 解码器架构模型有 T5 [120] 与 BART[121]，该架构模型提出了一个统一的框架，即将所有自然语言处理任务转换成序列到序列的格式，编码和解码过程的分离使该模型能够专门理解与生成序列，使模型成为编辑、摘要等各种下游任务的理想选择。

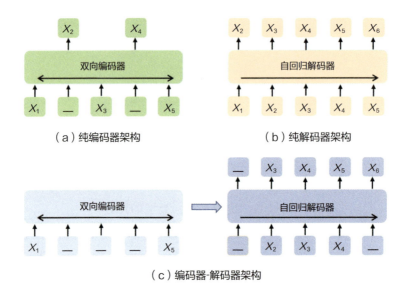

（a）纯编码器架构　　　　　（b）纯解码器架构

（c）编码器-解码器架构

图 4.12　不同架构的大模型

（3）跨媒体化学大模型案例

下面将根据不同的应用类型，详细介绍化学领域的跨媒体大模型。

1）化学自然语言处理

在化学研究领域，自然语言通常用于表达与化合物和化学反应相关的各种属性与发现，使大型语言模型能非常准确地理解和推理化学信息[122]。化学自然语言处理已成为化学研究的关键领域之一，涉及多种旨在理解复杂化学信息的任务，如化学命名实体识别、关系提取和化学问题回答。大语言模型通过在化学文本语料库上进行预训练来深入理解化学概念和术语。

例如，基于BERT架构的ChemBERT[123]在由超过20万篇化学期刊论文组成的广泛数据集上进行了预训练，专门用于从化学文献中自动提取化学反应。ChemBERT采用掩码语言建模技术以支持化学自然语言处理任务的预训练和微调。此外，专门针对材料科学的MatSciBERT[124]在大量材料科学文献语料库中进行训练，展示了其在提取材料属性信息方面的尖端性能。值得一提的是，许多研究利用ChatGPT[125]或GPT-4[90]从文献中提取有价值的化学信息，如合成条件和化合物性质。例如，Zheng等[126]展示了ChatGPT在文本挖掘和金属有机骨架材料合成预测方面的潜力；ChemCrow[127]通过整合13个专家设计的工具，增强了ChatGPT在化学领域的性能，这些工具专门用于完成与有机合成、药物发现和材料设计相关的任务。

2）分子文本描述生成

在化学研究领域，生成精确的分子文本描述至关重要。此技术能够加速科学发现，使研究人员能快速地从庞大的文献数据库中识别并提取特定的分子信息（如化学结构、性质、合成方法及其应用等），对新药开发、材料科学以及新化合物的探索具有重大意义。

分子文本描述的生成主要关注两个核心目标：分子文本描述生成（Mol2Cap）和基于文本的分子生成（Cap2Mol）。Mol2Cap旨在生成描述性文本以帮助人们更好地理解分子结构；而Cap2Mol则专注于根据给定的自然语言描述（如分子的属性和功能团）来构造相应的分子结构。

大语言模型通过学习化学、生物和医学中的专业术语，针对特定的分子数据集进行微调，从而识别和分类化学术语、分子结构以及相关的化学属性。这种能力支持了从大规模数据中快速提取特定分子的详细信息。例如，Text2Mol[128]通过跨媒体文本－分子检索任务，允许研究人员基于自然语言查询与直接检索最相关的分子，从而优化化学研究的搜索过程。MolT5[129]通过T5架构，将分子文本描述的生成转变为一个序列到序列的生成任务。MoleculeSTM[130]通过对比学习技术，实现了大语言模型与分子图编码器的有效对齐，增强了分子文本描述及基于文本的分子生成的能力。其他的如MolCA[131]、3D-MoLM[132]与GIT-Mol[133]模型，通过Q-Former架构增强了模型对分子图数据的感知能力，提升了分子生成的质量。此外，MolReGPT[134]在ChatGPT平台上通过提示工程实现了无需微调的分子文本描述生成，展示了ChatGPT在化学领域的应用潜力。

3）分子性质预测

分子性质预测是计算化学与化学信息学中重要的基础任务，旨在预测和分析给定分子的化学特性与物理特性。这些性质包括分子的溶解度、稳定性、反应性、毒性、药效等，是理解生物机制的基础，对于药物设计、材料科学和环境科学等领域至关重要。通过准确预测这些性质，研究人员能够更有效地筛选和优化候选化合物，加速新药的开发和新材料的设计。然而，详细的分子性质数据获取通常涉及昂贵的高通量实验或者密度泛函理论计算，极大地增加了数据集的获取难度，导致现有的分子性质数据集通常较少。

自然语言中常常包含关于分子性质的详细描述，能提供丰富的信息来源。同时，大规模分子数据虽然不能直接给出分子的属性，但分子的结构含有大量信息。在这种背景下，利用语言和分子数据的预训练成为增强分子性质预测任务的一种强有力的策略。Smiles-BERT[135]利用BERT架构在Smiles数据上进行预训练，从而学习了分子结构中的细微模式和关系。MTL-BERT[136]采用多任务学习框架，在多个下游任务中进行微调，大大提高了对多种分子特性预测的准确性。MolFormer[137]通过使用旋转位置嵌入，在Smiles中有效地编码位置信息，促进了对分子中原子间空间关系的理解。Mol-BERT[138]通过提取分子亚结构提升了预测效果。ChemBERTa[139-140]借鉴RoBERTa的预训练方法，引入了动态标记屏蔽，同时对Smiles与SELFIES数据进行了处理。Mol-Instructions[141]提出了一个大规模生物分子指令数据集，通过在大语言模型上进行指令微调，发现该模型在数据集中能显著提高大语言模型在分子性质预测上的能力。

上述模型通过自监督学习整合了大量未标记的分子数据，但都是基于分子Smiles或SELFIES的序列格式，忽略了关键的图结构与自然语言中的化学信息，有一定的局限性。KV-PLM[142]将分子结构信息与Smiles整合为文本知识。与BERT架构以无监督方式进行预训练类似，KV-PLM有助于模型在文本上下文中获取有关结构片段的知识。MolFM[143]从分子结构、描述性文本和知识图谱中进行联合表征学习，提出了一种跨媒体注意力，通过纳入原子、相邻分子实体和语义相关文本来增强对分子结构的理解。GROVER[144]在节点、边和图级别分别设计了自监督任务，并且将消息传递网络集成到了Transformer架构中。MAT[145]利用原子间距离和分子图结构增强变换器中的注意力机制。KPGT[146]强调了化学键的重要性，通过知识引导的预训练策略，利用分子的额外知识，指导模型在大规模未标记分子图捕获丰富的结构和语义信息。MG-BERT[147]将图神经网络的消息传递与BERT架构相结合，加强了分子特征的提取。GIMLET[148]采用广义位置嵌入，将分子图结构和指令文本统一进行编码，经过指令微调后，可直接利用自然语言指令完成分子性质预测相关任务。Uni-Mol[149]与Transformer-M[150]对Transformer架构进行了改造，使其具有等变性，能更好地提取三维分子图的特征。

4）化学反应预测

化学反应预测是计算化学领域中的一个核心任务，涉及在特定条件下预测两种或多种化学物质如何相互作用以及会产生何种结果。这种预测对合成化学、药物设计、材料科学等领域非常重要，因为它可以帮助科学家优化合成路径，预测反应的产率和选择性，以及设计新的化学反应。通过这一基础过程，反应物能在特定试剂下发生相互作用，形成新的产品。这种相互作用突显了化学转化的基本性质，使合成新化合物、分解复杂物质以及促进各种生化过程成为可能。从化学反应的一般原理衍生出下面四个不同的任务，每个任务针对化学反应的不同方面。①正向反应预测：涉及预测给定反应物和试剂的化学反应产物。其重要性为能够预测化学相互作用的结果，有助于设计新的化学过程和优化现有的化学过程。②逆合成：将目标分子分解成更简单的前体分子或反应物的过程。这一任务对于药物发现和复杂有机分子的合成至关重要，它能提供化合物合成的路线图。③反应条件预测：聚焦于识别并促进给定反应物之间的化学反应，以产生所需的条件。这对于优化反应条件和开发高效的合成路径至关重要，能够降低化学制造成本并提高产率。④产率预测：旨在预测化学反应是否有高产率，这对确定化学过程的效率和实用性至关重要。目前化学反应数据库 Reaxys 中有超过 5000 万种不同的反应，我们可以使用化学反应数据对化学大模型进行预训练来提升化学反应预测的效果。下面我们将根据不同任务，对跨媒体化学大模型在化学反应预测中的应用进行总结。

①正向反应预测与逆合成。正向反应预测和逆合成预测是彼此的对偶任务，它们也分别被称为正向反应预测和逆向反应预测。在深度学习中，两个任务都被构建为条件生成任务。Molecular Transformer[151]与 Retrosynthesis Transformer[152]将正向反应预测任务与逆合成任务视为反应物、试剂和产物之间的机器翻译任务。SCROP[153]通过引入分子语法校正器对生产分子进行控制。ChemReactNet[154]利用波束搜索算法对 Smiles 数据进行数据增强，显著减少了神经网络的数据记忆，提高了对新序列的预测能力。Two-Way Transformer[155]将两个 Transformer 架构的模块绑在一起，通过共享编码器和大部分解码器组件来进行逆合成预测。GO-PRO[156]将 Transformer 架构与基于上下文语法的分子表示相结合，使用基于语法的系统对化学反应进行编码，利用贪婪或波束搜索解码策略进行输出，从而在降低模型复杂度的同时，进行高效的结构预测。前面的工作大多基于序列数据，忽略了自然原子连接和分子拓扑信息。GET[157]和 Graph2Smiles[158]是基于图的方法，旨在弥补上述不足。GET[157]整合了图级和序列级表示，将图神经网络与 Transformer 架构相结合，加强逆合成预测并生成更准确的 Smiles 输出。Graph2Smiles[158]将 Transformer 架构与分子图合并，其中包含一个用于长距离和分子间相互作用的全局注意力编码器。PMSR[159]基于化学规则设计了预训练任务，提升了预训练模型在逆合成任务中的精度。ReLM[160]利用大语言模型中编码的化学知识辅助图神经网络，提高了化学反应预测的准确性。

②反应条件预测。反应条件预测任务中通常将试剂的选择建模为多分类任务，将温度的选择建模为回归任务。Parrot[161]利用编码器–解码器架构，结合掩码语言模型与掩码反应中心的两种预训练策略，在化学反应数据集上进行预训练，提升了模型的性能和准确性。

③化学反应产率预测。化学反应产率预测任务是一个回归任务，通过反应物、生成物、反应条件预测反应产率。Yield-BERT使用BERT架构对化学反应进行编码，然后通过回归层对反应产率进行预测。T5Chem使用编码器-解码器架构同时进行了反应条件预测等四个任务。ReactionT5在一个大型的公开反应数据库中进行预训练，通过两阶段的预训练，使模型有更好的泛化能力。Egret[162]通过BERT架构学习了化学反应数据，并通过基于反应条件的对比学习增强了模型对反应条件的敏感性，提升了对反应产率预测的性能。

5）分子生成与优化

分子生成与优化任务是计算化学和药物设计领域的一个重要研究方向，在药物开发、材料科学、生物工程等多个领域中有着广泛的应用。例如，在药物开发中，分子生成可以加速新药的发现过程，降低研发成本和时间。

近年来，GPT等纯解码器架构彻底改变了化学信息学中的分子生成与优化技术。MolGPT[163]利用GPT架构做了分子生成的先驱工作，它通过条件训练优化了分子结构，在分子建模和药物发现方面表现出了卓越的效率和有效性。MolGPT展示了对多种化学特性的强大控制能力，实现了精确的分子生成。cTransformer[164]和cMolGPT[165]专门为依据特定条件生成分子而设计。cTransformer[164]融合了Transformer架构和条件嵌入技术，能够生成符合特定目标的分子，并可利用这些特定目标的数据进行精细调整。cMolGPT[165]在此基础上得到了进一步发展，将目标嵌入作为其多头注意机制中的键和值，使其不仅能生成目标特异性的化合物，还擅长制造对特定目标具有活性的分子。Taiga[166]采用了两阶段方法：首先将问题视为语言建模任务，预测Smiles字符串中的下一个标记；然后利用强化学习优化化学特征。MOLGEN[167]通过引入化学反馈机制，减少了"分子幻觉"、提高了生成分子的实用性。ChatDrug[168]提出了一种创新框架，该框架整合了ChatGPT、提示模块、检索和领域反馈模块以及对话模块，专门用于通过交互式对话促进生物分子的迭代细化，利用自然语言输入指导了分子的优化过程。这种集成方式为使用自然语言处理技术在生物分子设计中提供直观和有效的交互提供了可能。DrugAssist[169]通过人机对话增强了优化分子的能力，展示了大语言模型在高精度指导分子设计过程方面的潜力。

（4）跨媒体化学大模型总结

本节回顾了跨媒体化学大模型在化学科学领域中的应用及其带来的转变。在数据科学和人工智能技术，特别是深度学习技术迅猛发展的背景下，这些模型在化学研究中展示出了前所未有的潜力和效率。这些模型通过学习庞大的数据集，不仅能揭示分子结构与性质之间的复杂关系，还能预测未知的化学现象和规律。因此，它们在化学反应预测、分子设计、分子性质预测等多个领域中扮演了重要角色。

随着计算能力的持续增强和算法的不断进步，未来将开发出更多高效而复杂的模型，这些模型能更精确地处理大规模、多维度的化学数据，提升预测的准确性和应用的广泛性。模型的可解释性提升也成为关键研究方向，增强模型的可解释性可以帮助科研人员更深入地理解模型预测的科学依据，令科研人员更有信心地利用模型解决实际问题。

综上所述，作为一种强大的科研工具，跨媒体化学大模型将继续在推动化学科学研究及其相关应用领域中发挥重要作用，尤其是在新材料开发和新药发现等领域，将带来革命性的变革和进展。

4.4 结 语

通过本章的深入探讨，我们深入了解了跨媒体技术的现状、技术架构以及它们在实际应用中的作用。跨媒体智能通过融合多种媒体数据，充分发挥了不同媒体数据之间的互补优势，有效提升了信息处理和理解能力。此外，跨媒体计算的研究不仅促进了新一代搜索引擎和数字内容产业的发展，还为公共安全领域提供了创新的解决方案。接下来，我们将总结跨媒体研究的关键发现，并展望它的未来发展趋势与挑战。

跨媒体计算的核心在于，通过多媒体数据融合实现信息的互补与增强。这种技术的实质是跨越异构数据间的语义鸿沟，提供一种更全面、更直观的智能计算方式。我们分析了多种建模方法，包括典型相关性分析、概率主题模型以及深度学习建模等，这些方法各有优势，但也各自面临着局限和挑战，如模型复杂性、计算成本高以及难以处理超大规模数据集等问题。

通过具体案例，如教育、医疗和公共安全等领域的应用，我们展示了跨媒体技术的实际效果与潜力。

在教育领域，跨媒体技术通过整合文字、图像和视频等多种教学资源，极大地丰富了教育内容的表现形式和互动性。例如，通过使用跨媒体技术，教学者能够创建动态的教学模型，将复杂的科学概念通过视频、图表和实时数据演示给学生，使学生能够从多个角度和维度理解知识点。此外，智能教学系统能够根据学生的学习历史和行为模式，推荐个性化的学习材料，不仅提升了学习效率，还增强了学生的学习兴趣。

在医疗领域，跨媒体技术的应用正在彻底改变传统诊疗流程。医生可以深度融合图像和文本数据，获得更全面的病情分析。例如，可利用深度学习模型分析患者的磁共振成像图像与临床症状记录，识别出模式变化，这些变化可能为早期诊断提供关键线索。此外，跨媒体技术还能在远程医疗服务中发挥重要作用，通过实时视频会议，医生能够远程查看病人的身体状况，并提供即时的医疗建议。

在公共安全领域，跨媒体技术的应用提升了监控系统的效率和精确性。通过整合来自不同来源的视频、图片和文本数据，安全系统能够进行更为复杂的场景分析和威胁识别。例如，智能监控系统可以同时分析监控视频中的行为模式和社交媒体上的异常信息，快速识别潜在的安全威胁，并自动调整响应策略。这种跨媒体的数据融合方式显著提高了应急响应的时效性和准确性，为城市安全提供了强有力的技术支持。

在数字内容领域，跨媒体技术通过分析用户的行为数据与内容消费模式，实现了内容的个性化推荐和精准定位。这不仅提升了用户的参与度和满意度，也为内容提供者创造了更大的经济价值。例如，视频流媒体服务可以分析用户观看的视频类型、时长和互动行为，推荐最符合用户喜好的新内容。这种个性化服务使得用户能够在庞大的内容库中迅速找到自己感兴趣的内容，极大提升了用户体验和平台的用户黏性。

跨媒体智能的发展正在深刻改变我们处理和理解多媒体数据的方式。随着技术进步和应用需求的不断扩大，未来的研究方向预计会在算法优化、数据处理能力、实际应用深化以及模型可解释性等方面展开。

跨媒体智能的核心在于如何更有效地整合和分析不同媒体形式的数据。在这一核心问题上，未来的研究将不仅限于提高现有技术的效率，而更关注于如何通过知识驱动的方法深化对数据的理解。这涉及从图像、文本和音频等多种媒体形式中抽取和利用信息，进而更精确地识别它们之间的复杂关系，为用户提供更为丰富和精准的内容理解。知识驱动的跨媒体技术侧重于利用丰富的语义信息和先验知识来增强媒体内容之间的关联分析。例如，通过构建包含广泛领域知识的本体库，系统可以理解并处理更为复杂的查询（如将文本描述与相关图像和视频内容自动关联）。此外，利用知识图谱来支持跨媒体内容的解析和关联不仅可以提高数据处理的准确性，还能预测和推断媒体内容之间未明确表示的联系。

随着数据量的指数级增长，如何有效地处理和分析海量的跨媒体数据成为一大挑战。未来的研究还需要致力于开发更精确的跨媒体检索技术，通过深度学习和人工智能技术，构建能够自动识别和理解跨媒体内容的智能系统。例如，深度神经网络可以被训练用于自动从视频中提取关键帧，从而与文本数据中的关键信息相匹配，实现高效的内容检索。跨媒体检索的精确性还依赖于多媒体数据融合技术的进步。多媒体数据融合旨在整合来自不同媒体源的数据，提取互补信息，增强系统的理解和决策能力。例如，结合图像的视觉信息和文本的语义信息可以更准确地理解场景内容和用户意图，提供更加个性化的搜索结果。为了实现更高效和更精确的跨媒体检索，研究需要深入到语义理解的层面，不仅仅要识别图像中的对象或者抓取视频中的文字，更要理解这些媒体数据背后的深层含义和上下文关系。未来的跨媒体检索系统将能够更好地理解用户的查询意图，提供更加准确和丰富的检索信息。

随着技术的持续进步和应用的广泛推广，跨媒体智能将在更多行业中发挥其独特功能，成为不同媒体类型、不同设备以及不同领域之间的重要纽带。这样不仅将加速信息的流通和资源的优化配置，还将激发各行各业的创新进步，引领更高效、更智能的工作和生活方式的变革。①

执笔人：潘云鹤（浙江大学）

庄越挺（浙江大学）

吴　飞（浙江大学）

杨　易（浙江大学）

肖　俊（浙江大学）

黄铁军（北京大学）

朱文武（清华大学）

张史梁（北京大学）

参考文献

[1]　吴飞, 庄越挺. 互联网跨媒体分析与检索:理论与算法 [J]. 计算机辅助设计与图形学学报, 2010 (1): 1-9.

[2]　潘云鹤. 综合推理的研究 [J]. 模式识别与人工智能, 1996, 9(3): 201-208.

[3]　Hotelling H. Relations between Two Sets of Variates [M]// Breakthroughs in Statistics: Methodology and Distribution. New York, NY: Springer, 1992: 162-190.

[4]　Steyvers M, Griffiths T. Probabilistic Topic Models [M]// Handbook of Latent Semantic Analysis. Psychology Press, 2007: 439-460.

[5]　Jolliffe I T. Principal Component Analysis for Special Types of Data [M]. New York, NY: Springer New York, 2002.

[6]　Rasiwasia N, Costa Pereira J, Coviello E, et al. A new approach to cross-modal multimedia retrieval [C]// Proceedings of the 18th ACM International Conference on Multimedia, New York, NY, USA, 2010: 251-260.

---

① 感谢浙江大学朱霖潮、范鹤鹤、张圣宇、甘磊磊等教师以及梁远智、胡兆霖、周轶潇、张钰清等研究生在文献收集、论文修改等方面做出的宝贵贡献。

[7]   Lowe D G. Distinctive image features from scale-invariant keypoints [J]. International Journal of Computer Vision, 2004, 60: 91-110.

[8]   Blei D M, Ng A Y, Jordan M I. Latent dirichlet allocation [J]. Journal of Machine Learning Research, 2003, 3(1): 993-1022.

[9]   Hwang S J, Grauman K. Learning the relative importance of objects from tagged images for retrieval and cross-modal search [J]. International Journal of Computer Vision, 2012, 100: 134-153.

[10]   Andrew G, Arora R, Bilmes J, et al. Deep canonical correlation analysis [C]// Proceedings of the 30th International Conference on Machine Learning (ICML), Atlanta, GA, USA, 2013: 1247-1255.

[11]   Rasiwasia N, Mahajan D, Mahadevan V, et al. Cluster canonical correlation analysis [C]// Proceedings of Machine Learning Research (PMLR), Montreal, Quebec, Canada, 2014: 823-831.

[12]   Ranjan V, Rasiwasia N, Jawahar C V. Multi-label cross-modal retrieval [C]// Proceedings of the 2015 IEEE International Conference on Computer Vision, Washington D.C., NW, USA, 2015: 4094-4102.

[13]   Gao C, Ma Z, Zhou H H. Sparse CCA: Adaptive estimation and computational barriers [J]. arXiv preprint arXiv:1409.8565, 2014.

[14]   Chen X, Liu H, Carbonell J G. Structured sparse canonical correlation analysis [C]// Proceedings of Machine Learning Research (PMLR), Edinburgh, Scotland, UK, 2012: 199-207.

[15]   Wang Y F. Relationship mining and retrieval over cross-media data via group structures [D]. Hangzhou, China: Zhejiang University.

[16]   Barnard K, Duygulu P, Forsyth D, et al. Matching words and pictures [J]. The Journal of Machine Learning Research, 2003, 3: 1107-1135.

[17]   Putthividhy D, Attias H T, Nagarajan S S. Topic regression multi-modal latent dirichlet allocation for image annotation [C]// 2010 IEEE Computer Society Conference on Computer Vision and Pattern Recognition, San Francisco, CA, USA, 2010: 3408-3415.

[18]   Jia Y, Salzmann M, Darrell T. Learning cross-modality similarity for multinomial data [C]// 2011 International Conference on Computer Vision, Barcelona, Spain, 2011: 2407-2414.

[19]   Qian S, Zhang T, Xu C. Multi-modal multi-view topic-opinion mining for social event analysis [C]// Proceedings of the 24th ACM International Conference on Multimedia, Amsterdam, Netherlands, 2016: 2-11.

[20] Salomatin K, Yang Y, Lad A. Multi-field correlated topic modeling [C]// Proceedings of the 2009 SIAM International Conference on Data Mining, Sparks, Nevada, USA, 2009: 628-637.

[21] Virtanen S, Jia Y, Klami A, et al. Factorized multi-modal topic model [C]// Proceedings of the 28th Conference on Uncericinty in Artificial Intelligence, Catalina Island, CA, USA, 2012: 843-851.

[22] Zhuang Y, Wang Y, Wu F, et al. Supervised coupled dictionary learning with group structures for multi-modal retrieval [C]// Proceedings of the 27th AAAI Conference on Artificial Intelligence, Bellevue, Washington D.C., NW, USA, 2013, 27(1): 1070-1076.

[23] Wang Y, Wu F, Song J, et al. Multi-modal mutual topic reinforce modeling for cross-media retrieval [C]// Proceedings of the 22nd ACM international conference on Multimedia, Orlando, Florida, USA, 2014: 307-316.

[24] Wang B, Yang Y, Xu X, et al. Adversarial cross-modal retrieval [C]// Proceedings of the 25th ACM International Conference on Multimedia, New York, NY, USA, 2017: 154-162.

[25] Peng Y, Qi J. Reinforced cross-media correlation learning by context-aware bidirectional translation [J]. IEEE Transactions on Circuits and Systems for Video Technology, 2019, 30(6): 1718-1731.

[26] Xu X, He L, Lu H, et al. Deep adversarial metric learning for cross-modal retrieval [J]. World Wide Web, 2019, 22: 657-672.

[27] Peng Y, Qi J. CM-GANs: Cross-modal generative adversarial networks for common representation learning[J]. ACM Transactions on Multimedia Computing, Communications, and Applications, 2019, 15(1): 1-24.

[28] Ou W, Xuan R, Gou J, et al. Semantic consistent adversarial cross-modal retrieval exploiting semantic similarity [J]. Multimedia Tools and Applications, 2020, 79: 14733-14750.

[29] Zeng Z, Wang S, Xu N, et al. Pan: Prototype-based adaptive network for robust cross-modal retrieval [C]// Proceedings of the 44th International ACM SIGIR Conference on Research and Development in Information Retrieval, Los Angeles, CA, USA, 2021: 1125-1134.

[30] Peng Y, Qi J, Yuan Y. Modality-specific cross-modal similarity measurement with recurrent attention network [J]. IEEE Transactions on Image Processing, 2018, 27(11): 5585-5599.

[31]   Qian S, Xue D, Zhang H, et al. Dual adversarial graph neural networks for multi-label cross-modal retrieval [C]// Proceedings of the AAAI Conference on Artificial Intelligence, Atlanta, GE, USA, 2021: 2440-2448.

[32]   He S, Wang W, Wang Z, et al. Category alignment adversarial learning for cross-modal retrieval [J]. IEEE Transactions on Knowledge and Data Engineering, 2022, 35(5): 4527-4538.

[33]   Zhen L, Hu P, Wang X, et al. Deep supervised cross-modal retrieval [C]// Proceedings of the 2019 IEEE/CVF Conference on Computer Vision and Pattern Recognition, Long Beach, CA, USA, 2019: 10394-10403.

[34]   Qian S, Xue D, Fang Q, et al. Adaptive label-aware graph convolutional networks for cross-modal retrieval [J]. IEEE Transactions on Multimedia, 2021, 24: 3520-3532.

[35]   Cheng Q, Tan Z, Wen K, et al. Semantic pre-alignment and ranking learning with unified framework for cross-modal retrieval [J]. IEEE Transactions on Circuits and Systems for Video Technology, 2022, 6(2): 235-242.

[36]   Gao J, Sun C, Yang Z, et al. TALL: Temporal activity localization via language query [C]// Proceedings of the 2017 IEEE International Conference on Computer Vision, Aberdeen, Scotland, UK, 2017: 5267-5275.

[37]   Hendricks L A, Wang O, Shechtman E, et al. Localizing moments in video with natural language [C]// Proceedings of the 2017 IEEE International Conference on Computer Vision, Aberdeen, Scotland, UK, 2017: 5803-5812.

[38]   Hendricks L A, Wang O, Shechtman E, et al. Localizing moments in video with temporal language [C]// Proceedings of the 2018 Conference on Empirical Methods in Natural Language Processing, Brussels, Belgium, 2018: 1380-1390.

[39]   Xu H, He K, Plummer B A, et al. Multilevel language and vision integration for text-to-clip retrieval [C]// Proceedings of the AAAI Conference on Artificial Intelligence, Honolulu, Hawaii, USA, 2019: 9062-9069.

[40]   Chen S, Jiang Y G. Semantic proposal for activity localization in videos via sentence query [C]// Proceedings of the AAAI Conference on Artificial Intelligence, Honolulu, Hawaii, USA, 2019: 8199-8206.

[41]   Xiao S, Chen L, Zhang S, et al. Boundary proposal network for two-stage natural language video localization [C]// Proceedings of the AAAI Conference on Artificial Intelligence, Atlanta, GE, USA, 2021: 2986-2994.

[42] Liu D, Qu X, Dong J, et al. Adaptive proposal generation network for temporal sentence localization in videos [C]// Proceedings of the 2021 Conference on Empirical Methods in Natural Language Processing, Punta Cana, Dominican Republic, 2021: 9292-9301.

[43] Zhang Z, Lin Z, Zhao Z, et al. Cross-modal interaction networks for query-based moment retrieval in videos [C]// Proceedings of the 42nd International ACM SIGIR Conference on Research and Development in Information Retrieval, Paris, France, 2019: 655-664.

[44] Zhang S, Peng H, Fu J, et al. Learning 2d temporal adjacent networks for moment localization with natural language [C]// Proceedings of the AAAI Conference on Artificial Intelligence, New York, NY, USA, 2020: 12870-12877.

[45] Yuan Y, Mei T, Zhu W. To find where you talk: Temporal sentence localization in video with attention based location regression [C]// Proceedings of the AAAI Conference on Artificial Intelligence, Honolulu, Hawaii, USA, 2019: 9159-9166.

[46] He D, Zhao X, Huang J, et al. Read, watch, and move: Reinforcement learning for temporally grounding natural language descriptions in videos [C]// Proceedings of the AAAI Conference on Artificial Intelligence, Honolulu, Hawaii, USA, 2019: 8393-8400.

[47] Yuan Y, Ma L, Wang J, et al. Semantic conditioned dynamic modulation for temporal sentence grounding in videos [J]. Advances in Neural Information Processing Systems, 2019, 6(2): 536-546.

[48] Chen J, Chen X, Ma L, et al. Temporally grounding natural sentence in video [C]// Proceedings of the 2018 Conference on Empirical Methods in Natural Language Processing, Lisbon, Portugal, 2018: 162-171.

[49] Zhang D, Dai X, Wang X, et al. Man: Moment alignment network for natural language moment retrieval via iterative graph adjustment [C]// Proceedings of the IEEE/CVF Conference on Computer Vision and Pattern Recognition, Honolulu, Hawaii, USA, 2019: 1247-1257.

[50] Liu M, Wang X, Nie L, et al. Cross-modal moment localization in videos [C]// Proceedings of the 26th ACM International Conference on Multimedia, New York, NY, USA, 2018: 843-851.

[51] Ge R, Gao J, Chen K, et al. Mac: Mining activity concepts for language-based temporal localization [C]// 2019 IEEE Winter Conference on Applications of Computer Vision (WACV), Waikoloa Village, HI, USA, 2019: 245-253.

[52]   Jiang B, Huang X, Yang C, et al. Cross-modal video moment retrieval with spatial and language-temporal attention [C]// Proceedings of the 2019 on International Conference On Multimedia Retrieval, Ottawa, ON, Canada, 2019: 217-225.

[53]   Zheng Q, Dong J, Qu X, et al. Progressive localization networks for language-based moment localization [J]. ACM Transactions on Multimedia Computing, Communications and Applications, 2023, 19(2): 1-21.

[54]   Soldan M, Xu M, Qu S, et al. VLG-Net: Video-language graph matching network for video grounding [C]// Proceedings of the IEEE/CVF International Conference on Computer Vision, Montreal, QC, Canada, 2021: 3224-3234.

[55]   Wu Z, Gao J, Huang S, et al. Diving into the relations: Leveraging semantic and visual structures for video moment retrieval [C]// 2021 IEEE International Conference on Multimedia and Expo (ICME), Shenzhen, China, 2021: 1-6.

[56]   Zhang M, Yang Y, Chen X, et al. Multi-stage aggregated transformer network for temporal language localization in videos [C]// Proceedings of the IEEE/CVF Conference on Computer Vision and Pattern Recognition, Nashuille, TN, USA, 2021: 12669-12678.

[57]   Wang Z, Wang L, Wu T, et al. Negative sample matters: A renaissance of metric learning for temporal grounding [C]// Proceedings of the AAAI Conference on Artificial Intelligence, San Francisco, CA, USA, 2022: 2613-2623.

[58]   Li M, Wang T, Zhang H, et al. Hero: HiErarchical spatio-tempoRal reasOning with contrastive action correspondence for end-to-end video object grounding [C]// Proceedings of the 30th ACM International Conference on Multimedia, New York, NY, USA, 2022: 3801-3810.

[59]   Li M, Wang H, Zhang W, et al. WINNER: Weakly-supervised hlerarchical decompositioN and aligNment for spatio-tEmporal video gRounding [C]// Proceedings of the IEEE/CVF Conference on Computer Vision and Pattern Recognition, Vancouver, Canada, 2023: 23090-23099.

[60]   Vinyals O, Toshev A, Bengio S, et al. Show and tell: A neural image caption generator [C]// Proceedings of the IEEE Conference on Computer Vision and Pattern Recognition, Boston, MA, USA, 2015: 3156-3164.

[61]   Xu K, Ba J, Kiros R, et al. Show, attend and tell: Neural image caption generation with visual attention [C]// Proceedings of the 32nd International Conference on Machine Learning Research (PMLR), Porto, Portugal, 2015: 2048-2057.

[62]   Lu J, Xiong C, Parikh D, et al. Knowing when to look: Adaptive attention via a visual sentinel for image captioning [C]// Proceedings of the IEEE Conference on Computer Vision and Pattern Recognition, Honolulu, HI, USA, 2017: 375-383.

[63]   Jia X, Gavves E, Fernando B, et al. Guiding the long-short term memory model for image caption generation [C]// Proceedings of the IEEE International Conference on Computer Vision, Washington D.C., NW, USA, 2015: 2407-2415.

[64]   Li J, Li D, Xiong C, et al. Blip: Bootstrapping language-image pre-training for unified vision-language understanding and generation [C]// Proceedings of Machine Learning Research (PMLR), New Orleans, LA, USA, 2022: 12888-12900.

[65]   Li J, Li D, Savarese S, et al. BLIP-2: Bootstrapping language-image pre-training with frozen image encoders and large language models [C]// Proceedings of the 40th International Conference on Machine Learning Research (PMLR), Philadelphia, PA, USA, 2023: 19730-19742.

[66]   Mao Y, Chen L, Jiang Z, et al. Rethinking the reference-based distinctive image captioning [C]// Proceedings of the 30th ACM International Conference on Multimedia, New York, NY, USA, 2022: 4374-4384.

[67]   Zhang W, Shi H, Tang S, et al. Consensus graph representation learning for better grounded image captioning [C]// Proceedings of the AAAI Conference on Artificial Intelligence, Atlanta, GE, USA, 2021: 3394-3402.

[68]   Mao Y, Xiao J, Zhang D, et al. Improving Reference-based Distinctive Image Captioning with Contrastive Rewards [J]. arXiv preprint arXiv:2306.14259, 2023.

[69]   Van Den Oord A, Dieleman S, Zen H, et al. WaveNet: A generative model for raw audio [J]. arXiv preprint arXiv: 1609.03499, 2016, 12.

[70]   Wang Y, Skerry-Ryan R J, Stanton D, et al. Tacotron: Towards end-to-end speech synthesis [J]. arXiv preprint arXiv: 1703.10135, 2017.

[71]   Borsos Z, Marinier R, Vincent D, et al. AudioLM: A language modeling approach to audio generation [J]. IEEE/ACM Transactions on Audio, Speech, and Language Processing, 2023, 31: 2523-2533.

[72]   Wang C, Chen S, Wu Y, et al. Neural codec language models are zero-shot text to speech synthesizers [J]. arXiv preprint arXiv: 2301.02111, 2023.

[73]   Kharitonov E, Vincent D, Borsos Z, et al. Speak, read and prompt: High-fidelity text-to-speech with minimal supervision [J]. Transactions of the Association for Computational Linguistics, 2023, 11: 1703-1718.

[74] Ren Y, Ruan Y, Tan X, et al. Fastspeech: Fast, robust and controllable text to speech [J]. Advances in Neural Information Processing Systems, 2019, 32: 3171–3180.

[75] Ren Y, Hu C, Tan X, et al. Fastspeech 2: Fast and high-quality end-to-end text to speech [J]. arXiv preprint arXiv: 2006.04558, 2020.

[76] Liu J, Li C, Ren Y, et al. Diffsinger: Singing voice synthesis via shallow diffusion mechanism [C]// Proceedings of the AAAI Conference on Artificial Intelligence, San Francisco, CA, USA, 2022: 11020-11028.

[77] Lu C, Wen X, Liu R, et al. Multi-speaker emotional speech synthesis with fine-grained prosody modeling [C]// 2021 IEEE International Conference on Acoustics, Speech and Signal Processing (ICASSP), Toronto, ON, Canada, 2021: 5729-5733.

[78] Dong Q, Qin Z, Xia H, et al. Premise-based multimodal reasoning: Conditional inference on joint textual and visual clues [J]. arXiv preprint arXiv: 2105.07122, 2021.

[79] Zelikman E, Wu Y, Mu J, et al. STaR: Self-taught reasoner bootstrapping reasoning with reasoning [C]// Proceedings of the 36th International Conference on Neural Information Processing Systems, Long Beach, CA, USA, 2022: 15476-15488.

[80] Li J, Niu L, Zhang L. From representation to reasoning: Towards both evidence and commonsense reasoning for video question-answering [C]// Proceedings of the IEEE/ CVF Conference on Computer Vision and Pattern Recognition, New Orleans, LA, USA, 2022: 21273-21282.

[81] Zhu L, Xu Z, Yang Y, et al. Uncovering the temporal context for video question answering [J]. International Journal of Computer Vision, 2017, 124: 409-421.

[82] Ye Y, Zhao Z, Li Y, et al. Video question answering via attribute-augmented attention network learning [C]// Proceedings of the 40th International ACM SIGIR Conference on Research and Development in Information Retrieval, New York, NY, USA, 2017: 829-832.

[83] Chen L, Zheng Y, Niu Y, et al. Counterfactual samples synthesizing and training for robust visual question answering [J]. IEEE Transactions on Pattern Analysis and Machine Intelligence, 2023, 11(45): 13218-13234.

[84] Xiao S, Chen L, Gao K, et al. Rethinking multi-modal alignment in multi-choice VideoQA from feature and sample perspectives [C]// Proceedings of the 2022 Conference on Empirical Methods in Natural Language Processing, Brussels, Belgium, 2022: 8188-8198.

[85] Radford A, Kim J W, Hallacy C, et al. Learning transferable visual models from natural language supervision [C]// Proceedings of Machine Learning Research (PMLR), Zurich, Switzerland, 2021: 8748-8763.

[86] Jia C, Yang Y, Xia Y, et al. Scaling up visual and vision-language representation learning with noisy text supervision[C]// Proceedings of Machine Learning Research (PMLR), Zurich, Switzerland, 2021: 4904-4916.

[87] Alayrac J B, Donahue J, Luc P, et al. Flamingo: A visual language model for few-shot learning [J]. Advances in Neural Information Processing Systems, 2022, 35: 23716-23736.

[88] Chen X, Wang X, Changpinyo S, et al. PaLI: A jointly-scaled multilingual language-image model [J]. arXiv preprint arXiv:2209.06794, 2022.

[89] Huang S, Dong L, Wang W, et al. Language is not all you need: Aligning perception with language models [J]. Advances in Neural Information Processing Systems, 2024, 36: 214-218.

[90] Achiam J, Adler S, Agarwal S, et al. GPT-4 technical report [J]. arXiv preprint arXiv:2303.08774, 2023.

[91] Zhu D, Chen J, Shen X, et al. MiniGPT-4: Enhancing vision-language understanding with advanced large language models [J]. arXiv preprint arXiv:2304.10592, 2023.

[92] Dosovitskiy A, Beyer L, Kolesnikov A, et al. An image is worth 16×16 words: Transformers for image recognition at scale [J]. arXiv preprint arXiv:2010.11929, 2020.

[93] Chiang W L, Li Z, Lin Z, et al. Vicuna: An open-source chatbot impressing GPT-4 with 90%* ChatGPT quality [J]. LMSYS Org, 2023, 2(3): 6.

[94] Ye Q, Xu H, Xu G, et al. mPLUG-Owl: Modularization empowers large language models with multimodality [J]. arXiv preprint arXiv:2304.14178, 2023.

[95] Chen F, Han M, Zhao H, et al. X-LLM: Bootstrapping advanced large language models by treating multi-modalities as foreign languages [J]. arXiv preprint arXiv:2305.04160, 2023.

[96] Peng Z, Wang W, Dong L, et al. KOSMOS-2: Grounding multimodal large language models to the world [J]. arXiv preprint arXiv: 2306.14824, 2023.

[97] Zeng Y, Zhang H, Zheng J, et al. What matters in training a GPT4-style language model with multimodal inputs? [J]. arXiv preprint arXiv:2307.02469, 2023.

[98] Chen X, Djolonga J, Padlewski P, et al. PaLI-X: On scaling up a multilingual vision and language model [J]. arXiv preprint arXiv:2305.18565, 2023.

[99] Bai J, Bai S, Yang S, et al. Qwen-VL: A versatile vision-language model for understanding, localization, text reading, and beyond [J]. arXiv preprint arXiv:2305.17465, 2023.

[100] Wang W, Lv Q, Yu W, et al. CogVLM: Visual expert for pretrained language models [J]. arXiv preprint arXiv:2311.03079, 2023.

[101] Anil R, Borgeaud S, Alayrac J, et al. Gemini: A family of highly capable multimodal models [J]. arXiv preprint arXiv:2312.11805, 2023.

[102] McKinzie B, Gan Z, Fauconnier J P, et al. MM1: Methods, analysis & insights from multimodal LLM pre-training [J]. arXiv preprint arXiv:2403.09611, 2024.

[103] Liu H, Li C, Li Y, et al. Improved baselines with visual instruction tuning [J]. arXiv preprint arXiv:2310.03744, 2023.

[104] Dai W, Li J, Li D, et al. InstructBLIP: Towards general-purpose vision-language models with instruction tuning [J]. Advances in Neural Information Processing Systems, arXiv preprint arXiv:2305.06500v2, 2024.

[105] Girdhar R, El-Nouby A, Liu Z, et al. ImageBind: One embedding space to bind them all [C]// Proceedings of the IEEE/CVF Conference on Computer Vision and Pattern Recognition, Vancouver, Canada, 2023: 15180-15190.

[106] Wu S, Fei H, Qu L, et al. NExT-GPT: Any-to-any multimodal LLM [J]. arXiv preprint arXiv:2309.05519, 2023.

[107] Moon S, Madotto A, Lin Z, et al. AnyMAL: An efficient and scalable any-modality augmented language model [J]. arXiv preprint arXiv:2309.16058, 2023.

[108] Driess D, Xia F, Sajjadi M S M, et al. PaLM-E: An embodied multimodal language model [J]. arXiv preprint arXiv:2303.03378, 2023.

[109] Panagopoulou A, Xue L, Yu N, et al. X-InstructBLIP: A Framework for aligning X-Modal instruction-aware representations to LLMs and Emergent Cross-modal Reasoning [J]. arXiv preprint arXiv:2311.18799, 2023.

[110] Lin Z, Liu C, Zhang R, et al. SPHINX: The joint mixing of weights, tasks, and visual embeddings for multi-modal large language models [J]. arXiv preprint arXiv:2311.07575, 2023.

[111] Rasheed H, Maaz M, Mullappilly S S, et al. GLaMM: Pixel grounding large multimodal model [J]. arXiv preprint arXiv:2311.03356, 2023.

[112] Li X, Yin X, Li C, et al. Oscar: Object-semantics aligned pre-training for vision-language tasks [C]// Computer Vision–ECCV 2020: 16th European Conference, Glasgow, UK, 2020: 121-137.

[113] Weininger D. SMILES, a chemical language and information system. 1. Introduction to methodology and encoding rules [J]. Journal of Chemical Information and Computer Sciences, 1988, 28(1): 31-36.

[114] Krenn M, Häse F, Nigam A, et al. SELFIES: A robust representation of semantically constrained graphs with an example application in chemistry [J]. arXiv preprint arXiv:1905.13741, 2019.

[115] Heller S R, McNaught A, Pletnev I, et al. InChI, the IUPAC international chemical identifier [J]. Journal of Cheminformatics, 2015, 7: 1-34.

[116] Devlin J, Chang M W, Lee K, et al. BERT: Pre-training of deep bidirectional transformers for language understanding [J]. arXiv preprint arXiv:1810.04805, 2018.

[117] Liu Y, Ott M, Goyal N, et al. RoBERTa: A robustly optimized BERT pretraining approach [J]. arXiv preprint arXiv:1907.11692, 2019.

[118] Radford A, Narasimhan K, Salimans T, et al. Improving language understanding by generative pre-training [J]. arXiv preprint arXiv:2102.14625, 2023.

[119] Radford A, Wu J, Child R, et al. Language models are unsupervised multitask learners [J]. OpenAI Blog, 2019, 1(8): 9.

[120] Brown T, Mann B, Ryder N, et al. Language models are few-shot learners [J]. Advances in Neural Information Processing Systems, 2020, 33: 1877-1901.

[121] Lewis M, Liu Y, Goyal N, et al. BERT: Denoising sequence-to-sequence pre-training for natural language generation, translation, and comprehension [J]. arXiv preprint arXiv:1910.13461, 2019.

[122] Bran A M, Schwaller P. Transformers and large language models for chemistry and drug discovery [J]. arXiv preprint arXiv:2310.06083, 2023.

[123] Guo J, Ibanez-Lopez A S, Gao H, et al. Automated chemical reaction extraction from scientific literature [J]. Journal of Chemical Information and Modeling, 2021, 62(9): 2035-2045.

[124] Gupta T, Zaki M, Krishnan N M A, et al. MatSciBERT: A materials domain language model for text mining and information extraction [J]. NPJ Computational Materials, 2022, 8(1): 102.

[125] Ouyang L, Wu J, Jiang X, et al. Training language models to follow instructions with human feedback [J]. Advances in Neural Information Processing Systems, 2022, 35: 27730-27744.

[126] Zheng Z, Zhang O, Borgs C, et al. ChatGPT chemistry assistant for text mining and the prediction of MOF synthesis [J]. Journal of the American Chemical Society, 2023, 145(32): 18048-18062.

[127] Bran A M, Cox S, Schilter O, et al. ChemCrow: Augmenting large-language models with chemistry tools [J]. arXiv preprint arXiv:2304.05376, 2023.

[128] Edwards C, Zhai C X, Ji H. Text2Mol: Cross-modal molecule retrieval with natural language queries [C]// Proceedings of the 2021 Conference on Empirical Methods in Natural Language Processing, Stroudsburg, PA, USA, 2021: 595-607.

[129] Edwards C, Lai T, Ros K, et al. Translation between molecules and natural language [J]. arXiv preprint arXiv:2204.11817, 2022.

[130] Liu S, Nie W, Wang C, et al. Multi-modal molecule structure–text model for text-based retrieval and editing [J]. Nature Machine Intelligence, 2023, 5(12): 1447-1457.

[131] Liu Z, Li S, Luo Y, et al. MolCA: Molecular graph-language modeling with cross-modal projector and uni-modal adapter [J]. arXiv preprint arXiv:2310.12798, 2023.

[132] Li S, Liu Z, Luo Y, et al. Towards 3D Molecule-Text Interpretation in Language Models [J]. arXiv preprint arXiv:2401.13923, 2024.

[133] Liu P, Ren Y, Tao J, et al. GIT-Mol: A multi-modal large language model for molecular science with graph, image, and text [J]. Computers in Biology and Medicine, 2024, 171: 108073.

[134] Li J, Liu Y, Fan W, et al. Empowering molecule discovery for molecule-caption translation with large language models: A ChatGPT perspective [J]. arXiv preprint arXiv:2306.06615, 2023.

[135] Wang S, Guo Y, Wang Y, et al. SMILES-BERT: Large scale unsupervised pre-training for molecular property prediction [C]// Proceedings of the 10th ACM International Conference on Bioinformatics, Computational Biology and Health Informatics, Tokyo, Japan, 2019: 429-436.

[136] Zhang X C, Wu C K, Yi J C, et al. Pushing the boundaries of molecular property prediction for drug discovery with multitask learning BERT enhanced by SMILES enumeration [J]. Research, 2022, 2022: 4.

[137] Ross J, Belgodere B, Chenthamarakshan V, et al. Large-scale chemical language representations capture molecular structure and properties [J]. Nature Machine Intelligence, 2022, 4(12): 1256-1264.

[138] Li J, Jiang X. Mol-BERT: An effective molecular representation with BERT for molecular property prediction[J]. Wireless Communications and Mobile Computing, 2021, 20(21): 1-7.

[139] Chithrananda S, Grand G, Ramsundar B. ChemBERTa: Large-scale self-supervised pretraining for molecular property prediction [J]. arXiv preprint arXiv:2010.09885, 2020.

[140] Ahmad W, Simon E, Chithrananda S, et al. ChemBERTa-2: Towards chemical foundation models [J]. arXiv preprint arXiv:2209.01712, 2022.

[141] Fang Y, Liang X, Zhang N, et al. Mol-Instructions: A large-scale biomolecular instruction dataset for large language models [J]. arXiv preprint arXiv:2306.08018, 2023.

[142] Zeng Z, Yao Y, Liu Z, et al. A deep-learning system bridging molecule structure and biomedical text with comprehension comparable to human professionals [J]. Nature Communications, 2022, 13(1): 862.

[143] Luo Y, Yang K, Hong M, et al. MolFM: A multimodal molecular foundation model [J]. arXiv preprint arXiv:2307.09484, 2023.

[144] Rong Y, Bian Y, Xu T, et al. Self-supervised graph transformer on large-scale molecular data[J]. Advances in Neural Information Processing Systems, 2020, 33: 12559-12571.

[145] Maziarka Ł, Danel T, Mucha S, et al. Molecule attention transformer [J]. arXiv preprint arXiv:2002.08264, 2020.

[146] Li H, Zhao D, Zeng J. KPGT: Knowledge-guided pre-training of graph transformer for molecular property prediction [C]// Proceedings of the 28th ACM SIGKDD Conference on Knowledge Discovery and Data Mining, New York, NY, USA, 2022: 857-867.

[147] Zhang X C, Wu C K, Yang Z J, et al. MG-BERT: Leveraging unsupervised atomic representation learning for molecular property prediction [J]. Briefings in Bioinformatics, 2021, 22(6): 152.

[148] Zhao H, Liu S, Chang M, et al. GIMLET: A unified graph-text model for instruction-based molecule zero-shot learning [J]. Advances in Neural Information Processing Systems, 2024, 36: 76-83.

[149] Zhou G, Gao Z, Ding Q, et al. Uni-Mol: A universal 3d molecular representation learning framework [J]. arXiv preprint arXiv:2312.14258, 2023.

[150] Luo S, Chen T, Xu Y, et al. One transformer can understand both 2d & 3d molecular data [C]// The 11th International Conference on Learning Representations, Virtual Event, Austria, 2022: 1146-1158.

[151] Schwaller P, Laino T, Gaudin T, et al. Molecular Transformer: A model for uncertainty-calibrated chemical reaction prediction [J]. ACS Central Science, 2019, 5(9): 1572-1583.

[152] Karpov P, Godin G, Tetko I V. A transformer model for retrosynthesis [C]// International Conference on Artificial Neural Networks. Cham: Springer International Publishing, 2019: 817-830.

[153] Zheng S, Rao J, Zhang Z, et al. Predicting retrosynthetic reactions using self-corrected transformer neural networks [J]. Journal of Chemical Information and Modeling, 2019, 60(1): 47-55.

[154] Tetko I V, Karpov P, Van Deursen R, et al. State-of-the-art augmented NLP transformer models for direct and single-step retrosynthesis [J]. Nature Communications, 2020, 11(1): 5575.

[155] Kim E, Lee D, Kwon Y, et al. Valid, plausible, and diverse retrosynthesis using tied two-way transformers with latent variables [J]. Journal of Chemical Information and Modeling, 2021, 61(1): 123-133.

[156] Mann V, Venkatasubramanian V. Predicting chemical reaction outcomes: A grammar ontology - based transformer framework [J]. AIChE Journal, 2021, 67(3): e17190.

[157] Mao K, Xiao X, Xu T, et al. Molecular graph enhanced transformer for retrosynthesis prediction [J]. Neurocomputing, 2021, 457: 193-202.

[158] Tu Z, Coley C W. Permutation invariant graph-to-sequence model for template-free retrosynthesis and reaction prediction [J]. Journal of Chemical Information and Modeling, 2022, 62(15): 3503-3513.

[159] Jiang Y, Wei Y, Wu F, et al. Learning chemical rules of retrosynthesis with pre-training [C]// Proceedings of the AAAI Conference on Artificial Intelligence, New Orleans, LA, USA, 2023: 5113-5121.

[160] Shi Y, Zhang A, Zhang E, et al. ReLM: Leveraging language models for enhanced chemical reaction prediction [J]. arXiv preprint arXiv:2310.13590, 2023.

[161] Wang X, Hsieh C Y, Yin X, et al. Generic interpretable reaction condition predictions with open reaction condition datasets and unsupervised learning of reaction center [J]. Research, 2023, 6: 231-237.

[162] Yin X, Hsieh C Y, Wang X, et al. Enhancing generic reaction yield prediction through reaction condition-based contrastive learning [J]. Research, 2024, 7: 292-302.

[163] Bagal V, Aggarwal R, Vinod P K, et al. MolGPT: Molecular generation using a transformer-decoder model [J]. Journal of Chemical Information and Modeling, 2021, 62(9): 2064-2076.

[164]　Wang W, Wang Y, Zhao H, et al. A pre-trained conditional transformer for target-specific de novo molecular generation [J]. arXiv preprint arXiv: 2811.14430, 2023..

[165]　Wang Y, Zhao H, Sciabola S, et al. cMolGPT: A conditional generative pre-trained transformer for target-specific de novo molecular generation [J]. Molecules, 2023, 28(11): 4430.

[166]　Mazuz E, Shtar G, Shapira B, et al. Molecule generation using transformers and policy gradient reinforcement learning [J]. Scientific Reports, 2023, 13(1): 8799.

[167]　Fang Y, Zhang N, Chen Z, et al. Domain-agnostic molecular generation with self-feedback [J]. arXiv preprint arXiv:2301.11259, 2023.

[168]　Liu S, Wang J, Yang Y, et al. Conversational Drug Editing Using Retrieval and Domain Feedback [C]// The 12th International Conference on Learning Representations, Toulon, France, 2023: 763-772.

[169]　Ye G, Cai X, Lai H, et al. DrugAssist: A large language model for molecule optimization [J]. arXiv preprint arXiv:2401.10334, 2023.

第5章

混合增强智能

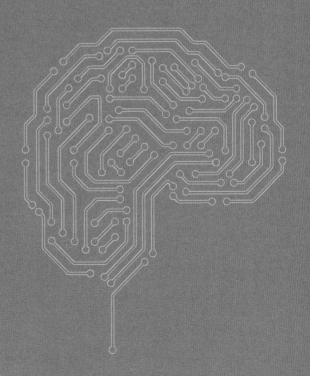

人工智能的终极目标是"用机器模仿人的思想与行为"。当前，人工智能在各个领域不断取得突破，深刻改变着人与物理环境、人与人、人与社会之间的联系和交互方式，智能机器也已经越来越多地渗透到文化、经济和政治等各个方面，赋能人类社会几乎所有的领域。人与智能机器的交互、混合是可预见的未来社会发展形态。

当前，越来越多的人工智能算法在与人类共存的复杂混合系统中发挥着重要作用，然而，我们需要清楚地认识到，即使为人工智能系统提供充足甚至无限的数据资源，也无法排除人类对它的干预。例如，人机交互系统对人类语言或行为的细微差别存在模糊性的理解，特别是当人工智能技术应用于一些重大领域（如产业风险管理、医疗诊断、刑事司法、自主驾驶、社会舆情分析、智能机器人等）时，为了避免人工智能技术的局限性带来的风险、失控甚至危害，需要引入人类的监督与互动，允许人类参与验证，以提高人工智能系统的置信度，使其以最佳的方式利用人类知识，最优地平衡人的智力与计算机的计算能力，从而实现大规模的非完整、非结构化知识信息处理。

人类是智能机器的服务对象，是"价值判断"的仲裁者，人类对智能机器的干预应该贯穿于人工智能发展的始终。因此，可以将人脑的高级认知、推理和随机决策能力与智能机器高效的计算能力相融合，实现人机高效协同的混合增强。

混合增强智能就是将人的作用或认知能力引入智能机器，形成人机协同的混合增强智能形态。混合增强智能形态主要有人在回路的混合增强智能、受脑和神经科学启发的认知计算两种基本形态。

人在回路的混合增强智能的研究目标是实现人机协同的认知与协作。形式化方法是当前人工智能算法设计的主要方法，但并非所有问题均可用形式化方法建模来解决，如一些问题的计算需要近乎无限长的时间。同时，当前数理模型的表征能力有限，其在应对开放、动态环境时的计算效率、适应性、自学习能力远不及人类。为突破经典人工智能"演绎逻辑、语义描述、形式化方法"的理论框架无法应对非完整信息的局限性，需使用脑机、外骨骼等多种新型人机接口，形成从信息、知识到认知、意识的多层次人机共融交互模态，以及"人在回路"的新型计算形态，使智能机器具备直觉、推理等功能。

受脑和神经科学启发的认知计算的研究目标是构建可嵌入的认知计算模型，实现具有直觉推理与自主学习能力的人工智能方法与系统，使其具备非完整信息处理、跨界–自主学习及聚合处理知识信息的能力。其技术路线主要有以下三条。

①学习与认知推理（健壮的人工智能方法）。建立因果模型，借助物理与心理层面的直觉推理理论，支持并扩充已经学到的知识以实现认知推理；通过知识组合学会如何学习并快速获取和产生知识，使其具有自主学习能力。

②智能计算前移。实现感知数据空间的基本属性提取与拓扑结构信息的融合，发展新型传感技术与器件。

③新的计算架构。根据受生物启发的信息处理机制与现代计算机的有效协同，构建学习与思考接近人类的智能机器。最终构建人机群组的混合智能系统，实现机器智能与人类智能的双向促进和高效协同，使其在社会管理公共政策评估、人机共驾的智能交通、重大疾病早期诊断与防治、智能农业等领域发挥重要作用。

混合增强智能是使机器智能水平达到人类智能水平的重要途径，将深刻改变人类社会。对混合增强智能进行研究不仅可以提高人类对智能机器的监督和控制能力，有助于人类构建真实世界的因果模型以及可信、可解释机器学习的基本框架，还可以为人类审慎管理人工智能的伦理、制定法律和安全政策提供依据。因此，我国未来的新一代人工智能需要以混合增强智能为突破点，在人工智能的理论、方法、工具、系统等方面取得颠覆性突破，为"以人为中心"的人工智能的安全治理、伦理、道德提供科学依据与物理验证环境，确保我国在人工智能领域的前沿理论与核心算法研究中占领国际竞争制高点。

混合增强智能，这一人工智能新范式[1-2]自提出以来，迅速得到学术界、产业界和政府部门的高度关注与重视，对人工智能基础研究和技术发展产生了深远影响。混合增强智能（协同与认知）范式自 2017 年 2 月在 *Frontiers of Information Technology & Electronic Engineering* 发表的 "Hybrid-Augmented Intelligence: Collaboration and Cognition"（混合增强智能：协同与认知）综述文章中被首次提出以来，已被来自中国、美国、英国、加拿大、德国、葡萄牙、芬兰、澳大利亚、印度等国家的 30 多所知名高校、科研机构的研究者引用逾百次，文章在 Springer（施普林格）网站被下载 8200 余次，并被评为 2017 年度期刊最佳论文。目前，混合增强智能已发展成为人工智能的前沿研究领域，涌现出了大量原创性研究工作，混合增强智能的基础理论体系和核心技术体系已经初步形成。人在回路的混合增强智能、直觉性人工智能理论、因果分析等研究方向已形成稳定且不断扩大的研究队伍，涌现出了一大批优秀研究成果。

5.1 人在回路的混合增强智能

在人在回路的混合增强智能系统中，人是系统的重要组成部分。当系统中的计算机无法单独给出一个高置信度的结果时，人可以介入并进行决策，从而影响整个系统最后的输出结果。

随着大数据时代的来临，有一种观点认为：计算机可以基于大数据进行学习并产生模型，从而针对人类社会的种种问题给出确切结果，但这种理想的实现在今天看来仍有长远的困难。计算机可以高效处理结构化、标准化的信息，但互联网充斥着大量无序、凌乱的碎片化信息，且许多信息的表达只有人能够轻易理解，计算机无法完成对所有类型信息的有效处理，故许多场合仍需要人的介入。人类社会的许多问题也常常是复杂、动态的，如经济决策与风险控制、医疗服务、邮件处理等问题，计算机很难通过既有经验指导未来的决策。同时，人具有从少量数据中提取抽象概念的能力，而计算机要做到这一点却十分困难。

当人机协同的混合增强智能系统遇到这些非典型或异常的情况，计算机无法成功把握输出确切结果时，人可以介入并调整结果，同时自动更新系统的知识库。把人的作用引入混合增强智能系统的回路中，可以将人对模糊、不确定问题分析和响应的高级认知机制与机器智能系统紧密耦合，使得两者相互适应、协同工作，形成双向的信息交流与控制。把人的感知和认知能力与计算机强大的运算和存储能力相结合，可以形成"1+1>2"的增强智能形态，从而利用人机协同实现大规模的非完整、非结构化知识信息的处理，避免由当前人工智能技术的局限性带来的决策风险和系统失控等问题。

实现人在回路的混合增强智能面临的挑战主要有以下四点。

①如何使人在回路中用自然的方式训练机器，突破人机知识交互屏障。

②如何将人类的决策、经验与智能机器在逻辑推理、演绎归纳等计算处理方面的优势相结合，实现高效、有意义的人机协同构建。

③如何构建跨任务、跨领域的上下文关系。

④如何建立任务或概念推动的机器学习方法，使机器不仅能从海量训练样本中学习，还能从人类知识中学习，并利用学习的知识完成高度智能化的任务。

5.1.1　人机协同的认知

人机协同的认知是将人的认知与机器认知相结合，对各自存在的问题进行互补与补充，从而实现更加全面的认知过程。

人的认知是指人们在日常活动时头脑中存在的事情，许多认知过程是相互依赖的，一个活动可同时涉及多个不同的过程。人的认知可分为经验认知和思维认知。其中，经验认知是指轻松、有效地观察、操作和响应周围的事件，要求人们具备某些专门的知识并达到一定的熟练程度；思维认知涉及思考、比较和决策，是发明和创造的来源。认知涉及多个特定类型的过程，包括感知、识别、注意、记忆、问题解决、语言处理等。但人总是在自己的认知范围内做出判断和决定，若仅仅基于人的认知，很容易陷入经验误区或产生思维定式。

机器认知（机器感知）是指由一连串复杂程序组成的大规模信息处理系统，信息通常由很多常规传感器采集，经过复杂程序处理后，可得到一些非基本感官能得到的结果。机器认知研究如何使用机器或计算机模拟、延伸和扩展人的感知或认知能力，包括机器视觉、机器听觉、机器触觉等，其中，计算机视觉、模式识别、自然语言理解等都是人工智能领域的重要研究内容，也是计算机在机器感知或机器认知方面高智能水平的应用。尽管机器认知相关工作发展迅速，但人类对机器的认识和理解还局限于其本身的特性上，同时，机器只能理解事物相关性，并不能理解逻辑关系（如因果关系），因而存在很大的局限性。

人机协同的认知同时考虑了人的认知和机器认知。机器认知大规模处理、整合信息的能力避免了人类陷入经验误区和产生思维定式的问题，同时，人的想法或者思考方式可使机器获得更好的感知能力，最终实现更加全面的认知过程。

实现人机协同的认知的方式包括：通过人力标注数据训练机器，从而实现从人的认知到机器认知的过渡；对训练好的机器模型进行调整，以纠正机器模型的错误认知；通过大量数据训练，机器模型可以获得更加准确的认知，从而在一定程度上避免了人的认知的局限性。

人机协同将是未来社会的主要工作模式。人机协同的工作模式能大幅缩短工作时间、提高结果准确度、节省企业人力成本，最终产出更具人性化的产品设计与服务。通过结合人的认知与机器认知，人机协同的认知可获得更全面的认知结果，从而使决策更加精确。

5.1.2 人机协同决策

在拥有人机协同的认知结果后，人机协同决策使人和智能决策系统处在平等合作的地位，在共同决策的过程中，人与智能决策系统都可以根据双方提供的信息对各自的决策进行相应的修正，最终达成共识，得到决策结果。人机协同决策过程最重要的是人和机器共同决策，即人与机器对问题同时做出决策，再通过综合评价得出比较合理的结果。由于人的认知与机器认知之间存在差异，人与机器解决问题的方式各不同，所以通过人机共同决策能将人的智慧与机器的智能相融合，进一步提高决策的可靠性。

在人机协同决策系统中，智能决策系统代表机器认知，决策者代表人的认知。对于输入的待决策问题，智能决策系统（机器）响应该问题并提供针对该问题的各种可能决策以及其认定的最优决策。此时，决策者（人）会根据当前任务场景选择一种决策。这里涉及决策结果的满意度评价问题。而事实上，满意度评价带有很强的主观性。例如，有的任务倾向于更高收益的策略（如企业风险投资任务），有的任务倾向于更低风险的策略（如安保任务）。因此，智能决策系统需要提供尽可能多的解供决策者选择。然而，决策者并不总是可靠的，这就要求在人机协同决策系统中，智能决策系统与决策者处在平等的地位。因此，智能决策系统同样需要对决策者的建议进行可行性分析，只有当方案可行时，人机协同决策系统才会将决策者的建议当作最终策略，若策略不可行，则智能决策系统有权否定决策者的建议。

在决策任务结束时，智能决策系统可以有选择地学习人的经验与知识。对于人机协同决策系统提供的每一项决策，若其与智能决策系统提供的最优建议不同，则可称决策者与智能决策系统之间产生意见分歧。随后，通过专家系统对每一条分歧意见进行综合分析和论证，得出最优的意见，并将其用于智能决策系统的进一步学习。通过这样的训练过程，智能决策系统能将人的经验与知识融入自身的知识体系中，从而实现机器学习人类智慧的过程。

相比于传统的人或机器的单独决策方式，人机协同决策结合了人的感知与认知能力和计算机强大的运算与存储能力，充分发挥了人和机器各自的优势，实现了大规模的非完整、非结构化知识信息的处理，避免了传统决策方法的局限性带来的决策风险和系统失控等问题。

人机协同决策系统可与计算机视觉、模式识别、自然语言处理等相关技术相结合，广泛应用于多个任务中。例如，在舆情决策方面，人机协同决策能够帮助舆情监管部门全面感知社会事项，及时发现热点舆情事件和公众需求；在应急决策支持系统方面，人机协同决策可灵活应对应急事件中的衍生次生事件，弥补预先制定的应急预案的不足；在民航系统中，人机协同系统能够与飞行员共同决策驾驶操作，从而更全面地保障乘客的安全。

5.1.3　安全可信的人机协同

作为人机协同混合增强智能的一类基本形式，人在回路的混合增强智能强调同时利用人类智能和机器智能来创建机器学习的模型与方法。在传统的人机协同模式中，人们会参与一个良性循环中，并在其中训练、调整和测试特定算法。然而，人机协同技术在为社会创造价值的同时，也存在诸多安全隐患，如无人驾驶车辆引发的交通事故、无人机的扰航、全自动机械手带来的安全事故等。因此，如何在人机协同过程中确保人机协同能力的安全、可信，是人机协同混合增强智能问题中的一项重要研究内容。

5.1.4　脑机智能：人工智能新形态

近年来，以脑机接口为代表的神经技术突破使得生物脑与计算机的结合越来越紧密，脑机融合及其一体化已成为未来人工智能发展的一个重要趋势。生物脑（生物智能）与机器脑（人工智能）深度融合并协同工作的新型智能系统，已成为人工智能的新形态，如图 5.1 所示。近半个多世纪的研究表明，机器在搜索、计算、存储、优化等方面具有人类无法比拟的优势，然而在感知、推理、记忆和学习等方面，尚无法与人类智能有差距。将智能扩展到生物智能和机器智能的互联互通，融合各自所长，有望创造出更强的智能形态。

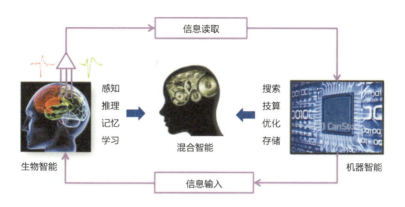

图 5.1　脑机智能：新型智能形态

　　脑机智能以生物智能和机器智能的深度融合为目标，要构建一个双向闭环的既包含生物体，又包含人工智能体的有机的智能系统。其中，生物体可以接受人工智能体的信息，人工智能体可以读取生物体的信息，两者信息可无缝交互。同时，生物体对人工智能体的改变具有实时反馈，反之亦然。脑机混合智能系统不再仅仅是生物与机械的融合体，而是同时融合生物、机械、电子、信息等多领域因素的有机整体，实现了系统的行为、感知、认知等能力的增强[3]。一个典型例子是浙江大学构建的听视觉增强的机械化大鼠，该系统通过在大鼠不同脑区植入电极进行微电刺激形式的"信息输入"，将人工智能的听视觉识别能力"嫁接"到生物大鼠上，使大鼠能"看懂"图标、"识别"人脸、"听懂"人说的话[4]。

　　混合智能具有非常广阔的应用前景，它将为运动、感认知功能障碍的康复带来新途径，如融入脑机智能的神经智能假肢、智能人工视觉假体等将为神经疾病与精神疾病患者提供全新的治疗手段，老年痴呆患者的记忆修补、帕金森患者的自适应深部电刺激治疗、癫痫的实时检测与抑制、植物人意识检测与促醒等；还将为正常人感认知能力的增强带来可行的途径，如听视嗅等各种感官能力的增强、学习记忆能力的增强、行动能力的增强等；也将为国防安全与救灾搜索等提供重要技术支撑，如行为可控的各种海陆空动物机器人、脑机一体化的外骨骼系统、脑机融合操控的无人系统等。

作为一个新兴的研究方向，脑机智能不管是在理论上还是在技术上，都尚有很多方面亟待进一步研究与探索，包括特定神经环路原理、全脑区的神经解码、自适应神经调控与干预、感认知增强机制与技术、脑机融合学习、生物高相容的神经器件、新型神经信号记录与成像技术等。

5.2   受脑和神经科学启发的认知计算

对于当前的人工智能而言，解决某些对人类来说属于智力挑战的问题可能相对简单，但解决那些看似简单的却考验与真实物理世界交互能力的问题的能力依然很差。人类面临的许多问题往往具有不确定性、脆弱性和开放性，现有的人工智能无法企及大脑在处理这类开放、动态复杂问题时所表现出的想象力和创造力，以及对复杂问题的分析和描述能力。

另外，在现实世界中，人们无法为所有问题建模，这里存在条件问题（qualification problem）和分支问题（ramification problem），即不可能枚举出一个行为的所有先决条件，也不可能枚举出一个行为的所有分支。人工智能的理论框架建立在演绎逻辑和语义描述的基础之上。然而，我们不可能对所有遇到的问题都进行建模，同时，由于条件问题的存在，我们不可能把一个行为的所有先决条件都模拟出来。

当前的深度学习方法有力推动了人工智能的发展，但也存在诸多不容回避的问题。首先是深度学习的泛化能力差，且训练数据和测试数据必须是同分布的，如果做不到这一点，机器的分类能力就会极大降低；其次是深度学习的表达能力较弱，虽然它可以通过长期训练输出合理、准确的结果，但它始终只知其然而不知其所以然，无法了解结果背后的推理过程；最后是深度学习无法引入注意机制，这一机制是构成高级人工智能的基本核心，强调的是计算过程中的路径选择和计算负载的分配，但研究人员目前还找不到有效办法解决这一问题。

人工智能研究的重要方向之一是借鉴认知科学、计算神经科学的研究成果，使计算机通过直觉推理、经验学习将自身引导到更高层次的智能。

人工智能系统中引入了受生物启发的智能计算模型，构建了基于认知计算的混合增强智能。这类混合增强智能是通过模仿生物大脑功能提升计算机的感知、推理和决策能力的智能软件或硬件，其能更准确地建立像人脑一样感知、推理和响应激励的智能计算模型，尤其是建立因果模型、直觉推理和联想记忆的新计算框架。

人脑对真实环境的理解、非完整信息的处理、复杂时空关联任务的处理能力是当前机器学习无法比拟的。人脑所具有的自然生物智能形式，为提高机器对复杂动态环境或情景的适应性，加强机器对非完整、非结构化信息的处理和自主学习能力，构建基于认知计算的混合增强智能提供了重要启示。

认知科学研究表明，人类思维是在记忆经验和知识的基础上进行预测、模式分类以及学习的。人脑对非认知因素的理解更多地来自直觉，并受到经验和长期知识积累的影响，这些因素在人对物理世界进行理解、行为交互、非完整信息处理等方面有着极其重要的作用。

从脑认知机理和神经科学获得灵感和启发，构建使机器具有直觉推理和常识学习的新人工智能计算模型与架构，才有可能实现较当前更加先进的人工智能系统。认知计算可以将复杂的规划和问题求解与感知和动作模块相结合，解释或实现某些人类/动物的行为以及他们在新环境中的学习和行动方式，建立比现有程序计算量少得多的人工智能系统。

基于认知计算，可以构建更加完善的大规模数据处理平台和更加多样化的计算平台，也可为多智能体系统解决规划和学习模型的问题，以及为新的任务环境中的机器协同提供新模式。认知计算框架包含三个核心问题：①创建认知地图，实现对环境中的所有对象的识别，并且进行长期记忆；②构建因果模型，厘清对象间的关系，并对它们相互间的作用进行描述；③基于机器推理构建基于想象力的行为模型。

5.2.1　直觉性人工智能

人能够对自身与环境的状态和关系进行认知建模，进而提供一个可解释的模型，形成对风险和价值进行评估与判断的依据和度量。人的认知活动体现在基于"认知映射"的一系列决策活动中，这是一个不断的模式匹配过程。当前，认知映射的形成与大脑对外部信息的感知和理解有关。人类个体在成长过程中，通过学习和经验的积累形成了"决策库"，人脑可随机地在决策库中搜索决策，一旦被选中的决策与当前认知映射过程中的任务匹配（匹配的度量可以是最小代价回避损失），人就会做出直觉反应。在这个过程中，直觉可以看作是在计算过程中对决策搜索的引导以及代价空间的构造。

（1）认知地图

人类依赖对客观世界的观察（或对显著性特征的注意），在大脑中建立与目标空间属性相关联的认知地图，以此形成存储在记忆中与各实体相关联、可解释的内部表征模型，并利用这一模型对环境进行语义解释，或者推测空间的变化或根据过去的事件预测未来。例如，对于自动驾驶，构建交通场景中与各实体（或目标）相互关联的认知地图，可以实现自主驾驶感知-行为映射的内部表征。

产生于头脑中的认知地图可看作是在先验知识的基础上构建的世界模型，包含事件或事物的相互影响关系、因果关系和控制关系，如果能分辨这三者的关系，就能理解正在发生的一切。认知地图也可视为认知映射，表现为代表个人知识或模式的语义网络构建过程，是一个包括获取、编码、存储、内部操作、解码和使用外部信息的动态过程。

（2）因果模型

决策形成的基础是解释和理解世界的因果模型。因果模型可通过后验概率（观测数据）来更新先验概率（预测），能对给定数据规则进行概率推理并完成相关性分析，从而展开基于时间/空间的想象或预测（如位置、相互作用等空间变化作用于时间的结果），提供对环境或情形的理解、补充和判断，即以最大化未来的奖励为目标规划行动顺序，利用先验知识对小规模的训练数据进行丰富推理，提高算法的泛化能力和快速学习能力。

人类的自主学习是一个与事物互动的过程，人类认知过程中的特征概念形成往往建立在语义解释的基础上。人类通过在大脑中建立认知地图，利用构建的世界模型推测事物产生的变化或预测未来。机器学习与人类产生认知的路径是完全不同的。为使机器学习人类的认知方式，机器所学特征需要在一定程度上符合神经生理学的实验结果，同时要使特征具有数学和语义上的可解释性。

5.2.2　机器推理

机器推理就是赋予机器数据理解、知识表达、逻辑推理和自主学习的能力。机器推理以人类推理体系为基础，可大致分为直觉推理、常识推理、因果推理和关系推理四种形式，如图 5.2 所示。下面主要介绍这四种形式的当前进展和未来展望[5]。

图 5.2　机器推理类型

（1）机器直觉推理

机器直觉推理主要受人脑机制启发，通过行动反馈、策略优化、赏罚等机制实现敏捷决策。当下，最典型的代表性成果当属 DeepMind 公司开发的 Alpha 系列[6-8]。围棋存在极大的搜索空间和复杂的解空间，用计算机求解无法达到穷尽。AlphaGo 实现了基于神经网络和强化学习的直觉推理，其采用神经网络处理当前的棋盘信息，用强化学习评估棋盘上各点落子的胜负概率，即模型中价值函数的估值，通过构建价值网络和策略网络实现类人的"棋感"，再经过自我对弈来优化策略网络。在人机对战中，AlphaGo通过学习已知的人类棋谱得到初始策略，再通过蒙特卡罗树搜索（Monte-Carlo tree search，MCTS）寻找若干手之后的可能走法，同时采用价值函数、策略网络和快速走子方法评估并确定落子位置，使机器能够在围棋复杂的解空间中缩小搜索空间，并通过多线迭代获得最优解，如图5.3所示。

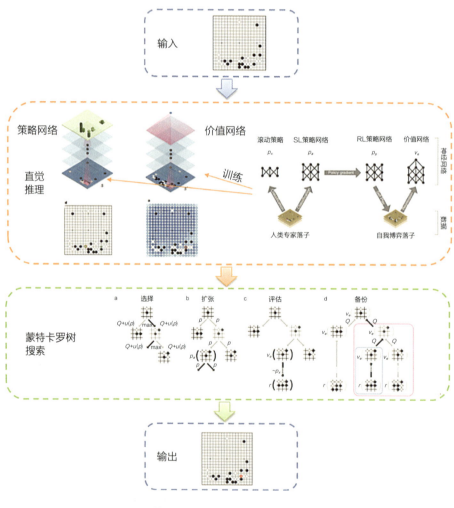

图5.3 AlphaGo 的直觉推理

继AlphaGo之后，AlphaZero将价值网络和策略网络合并成一个网络，在仅获得游戏规则的情况下，随机选定一个初始状态，通过不断地自我对弈强化学习，实现了超越以往的能力。AlphaZero通过价值函数、预测策略、即时奖励推算未来行为，其智能体不用学习相关游戏的规则，可通过创建内部规则实现最精确的规划。预先不知道规则的AlphaZero通过机器观察学习后，甚至可以战胜已知规则的AlphaZero。

机器直觉推理能够解决真实环境下的复杂问题，赋予机器创造性的快速预测、判断和决策能力。但是机器直觉推理仍旧存在很多问题，譬如，如何将直觉与事实规则等显性知识结合起来，使机器具备关联记忆的能力。在实现直觉推理的过程中，如何获取当前环境下合适的回报函数对于机器而言较为困难。此外，机器学习算法中一直存在的梯度波动、收敛速度和探索效率等问题亟待解决。

（2）机器因果推理

在给定对象X的情况下观察对象Y发生的可能性，若对象X的变化能引起对象Y的变化，则认为X和Y之间有因果性。因果推理主要从观察到的现象推断原因，通过一个结果发生的条件得出因果关系[9]。

图灵奖得主朱迪亚·珀尔（Judea Pearl）[10]将因果关系分为关联、干预和反事实三个层级。他认为当前的机器学习处于关联层级，而人类可以通过想象达到反事实层级。他还认为当前人工智能领域的技术水平只是在大规模数据中发现了隐藏的规律，鉴于目前机器学习存在的问题大多数依赖于关联驱动，故很难区分数据中的因果关联和虚假关联。为了实现强大的人工智能，机器需要使用适当的因果结构来建模推理世界，从而解决问题，通过因果推理帮助机器学习数据中的因果关系，即用"因果推理"代替"因关联而推理"，进而实现可解释的稳定预测。

早期因果推理的研究集中在获取因果关系的知识方面[11-12]，主要从两方面进行。一方面是追求高精度的因果关系知识，如CausalNet通过收集因果关系术语对因果关系进行评分，从极大文本语料库中挖掘因果模式[11]；另一方面是使用数据驱动方法从文本中获取因果关系，如ConceptNet通过人工收集将因果事件编码为常识知识[12]；Gordon等[13]的研究将个人故事作为因果关系的信息来源。此外，反事实推理作为因果推理的一部分也受到了广泛研究，反事实推理通过未发生的条件来推理可能出现的结果，由于实际情况中的测试数据往往与训练数据的分布不完全相同，因此需要从实际数据中学习来预测反事实结果。Besserve等[14]提出了一个用反事实推理揭示的由纠缠的内部变量组构成的网络非统计框架。Kaushik等[15]设计了一个采用反事实操作文档的人在回路系统，利用人的反馈来消除虚假关联。

因果推理在各种领域不断渗透发展。当前，视觉推理问题已被广泛研究，但推理背后的基本逻辑、时间和因果结构却很少被探索[16]。从视频的物理事件中识别物体并推断其运动轨迹是人类推理的重要能力。美国麻省理工学院和DeepMind公司的研究者针对时间和因果推理问题提出了CLEVRER数据集[17]，如图5.4所示。他们受关系推理数据集CLEVR的启发，增加了交互对象的时间和因果结构的复杂度，从互补的角度研究视频中的因果推理问题。Zhang等[18]提出了抽象因果推理数据集，并将其用于因果推理中当前视觉系统的系统评估。

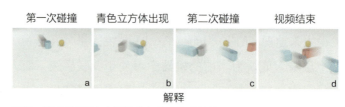

第一次碰撞　　青色立方体出现　　第二次碰撞　　视频结束

a　　　　　　b　　　　　　c　　　　　　d

解释

问题：以下哪项是灰色圆柱体与立方体碰撞的原因？

　　　A. 球体的存在　　　　B. 灰色圆柱体和青色圆柱体之间的碰撞

答案：B

图 5.4　CLEVRER 数据集碰撞问题

对于强化学习中的智能体而言，发现和利用环境中的因果结构是一项至关重要的挑战。Lee等[19]提出了一种模拟因果推理的方法CREST，用于学习机器人操作策略的相关状态空间。该方法使用内部模型进行结果干预，对域转移更具鲁棒性，学习样本效率更高，并可扩展到具有更大状态空间的更复杂环境。Dasgupta等[20]探讨了因果推理是否可以通过元强化学习实现，他们主要通过无模型强化学习来训练递归网络，解决每个包含因果结构的问题。其中，受过训练的智能体可从观测数据中进行因果推理，并做出反事实的预测以获得奖励，这为强化学习中的结构化探索提供了新的策略。

因果推理面临着许多挑战。对于传统的机器学习而言，获取的高质量数据越多，越利于通过学习和优化得到更精确的因果估计。但仅拥有更多的数据对于因果推理是不够的，因为不能确保这些因果估计是无偏和正确的[21]。在因果推理中，学习不需要用到人工划分的先验知识，可以直接从数据中学习信息，获取真实世界的模型，但这些因果模型中的变量是对基本概念的抽象，如何使用这些模型仍旧是一个难题。此外，因果推理的另一个难点是如何获得有效的训练数据，现有的数据是有限的，从而必须寻找汇集编制数据的有效方法来提升模型的效果。

（3）机器常识推理

常识推理是人感知和理解世界的一项基本能力，是人利用自身了解的知识，如科学事实、社会惯例等，结合特定的背景来推断出某个问题的答案。要使人工智能系统具备常识推理的能力，就需要使其拥有对物理世界运行规律的一般理解，即能对人类动机与行为有基本理解并像成年人一样对普遍事物有认知。

对于现在的人工智能来说，想要让这些模型利用常识去推理出某个问题的答案非常困难。常识推理的主要挑战在于机器难以理解和规定一般或特定领域的常识[22]。推动该领域发展的必要条件是集成不同推理模式的方法及定量衡量研究进展的基准和评估指标。

目前已经出现了多个基于文本的常识性推理基准[23]，尽管这些基准的评估重点不同，但毫无例外均需要大量的背景知识，并且其中大多数问题都有相似的结构：采用简短的文本描述问题和几个可能的答案，机器根据问题从中选择正确的答案。

常识推理基准主要涵盖了以下几种任务：①指代消解（coreference resolution），自然语言理解中存在多个表达指向同一实体的问题，此时需要利用常识为决策提供依据，代表数据集有 Winograd Schema Challenge [24]；②知识问答（question answering），知识问答推理给出了一些在任务中混合语言处理和推理技巧的评测，代表数据集有 MCScript [25]、CommonsenseQA [26]；③文本蕴含（textual entailment），文本蕴含推理可根据常识推理句子之间的关系，代表数据集有 SNLI [27]、SciTail [28]；④可信推断（plausible inference），可信推断推理侧重日常事件，包含各种实践常识关系，代表数据集有 COPA [29]、JOCI [30]；⑤直觉心理学（intuitive psychology），直觉心理学推理通过人的行为推理人类的情绪和意图，需要结合社会心理学领域的常识，代表数据集有 Story Commonsense [31]、Event2Mind [32]；⑥多任务推理，多任务推理包含不同类型的各种任务评测，代表数据集有 GLUE [33] 等。

自然语言处理领域的常识推理研究可以被大致分为三类：基于规则和知识的方法、通用的人工智能方法、语言模型方法。基于规则和知识的方法通过逻辑形式和过程来推理，该方法早期常将各种词语匹配和其他词汇特征与人工编写的确定性规则或者传统的决策树模型相结合。通用的人工智能方法通过数据的特征训练得到各种类型的统计模型，多采用神经网络算法进行训练。语言模型方法认为文本中隐含着常识性知识，该模型可以直接在训练时学习知识。

常识学习解决一般问题的范式：使用上下文词表示模型学习得到的词表示（word representation）作为特征或直接用于下游任务的微调。在此类神经网络方法中，被重点关注的模块主要有注意力机制、记忆力增强、上下文词表示模型和表示学习。语言模型方法通常有两个阶段：首先做一个在大语料上自监督的预训练语言模型，然后在微调阶段将学习到的词嵌入并运用于下游的任务。

常识推理在计算机视觉方面的应用包括视觉问答、视频理解、场景图等。Wang 等 [34] 提出了基于视觉常识区域的卷积神经网络，用于字幕和视觉问答等高级任务的视觉区域编码。Zareian 等 [35] 从数据中获取视觉常识，纠正场景图中由于感知错误引起的明显的构图错误，提高了场景理解的鲁棒性。Zhang 等 [36] 使用图注意网络表示对象之间的视觉和语义关系知识，从而赋予当前检测系统学习常识的能力。此外，还可利用常识推理检测图像的场景描述图[37]。视觉常识推理（visual commonsense reasoning，VCR）[38]任务要求机器理解并回答给定图像中视觉内容的相关细节问题，需要结合相关的视觉细节和背景知识进行上下文推理，以确保推理的正确性。

同时，常识推理与智能体结合可实现自然语言指令。Adilova等[39]设计了一组部分由人类设计、学习的常识规则，在高抽象级别上描述了交通场景中对象之间的关系，并在自动驾驶数据集中进行了实验，提高了算法鲁棒性。机器人系统可以利用手势理解并执行人类指令，如Prac机器人交互系统[40]通过常识推理情景中最可能的可执行动作。此外，常识推理还能与其他推理方法结合，如Hou等[41]结合常识推理与关系推理来理解视频内容并生成描述；对一幅很多人打着雨伞围在马路边的照片，机器人可依据人群围观和比赛之间的关联常识推断这些人有可能是在围观一场比赛。

常识推理在广泛应用的同时也面临着许多挑战。很多人类能够轻易判断出的常识和特例，对于机器人来说却是很大的挑战，如太阳每天升起是一个常识，学生每天吃一个苹果属于特例，但机器人却很容易产生误判。人类能够轻易地进行判断的原因是他们拥有足够多的元知识，而为机器人的常识推理加入这些元知识来构建知识库是一个难题。此外，现有对常识推理的评价主要通过多项选择进行，而机器构建的模型很容易利用数据偏差得到高级评分，只通过准确率去片面地评价这些模型并不能很好地反映模型的能力，因此如何为机器构建一个合理的评价体系也是当前需要推进的重要工作之一。

（4）机器关系推理

关系推理是用关系判断作为前提和结论的演绎推理。关系推理可以通过知识图谱[42]进行理解。知识图谱是一种由节点和边组成的基于图的数据结构，它可将不同种类的信息连接起来得到一个关系网络，拥有从"关系"的角度去分析问题的能力。知识图谱的主要目标是描述真实世界中存在的各种实体和概念，以及它们之间的关系，因此，从这个角度可以认为知识图谱是一种语义网络。由于数据在快速地更新迭代，因此知识图谱是不完整的，存在着很多难以发现的信息，需要关系推理来帮助进行推断。

推理实体及其属性之间关系的能力对于一般的智能行为生成至关重要[43]。人工智能的符号方法本质上是关系型的[44]，可使用逻辑和数学语言定义符号之间的关系，然后对这些关系进行推理[45]。CLEVR 数据集是专门针对视觉推理而诞生的数据集。视觉问答（visual question answering，VQA）就是先让计算机看一幅图，然后给出一个问题，让其回答。相比于传统的 VQA 问题，视觉推理问题的要求是要让问题难度提升，使计算机必须经过推理才能回答。CLEVR 数据集如图 5.5 所示，关系问题是对图像中四个对象之间的关系进行明确的推理。

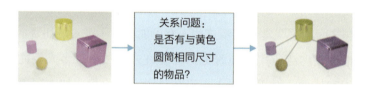

关系问题：
是否有与黄色
圆筒相同尺寸
的物品？

图 5.5　CLEVR 数据集

基于计算机视觉的关系推理的早期工作主要集中在特定类型的关系上，如位置关系和动作关系[46]。可先通过较为简单的启发式方法或采用手工特征提取的方法进行关系推理，再使用辅助组件完成相关任务。随着自然语言处理领域的发展，可采用分类器和词组进行关系推理。Fang 等[47]将比例关系合并到图像字幕框架中，将对象类别和关系谓词统一视为单词，但是没有讨论如何解决关系检测中的各种挑战。Sadeghi 等[48]将对象类别和关系谓词的每种不同组合视为不同的类，即视觉短语，但当视觉短语的数量十分庞大时，机器的性能表现并不如意。Lu 等[49]提出的方法将成对检测到的对象馈送到分类器，该分类器将外观特征和语言结合起来用于关系识别。

深度学习的蓬勃发展使得关系推理结合神经网络的研究取得了很大的进步，研究成果被广泛应用于视觉领域。DeepMind 公司推出了一种具有处理图像、文字等非结构化输入和推理出事物背后隐藏关系[45]能力的解决关系推理问题的神经网络模块。此外，Veličković等[50]将注意力和关系模块组合到了一个图结构上；Perez等[51]以数据驱动的方式为视觉学习进行关系推理；Zhou等[52]将关系网络扩展到视频分类，即将选择的实体作为框架，通过成对的框架关系在时间级别上进行关系推理，展示了其在数据集上的最新性能。

关系推理也被广泛应用于物理系统，涉及物体实体之间关系和其属性的视觉关系推理需要多个步骤的推理才能得出准确答案。视觉交互网络[53]是一种在物理场景中从几个视频画面里推理多个物体的状态关系并预测未来物体的位置的关系推理模型。视觉交互网络还能预测几种物理系统，如重力系统、刚体动力系统和质量弹簧系统。van Steenkiste等[54]使用来自虚拟环境的训练实例，以无监督的方式展示了其在发现对象及对象间相互关系方面的优异结果。

关系推理还可以与其他推理或方法相结合。Hou等[41]通过将关系推理与常识推理结合来生成图像视频的文字描述，其能很好地理解视频并生成描述。Cadene等[55]的研究展示了一个视觉问答中的多模态关系推理模型——MUREL。Gao等[56]在跨模态知识推理模型中引入了常识，设计了一个知识支持的实体关系推理模块，用于学习房间和对象实体之间的内部和外部关联。

关系推理在许多方面也存在着问题和挑战。首先，数据的噪声和冗余会对数据准确性造成很大的影响。例如，小张是"戴普公司"员工，小王是"戴普金融公司"员工，而小刘是"戴普金融有限公司"员工。这三人其实属于同一家公司，但机器却认为他们属于不同公司。如果仅使用包含"戴普公司"员工的数据训练模型，当测试案例为小王或小刘时，模型有可能失效。如何从大量数据中分辨这些存在歧义的点并将其合并是关系推理面临的难题。其次，当处理数据量非常大的现实世界的未经处理的非结构化数据（如文本、语音、视频等）时，如何处理这些数据并提取有效的信息，将这些信息与推理算法结合在一起也是非常关键的问题，这对机器的关系推理能力提出了更高的要求。

5.3 人机共驾系统

根据混合增强智能中人类参与的形式，可以将人机协同驾驶分为基于共享自治的人机共驾与受脑启发的混合智能驾驶。基于共享自治的人机共驾中，驾驶员和智能驾驶系统共享驾驶权，共同参与驾驶车辆的过程。智能驾驶系统辅助驾驶员对外界环境与内部信息进行处理与决策，驾驶员对智能驾驶系统的决策进行反馈与调整，从而形成闭环的负反馈控制过程，在提升驾驶安全性的同时增加驾驶舒适度。受脑启发的混合智能驾驶则考虑将人类的认知引入驾驶过程中，使智能驾驶系统独享驾驶权。智能驾驶系统学习人类的认知模型，进行类人的场景理解与决策，从而自主地完成驾驶任务。

5.3.1 基于共享自治的人机共驾

共享自治是指人类用户和具有自主能力的机器（或者智能体）在实现目标所需的决策和行动中互相协作的一种操作模式[57]。在共享自治中，人类用户的操作与机器的自主行为相互结合，共同控制机器以实现目标。机器通常并不知道人类用户想要实现的目标，故机器必须在预测人类用户的预期目标的同时协助人类用户实现该目标。因此，共享自治问题可以表述为用户目标估计问题以及人机交互协作问题。

在驾驶场景下，完全的自动驾驶还面临着诸多问题[57-58]。人机共驾作为一种替代方案，既能降低系统实现的难度，又能降低驾驶员驾驶车辆的难度[58]。

驾驶场景中的共享自治可以被描述为驾驶员和人机共驾平台共享驾驶车辆的操作权，共同完成对车辆的驾驶。从安全驾驶角度考虑，共享自治任务在驾驶场景中需要被进一步细化。人机共驾平台不仅需要估计和预测驾驶员的目标，还需要测量和映射驾驶员当前的状态与行为，判断驾驶员的当前状态能否安全地接收车辆控制权[59]。此外，驾驶场景中还要求人机共驾平台能够提前预测驾驶员可能进行的驾驶操作，提前完成对驾驶员驾驶操作的辅助任务。同时，驾驶员也需要针对人机共驾平台做出的决策进行反馈，从而形成一个闭环控制系统[59]。人机共驾系统由各种传感器、信息采集系统、决策系统和控制系统高度集成。人机共驾平台总体架构如图 5.6 所示。

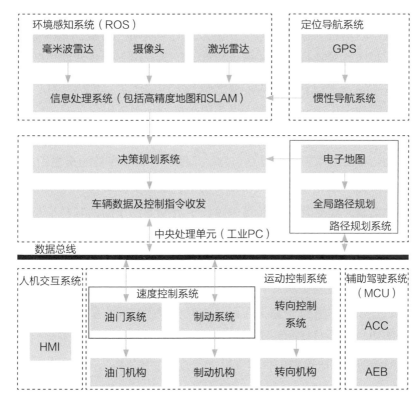

图 5.6　人机共驾平台总体架构

下面结合人在回路的混合增强智能分别从人机交互和人机共驾两个方面展开讨论。

（1）人机交互

针对由驾驶员分心、疲劳驾驶和情绪波动等引起的一系列可能威胁行车安全的问题，科学家通过构建驾驶员行车习惯数据集，结合驾驶员状态估计与意图预测信息，在交通规则知识的约束下，研究潜在危险因素推理和概率化预警模型，以提示和警告等方式对驾驶员进行预警，并根据车内传感器采集的驾驶员对预警信息的反应数据对驾驶员状态进行实时估计，形成在线闭环的人机交互设计。

针对驾驶员意图行为与智能驾驶系统决策在部分情况下存在冲突而造成影响驾乘体验乃至行车安全的问题，科学家在上述模型的基础上，从语义层面将驾驶员行为进一步细化分类为转向、制动、加速、危险驾驶等多个行为，并结合驾驶员的行车历史数据、状态意图、驾驶技能等信息以及车辆动力学模型等因素[59]，在交通规则知识的约束下，揭示驾驶员与智能驾驶系统间的多层次交互机理，以多因多果和远因近因等关系建立驾驶员与智能驾驶系统间的托管、协同、纠偏、补偿等行为交互关系[60]。

人机交互模型需要根据道路信息、车辆、行人等车外的交通场景信息，结合驾驶员的情绪、行为习惯和眼动模型，车辆动力学特性等车内的行为与动力学信息，建立驾驶员在驾驶过程中对周围场景的认知模型与驾驶员操纵行为影响模型。在此基础上，可借鉴驾驶员对驾驶环境的认知机理，建立类人交通场景理解模型，结合驾驶员的行为影响模型，建立交通场景与驾驶车混合对驾驶员认知行为的影响模型[61]，构建基于机器学习的驾驶员意图识别模型，进而研究人在回路的混合增强智能方法，通过已知的驾驶员意图增强驾驶员认知行为影响模型，实现驾驶员的行为预测，为人机共驾下的辅助安全决策提供技术支撑。

（2）人机共驾

智能驾驶是人工智能技术发展至先进性与实用性高度统一的重要体现。动态、开放的真实交通环境下，智能驾驶车辆适应性差、安全性弱，研究智能、自主和共生的人机共驾系统与人机混合决策的在线评估方法势在必行，其中的关键为可信、可解释的自主决策。

在人机共驾场景中，智能驾驶系统会通过车内传感器的数据，为驾驶员提供必要的驾驶指导决策。为解释决策过程，智能驾驶系统在提供决策结果的同时会给出产生该决策结果的主导因素，驾驶指导决策可输出最终决策的主要特征，并将这些特征通过数据比对映射成复杂度低的人类可理解的知识表达供驾驶员参考，以加强人机混合智能过程中人类智能的参与度。在交通系统混杂运行场景当中，周边车辆可能存在人类智能、机器智能以及人机混合智能等情况，互动过程具有高度复杂性。该种场景下的驾驶指导决策需要通过观测多车间的互动过程，解释周边车辆的决策过程，提取出决策过程中的主要要素，以实现互动中的优化。

针对驾驶员和智能驾驶系统同时在环时舒适的人机共驾问题，可采用基于可信、可解释的驾驶权分配方法，通过建立基于驾驶员状态、意图以及车辆动力学信息等多属性的多点连接结构，构建驾驶员和智能驾驶系统之间的驾驶权分配模型。在此基础上，智能驾驶系统采用强化学习方法对驾驶员和车辆状态进行推理，结合车外环境感知数据和相关云数据，实现可靠、可解释的行为决策和运动控制及路径规划。相对于完全由数据驱动的无人驾驶方案，在混合增强智能的人机共驾系统中引入驾驶员的驾驶知识与经验，增强了系统的鲁棒性和泛化能力，保证了在复杂多变的实际道路驾驶环境中智能驾驶系统的稳定性与可靠性。同时，基于驾驶员感知与决策机理构建的智能驾驶系统，其自身的决策过程与行为天然的具有更强的可解释性，更有利于驾驶情境下的人机交互与协同驾驶。

此外，现有的智能网联汽车测试平台和评价方法[62-64]均是针对无人驾驶汽车展开研究的，缺乏针对人机共驾系统测试与评价方面的研究工作。因此，亟须开发面向人机共驾系统测试的验证平台，构建场景数据库，以实现人机共驾系统安全、可信的自动测试与评价。故需要建立覆盖人机共驾系统测试需求的结构化、标准化的可拓展测试场景数据库，动态开放人机共驾场景的自动重构方法；开发集多类型驾驶员特性模拟、车辆运动模型、动态环境更新以及随机路面生成于一体的虚拟测试平台，搭建人机共驾车辆、无人驾驶车辆、全人工驾驶车辆混合的多驾驶员在环的同步实时测试平台；研究自动及加速测试方法和多视角主客观评价方法。

5.3.2 受脑启发的混合智能驾驶

混合增强智能[64-66]将人类智能和机器智能相结合，充分利用两种智能的特点，为人机共驾下的辅助安全驾驶决策提供帮助，促进自动驾驶汽车在交通道路安全运行。智能驾驶系统是借助计算机、人工智能和通信传感等技术，将环境感知、决策规划、执行控制等功能相结合的综合智能系统，能在交通道路上完成精准识别、快速决策和控制稳定等任务。

（1）类人场景理解

道路驾驶环境的复杂多变性使得场景理解成为无人驾驶系统的核心任务之一。类人场景理解基于驾驶员的驾驶知识与经验，在环境感知的基础上，实现无人驾驶系统对复杂交通要素和驾驶环境的建模与理解。该系统利用机器学习方法建模，使无人驾驶车辆在进行行为决策、路径规划以及运动控制过程中借鉴驾驶员提供的先验知识，提高了无人驾驶车辆行为决策的合理性及其对复杂道路驾驶环境的适应能力，在一定程度上避免了传统纯数据驱动方式存在的泛化能力差、可解释性不强的问题。

与类人场景理解相比，传统的场景理解未能上升至语义级别，且缺乏各影响因素间的关联，单纯的场景分类脱离了对周围交通要素的语义理解，易造成场景分类错误的问题。同时，在实际道路驾驶环境下，各种车辆、行人等高动态目标通常存在着一定的形变及遮挡问题，传统的基于数据驱动的场景理解方法，常常难以在多种存在显著差异的驾驶环境下保持较好的性能，难以捕捉动态目标在空间上和时序上潜在的联系。

基于混合增强智能的无人驾驶系统借鉴数据驱动和目的驱动的驾驶员认知模型，将交通要素检测跟踪和场景分类的过程相结合，通过集成学习方法[67]，结合整体要素与局部要素，融合多源感知信息。对于传统方法难以处理的形变及遮挡的高动态目标，无人驾驶系统能够从驾驶员对运动的感知机理出发，通过对环境感知信息的多层次语义理解，实现对同构场景要素的识别、联系和建模，进而能够鲁棒地适应不同的道路驾驶环境。无人驾驶系统基于在线自主学习的动态多任务感知与跟踪，在数据与反馈的共同作用下不断更新迭代，进一步实现可解释、精确、鲁棒的类人场景理解。

（2）类人自主驾驶

在实际道路驾驶任务中，参与驾驶行为决策的环境因素复杂多变，无法实现完全建模，即驾驶员面临的许多问题具有不确定性、脆弱性和开放性。这些问题正是机器智能难以处理的瓶颈，同时也是无人驾驶系统的服务对象和最终价值判断的仲裁者。所以，独立的人类智能或机器智能在这样复杂的问题情境下都有所局限和不足。人类智能与机器智能的协同应该贯穿始终，这就需要将人的认知模型引入智能驾驶系统中，形成混合增强智能形态来取长补短，使人类智能与机器智能共同为完成安全、可靠的自动驾驶任务服务。以混合增强智能为基础构建的安全、可信、可解释的混合增强智能驾驶系统能够有效地将人类智能与机器智能相统一，其核心技术是采用混合智能增强学习架构，结合类人场景理解与相关云数据，进而实现安全、可信的混合增强智能无人驾驶。

然而，传统的基于深度学习的智能驾驶系统通常依赖大量训练数据，且需要多次迭代修正网络内置参数[68]才能逐渐逼近全局最优解。这种依赖海量数据驱动且缺乏泛化能力的机器学习方法，无法满足具有复杂性、特殊性与不确定性的无人驾驶任务需求，对复杂多变的道路驾驶环境适应能力差，模型性能不稳定且缺乏可解释性。而混合增强智能无人驾驶系统以人的认知模型作为先验知识，将人的作用引入智能驾驶系统，指导并构建初始参数好、自然交互强、学习平滑的强化学习模型[69-71]；建立混合增强智能方法，将人的认知模型引入智能系统中，形成双向信息交流与控制的"混合+增强"智能形态，利用深度认知强化学习方法，结合驾驶行为决策结果和驾驶情境的感知与理解，构建混合增强智能增强学习驾驶系统，进而实现类人智能驾驶。

总而言之，把人的认知引入混合增强智能系统的计算回路中，可以把人对模糊、不确定问题分析和响应的高级认知机制与机器智能系统紧密耦合，使两者相互适应、协同工作，形成双向的信息交流与控制，进而使人的感知和认知能力与计算机强大的运算和存储能力相结合，实现"1+1>2"的混合增强智能，从而高效、准确、可靠地解决道路驾驶环境中复杂多变的实际问题。

5.4 结 语

因为人类面临的许多问题具有不确定性、脆弱性和开放性，目前任何智能程度的机器都无法完全取代人类，因此，需要将人的作用或人的认知模型引入人工智能系统，形成混合增强智能的形态，这种形态是人工智能或机器智能的可行的、重要的成长模式。

混合增强智能是新一代人工智能的典型特征，标志着人工智能已从人如何适应智能机器跨入智能机器与人高效协同求解问题的新阶段。未来的研究将进一步基于脑机、外骨骼等多种新型人机接口，形成从信息、知识到认知、意识的多层次人机共融交互模态，构建"人在回路"的新型计算形态，使智能机器具备直觉、推理等功能；建立"以人为中心"的基于传感和数据的混合智能新型信息处理系统，最终实现人类智能和机器智能的紧密耦合与高效协同，有机融合人类的感知与认知能力和机器的计算与控制能力，形成更加强大的智能形态。

执笔人：郑南宁（西安交通大学）

薛建儒（西安交通大学）

兰旭光（西安交通大学）

杜少毅（西安交通大学）

潘　纲（浙江大学）

王进军（西安交通大学）

陈霸东（西安交通大学）

王　乐（西安交通大学）

参考文献

[1] Zheng N, Liu Z, Ren P, et al. Hybrid-augmented intelligence: Collaboration and cognition [J]. Frontiers of Information Technology & Electronic Engineering, 2017, 18(2): 153-179.

[2] 中国人工智能2.0发展战略研究项目组. 中国人工智能2.0发展战略研究 [M]. 杭州: 浙江大学出版社, 2018.

[3] Wu Z H, Pan G, Zheng N. Cyborg intelligence [J]. IEEE Intelligent Systems, 2013, 5(28): 31-33.

[4] Wang Y, Lu M, Wu Z, et al. A visual cue-guided rat cyborg for automatic navigation [J]. IEEE Computational Intelligence, 2015,10(2):42-52.

[5] 丁梦远, 兰旭光, 彭茹, 等. 机器推理的进展与展望 [J]. 模式识别与人工智能, 2021, 34(1): 1-3.

[6] Silver D, Huang A, Maddison C J, et al. Mastering the game of Go with deep neural networks and tree search [J]. Nature, 2016, 529(7587): 484-489.

[7] Silver D, Hubert T, Schrittwieser J, et al. Mastering chess and shogi by self-play with a general reinforcement learning algorithm [EB/OL]. (2017-10-05) [2023-07-21]. https:// arxiv.org/abs/1712.01815v1.

[8] Schrittwieser J, Antonoglou I, Hubert T, et al. Mastering Atari, Go, chess and shogi by planning with a learned model [J]. Nature, 2020, 588(7839): 604-609.

[9] Kuang K, Li L, Geng Z, et al. Causal inference [J]. Engineering, 2020, 6(3): 253-263.

[10] Pearl J, Mackenzie D. The Book of Why: The New Science of Cause and Effect [M]. New York, NY, USA: Basic Books, 2018.

[11] Luo Z, Sha Y, Zhu K Q, et al. Commonsense causal reasoning between short texts [C]// Proceedings of the Fifteenth International Conference on the Principles of Knowledge Representation and Reasoning, Cape Town, South Africa, 2016: 421-431.

[12] Havasi C, Speer R, Arnold K, et al. Open mind common sense: Crowd-sourcing for common sense [C]// Proceedings of the 2nd AAAI Conference on Collaboratively-Built Knowledge Sources and Artificial Intelligence, Atlanta, GA, USA, 2010: 53.

[13] Gordon A S, Bejan C A, Sagae K. Commonsense causal reasoning using millions of personal stories [C]// Proceedings of the 25th AAAI Conference on Artificial Intelligence, San Francisco, CA, USA, 2011: 1180-1185.

[14] Besserve M, Mehrjou A, Sun R, et al. Counterfactuals uncover the modular structure of deep generative models [EB/OL]. (2018-10-08) [2023-08-11]. https://arxiv.org/ abs/1812.03253.

[15] Kaushik D, Hovy E, Lipton Z C. Learning the difference that makes a difference with counterfactually-augmented data [EB/OL]. (2019-09-26) [2023-08-09]. https://arxiv.org/ abs/1909.12434v1.

[16] Ge Y, Xiao Y, Xu Z, et al. A peek into the reasoning of neural networks: Interpreting with structural visual concepts [C]// Proceedings of the IEEE/CVF Conference on Computer Vision and Pattern Recognition, Nashville, TN, USA, 2021: 1-25.

[17] Yi K, Gan C, Li Y, et al. CLEVRER: CoLlision Events for Video REpresentation and Reasoning [C]// International Conference on Learning Representations (ICLR), New Orleans, LA, USA, 2020: 26-30.

[18] Zhang C, Jia B X, Edmonds M, et al. ACRE: Abstract Causal REasoning Beyond Covariation [C]// Proceedings of the IEEE/CVF Conference on Computer Vision and Pattern Recognition, Nashville, TN, USA, 2021: 1081-1090.

[19] Lee T E, Zhao J L, Sawhney A S, et al. Causal reasoning in simulation for structure and transfer learning of robot manipulation policies [C]// IEEE International Conference on Robotics and Automation (ICRA), Xi'an, China, 2021:480-492.

[20] Dasgupta I, Wang J, Chiappa S, et al. Causal reasoning from meta-reinforcement learning [EB/OL]. (2019-01-23) [2023-06-13]. https://arxiv.org/abs/1901.08162.

[21] Rehder B. A causal-model theory of conceptual representation and categorization [J]. Journal of Experimental Psychology: Learning, Memory, and Cognition, 2003, 29(6): 1141-1159.

[22] Davis E, Marcus G. Commonsense reasoning and commonsense knowledge in artificial intelligence [J]. Communications of the ACM, 2015, 58(9):92-103.

[23] Storks S, Gao Q, Chai J Y. Commonsense reasoning for natural language understanding: A survey of benchmarks, resources, and approaches [EB/OL]. (2019-04-02) [2023-07-24]. https://arxiv.org/abs/1904.01172v1.

[24] Levesque H, Davis E, Morgenstern L. The Winograd Schema Challenge [C]// Proceedings of the Thirteenth International Conference on the Principles of Knowledge Representation and Reasoning, Stanford, CA, USA, 2011: 4321-4334.

[25] Ostermann S, Modi A, Roth M, et al. MCScript: A novel dataset for assessing machine comprehension using script knowledge [EB/OL]. (2018-03-14) [2023-08-20]. https://doi.org/10.48550/arXiv.1803.05223.

[26] Talmor A, Herzig J, Lourie N, et al. CommonsenseQA: A question answering challenge targeting commonsense knowledge [EB/OL]. (2018-11-02) [2023-08-14]. https://doi.org/10.48550/arXiv.1811.00937.

[27] Bowman S R, Angeli G, Potts C, et al. A large annotated corpus for learning natural language inference [C]// Proceedings of the 2015 Conference on Empirical Methods in Natural Language Processing, Lisbon, Portugal, 2015:632-642.

[28] Khot T, Sabharwal A, Clark P. SciTail: A textual entailment dataset from science question answering [C]// Proceedings of the 32nd AAAI Conference on Artificial Intelligence, Montréal, Canada, 2018: 5189-5197.

[29] Gordon A S. Commonsense interpretation of triangle behavior [C]// Proceedings of the 30th AAAI Conference on Artificial Intelligence, Phoenix, AZ, USA, 2016: 3719-3725.

[30] Zhang S, Rudinger R, Duh K, et al. Ordinal common-sense inference [J]. Transactions of the Association for Computational Linguistics, 2017, 5: 379-395.

[31] Rashkin H, Bosselut A, Sap M, et al. Modeling naive psychology of characters in simple commonsense stories [EB/OL]. (2018-05-16) [2023-06-22]. https://doi.org/10.48550/arXiv.1805.06533.

[32] Rashkin H, Sap M, Allaway E, et al. Event2Mind: Commonsense inference on events, intents, and reactions [EB/OL]. (2018-05-17) [2023-08-14]. https://doi.org/10.48550/arXiv.1805.06939.

[33] Wang A, Singh A, Michael J, et al. GLUE: A multi-task benchmark and analysis platform for natural language understanding [EB/OL]. (2018-04-20) [2023-07-06]. https://doi.org/10.48550/arXiv.1804.07461.

[34] Wang T, Huang J, Zhang H, et al. Visual commonsense R-CNN [C]// Proceedings of the IEEE/CVF Conference on Computer Vision and Pattern Recognition, Seattle, WA, USA, 2020: 10760-10770.

[35] Zareian A, You H, Wang Z, et al. Learning visual commonsense for robust scene graph generation [EB/OL]. (2020-01-17) [2023-08-05]. https://arxiv.org/abs/2006.09623v1.

[36] Zhang H, Wang L, Sun J. Knowledge-based reasoning network for object detection [C]// 28th IEEE International Conference on Image Processing (ICIP 2021), Anchorage, AK, USA, 2021: 2623-2627.

[37] Aditya S, Yang Y, Baral C, et al. Image understanding using vision and reasoning through scene description graph [J]. Computer Vision and Image Understanding, 2018, 173: 33-45.

[38] Zellers R, Bisk Y, Farhadi A, et al. From recognition to cognition: Visual commonsense reasoning [C]// Proceedings of the IEEE/CVF Conference on Computer Vision and Pattern Recognition, Long Beach, CA, USA, 2019: 6720-6731.

[39] Adilova L, Schulz E, Akila M, et al. Plants don't walk on the street: Common-sense reasoning for reliable semantic segmentation [C]// Proceedings of the IEEE/CVF Conference on Computer Vision and Pattern Recognition, Nashville, TN, USA, 2021: 1113-1126.

[40] Nyga D, Beetz M. Cloud-based probabilistic knowledge services for instruction interpretation [M]// Robotics Research. Cham, Switzerland: Springer, 2018: 649-664.

[41] Hou J, Wu X, Zhang X, et al. Joint commonsense and relation reasoning for image and video captioning [C]// Association for the Advancement of Artificial Intelligence, New York, NY, USA, 2020: 10973-10980.

[42] Wang Q, Mao Z, Wang B, et al. Knowledge graph embedding: A survey of approaches and applications [J]. IEEE Transactions on Knowledge and Data Engineering, 2017, 29(12): 2724-2743.

[43] Lu R, Xue F, Zhou M, et al. Occlusion-shared and feature-separated network for occlusion relationship reasoning [C]// Proceedings of the 2019 IEEE International Conference on Computer Vision, Seoul, Korea, 2019: 10343-10352.

[44] Gupta A, Davis L S. Beyond nouns: Exploiting prepositions and comparative adjectives for Learning Visual Classifiers [C]// European Conference on Computer Vision, Springer, Berlin, Germany, 2008: 16-29.

[45] Johnson J, Hariharan B, Maaten L V D, et al. CLEVR: A diagnostic dataset for compositional language and elementary visual reasoning [C]// Proceedings of the IEEE/ CVF Conference on Computer Vision and Pattern Recognition, Washington D.C., USA, 2017: 2901-2910.

[46] Yao B, Li F F. Grouplet: A structured image representation for recognizing human and object interactions [C]// IEEE Computer Society Conference on Computer Vision and Pattern Recognition, San Francisco, CA, USA, 2010: 9-16.

[47] Fang H, Gupta S, Iandola F, et al. From captions to visual concepts and back [C]// Proceedings of the IEEE/CVF Conference on Computer Vision and Pattern Recognition, Boston, MA, USA, 2015: 1473-1482.

[48] Sadeghi M A, Farhadi A. Recognition using visual phrases [C]// Proceedings of the IEEE/CVF Conference on Computer Vision and Pattern Recognition, Portland, OR, USA, 2011: 1745-1752.

[49] Lu C, Krishna R, Bernstein M, et al. Visual relationship detection with language priors [C]// European Conference on Computer Vision, Cham, Switzerland: Springer, 2016: 852-869.

[50] Veličković P, Cucurull G, Casanova A, et al. Graph attention networks [EB/OL]. (2017-10-30) [2023-07-14]. https://arxiv.org/abs/1710.10903.

[51] Perez E, Vries H D, Strub F, et al. Learning visual reasoning without strong priors [EB/OL]. (2017-01-10) [2023-06-19]. https://arxiv.org/abs/1707.03017v2.

[52] Zhou B, Andonian A, Oliva A, et al. Temporal relational reasoning in videos [C]// Proceedings of the European Conference on Computer Vision (ECCV), Munich, Germany, 2018: 803-818.

[53] Watters N, Tacchetti A, Weber T, et al. Visual interaction networks: Learning a physics simulator from video [C]// Proceedings of the 31st Conference on Neural Information Processing Systems, Long Beach, CA, USA, 2017, 34: 3542-4550.

[54] van Steenkiste S, Chang M, Greff K, et al. Relational neural expectation maximization: Unsupervised discovery of objects and their interactions [EB/OL]. (2018-02-28) [2023-07-26]. https://arxiv.org/abs/1802.10353.

[55] Cadene R, Ben-Younes H, Cord M, et al. MUREL: Multimodal relational reasoning for visual question answering [C]// Proceedings of the IEEE/CVF Conference on Computer Vision and Pattern Recognition, Long Beach, CA, USA, 2019: 1989-1998.

[56] Gao C, Chen J, Liu S, et al. Room-and-Object aware knowledge reasoning for remote embodied referring expression [C]// Proceedings of the IEEE/CVF Conference on Computer Vision and Pattern Recognition, Nashville, TN, USA, 2021: 1121-1135.

[57] Zablocki É, Ben-Younes H, Pérez P, et al. Explainability of deep vision-based autonomous driving systems: Review and challenges [J]. International Journal of Computer Vision. 2022, 130(10): 2425-2452.

[58] Anderson S J, Karumanchi S B, Iagnemma K, et al. The intelligent copilot: A constraint-based approach to shared-adaptive control of ground vehicles [J]. IEEE Intelligent Transportation Systems Magazine. 2013, 5(2): 45-54.

[59] Fridman L. Human-centered autonomous vehicle systems: Principles of effective shared autonomy [EB/OL]. (2018-10-03) [2023-05-13]. https://arxiv.org/abs/1810.01835.

[60] Gopinath D, Jain S, Argall B D. Human-in-the-loop optimization of shared autonomy in assistive robotics [J]. IEEE Robotics and Automation Letters. 2016, 2(1): 247-254.

[61] Coppola R, Morisio M. Connected car: Technologies, issues, future trends [J]. ACM Computing Surveys (CSUR). 2016, 49(3): 1-36.

[62] Bécsi T, Aradi S, Gáspár P. Security issues and vulnerabilities in connected car systems [C]// 2015 International Conference on Models and Technologies for Intelligent Transportation Systems (MT-ITS), Budapest, Hungary, 2015: 477-482.

[63]   Narayanan S, Chaniotakis E, Antoniou C. Shared autonomous vehicle services: A comprehensive review [J]. Transportation Research Part C: Emerging Technologies. 2020, 111: 255-293.

[64]   Dellermann D, Ebel P, Söllner M, et al. Hybrid intelligence [J]. Business & Information Systems Engineering, 2019, 61(5): 637-643.

[65]   Kamar E. Directions in hybrid intelligence: Complementing AI systems with human intelligence [C]// Proceedings of the 25th International Joint Conference on Artificial Intelligence (IJCAI), New York, NY, USA, 2016: 4070-4073.

[66]   Akata Z, Balliet D, Rijke M D, et al. A research agenda for hybrid intelligence: Augmenting human intellect with collaborative, adaptive, responsible, and explainable artificial intelligence [J]. Computer, 2020, 53(8): 18-28.

[67]   Sagi O, Rokach L. Ensemble learning: A survey [J]. Wiley Interdisciplinary Reviews: Data Mining and Knowledge Discovery, 2018, 8(4): e1249.

[68]   LeCun Y, Bengio Y, Hinton G. Deep learning [J]. Nature, 2015, 521(7553): 436-444.

[69]   Kaelbling L P, Littman M L, Moore A W. Reinforcement learning: A survey [J]. Journal of Artificial Intelligence Research, 1996, 4: 237-285.

[70]   Sutton R S, Barto A G. Reinforcement Learning: An Introduction [M]. Cambridge, MA, USA: Massachusetts Institute of Technology Press, 2018.

[71]   Wiering M A, Van Otterlo M. Reinforcement learning [J]. Adaptation, Learning, and Optimization, 2012, 12(3): 729.

第6章

智能自主无人系统

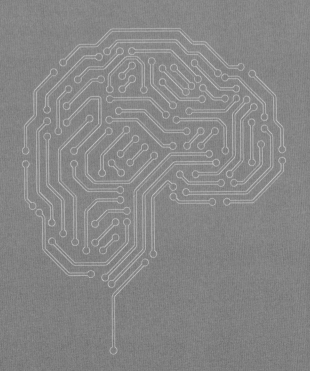

6.1 内涵与发展

智能自主无人系统是指能在动态、开放的环境中呈现出兼容、健壮和灵巧行为的复杂系统，主要以自主智能、协同智能两大类智能形态存在。自主智能是指能独立自主地完成任务的无人系统，具有感知、认知、学习、推理、决策和执行能力，能敏捷、灵巧地应对事先未知的环境情况变化。协同智能是指在自主智能基础上，通过引入人的作用或认知模型形成的混合增强智能系统，或者通过多机信息交互协同，实现大范围复杂场景下全域感知与认知、人机/多机协同的博弈决策与优化控制，形成更高智能水平的复杂系统。毋庸置疑，智能自主无人系统将成为人类改造客观世界的智能延伸器和倍增器，会对人类社会的各方面产生深刻影响。以智能网联汽车为例，在新一轮科技革命和产业变革的影响下，信息技术与制造技术深度融合，汽车正在由传统的机械产品快速演变为机电一体化、自主智能化的高科技产品，呈现出了与电子、信息、交通等相关产业紧密耦合、协同发展的趋势。

智能自主无人系统在真实环境中完成复杂任务的能力正在迅速提升，前沿研究正逐渐聚焦于"理解与借鉴人脑机制，生物物理双重驱动，发展通用人工智能"。智能自主无人系统的核心思想是在脑认知、生物有机体自适应于环境的复杂行为和功能等的启发下，通过高度集成机械工程、控制科学与工程、计算机科学、生物学、化学和材料科学等领域的研究成果，构造出从神经形态到本体结构的高度仿生、复杂精巧的智能自主无人系统。对智能自主无人系统的探索主要分布在以下三个方向。

①类脑或超人的智能自主无人系统。借鉴大脑记忆、自主学习与预测机制，结合机器系统的物理特性（材料特性、机械结构、传感器），研究跨模态数据、多时空异步模式、多异构机器的深度融合感知、知识表达、在线学习等难点问题。探索自主概念生成、技能学习、利用与发现方法，使得人工智能系统具有"学会学习（learning to learn）"的能力和求解问题的泛化能力，研制在开放、动态真实世界中完成复杂任务的智能自主无人系统。

②人机协同增强智能系统。设计自然高效的人机交互通道，将人的作用或认知能力引入机器智能中，形成人机协同的混合增强智能。研究人机协作与冲突并存机制、自主学习与协同进化等基础性问题，实现认知计算（融合感知模型与知识图谱的推理和决策机理）、新机器学习方法（小样本学习、知识迁移学习、持续学习等）、新型计算架构（神经形态计算、类脑碳–硅基混合计算等）等原始理论创新。解决人类行为和机器感知决策的交互与协同等难点问题，掌握开放环境下的全域情境理解、预测与控制技术，人机协同的云理解、决策与调度的一体化支撑技术。

③群体智能涌现的集群智能系统。群体智能是指一定数量的智能体之间通过局部感知和相对简单的交互方式，在完成个体不易完成的任务过程中所涌现出的复杂、强大的集群宏观行为。群体智能的涌现依赖于群体智能基础层、链路层、信息层、决策层以及制导控制层的支撑和保障，需掌握群体智能涌现机理、动态自组织网络、协同感知定位、协同决策规划、协同制导控制、试验验证与综合效能评估等关键技术。

智能自主无人系统的应用发展呈现出需求和技术推动的双牵引模式。当下，世界主要国家的顶层规划布局加速了智能自主无人系统装备研制进程。各国通过总体规划、鼓励前沿技术探索、组织关键技术攻关、新装备研制与升级改造、演示验证等手段，全面推动了智能自主无人系统快速发展。例如，美国近些年每年都在更新智能自主无人系统路线图，同时各军兵种也在基于自身需求推出相应的战略规划；俄罗斯从国家层面指导智能自主无人系统发展，并在叙利亚战场进行实战演练；欧洲国家通过国际合作加强智能自主无人系统建设；日本国防计划重点研发智能自主无人系统并通过军贸采购增强无人预警和监控能力，等等。

智能自主无人系统产业正在迅猛发展。智能自主无人系统对节能环保、新一代信息技术、生物医药、高端装备制造、新能源、新材料和新能源汽车等七大战略性新兴产业具有明显的拉动作用，这些产业现已成为主要应用发展方向或新兴增长点。美国智库麦肯锡曾在 2018 年预测，智能自主无人系统"可在未来十年为全球生产总值增长贡献 1.2 个百分点，为全球经济活动增加 13 万亿美元产值"。智能自主无人系统包括无人车、无人机、服务机器人、轨道交通自动驾驶、空间机器人、海域机器人、无人船、无人车间/智能工厂以及自主无人操作系统等，在国计民生和国防建设等领域发挥着巨大作用。

无人车、无人机、空间机器人是最典型的智能自主无人系统，已经在国内外逐步应用于不同领域。2020 年 2 月，美国国家公路交通安全管理局（NHTSA）首次豁免无人车的安全要求，批准自动驾驶汽车企业 Nuro 部署低速无人电动送货车。2020 年 10 月，Waymo 宣布将在凤凰城 50 平方英里（1 平方英里 ≈ 2.59 平方千米）内向公众开放完全无人驾驶（车上无安全员）出租车业务。2020 年 2 月，国家发展改革委正式发布《智能汽车创新发展战略》：到 2025 年，实现高度自动驾驶技术在特定环境下的应用。未来几年，无人机在国内将保持每年 50% 以上的增长速度。目前，国外最先进和著名的军用无人机代表有全球鹰、捕食者、X47-B 舰载无人机、火力侦察兵等。我国也推出了翼龙系列和彩虹系列等军用无人机。受益于自动驾驶技术的发展，国内外智能服务机器人热门产品不断涌现。例如，亚马逊的 KIVA 仓储移动机器人已经是自动化仓储领域的明星产品；做月球车起家的 IRobot 公司则在扫地机器人这一单品上成为全球第一；波士顿动力公司打造了四足移动 SpotMini 机器人版的安卓开源开放平台，并实现了大规模销售。我国将反恐排爆机器人及车辆底盘检查机器人成功应用于 2008 年北京奥运会以及 2010 年广州亚运会。目前，工业强国之间的高技术竞争态势日趋增强，智能自主无人系统的发展正呈现典型的本地化属性。例如，需要兼容所属国的基础设施标准，包括道路基础设施、地图数据、V2X通信、交通法规等；符合所属国的联网运营标准，包括准入标准、运营监管、信息安全等；符合所属国的产品设计标准，包括智能终端、硬件平台、软件协议等。

总体来讲，自《新一代人工智能发展规划》实施以来，我国在智能自主无人系统领域取得了显著进步，个别研究方向或行业应用在国际上处于先进水平，但整体上与国外还存在明显差距，产业链和技术链也存在明显短板。主要可以归纳为以下三个方面的问题。

①智能自主无人系统基础理论和关键核心技术与美国有明显差距。在原创性理论和引领性、颠覆性核心技术方面的突破相对匮乏。

②从基础软硬件、高精尖传感器、智能计算芯片架构等关键核心技术到产业应用的全链条开放创新内循环尚未形成，缺"芯"少"魂"的局面仍未发生根本性改变。关键硬件和核心软件等产业布局尚不完善，在智能自主无人系统其他相关领域，如材料、能源动力、安全网络等领域尚为空白。

③亟须建设保障产业健康发展的自主可控标准体系。国际上的智能自主无人系统标准还在制定初期，硬件设备和伦理安全标准多，与智能算法结合得相对较少。我国总体在本领域处于并跑阶段，尽管已经有比较完整的布局，仍需要与产业深度结合。

因此，快速提升我国智能自主无人系统领域的基础理论和关键技术水平，推进智能自主无人系统产业化，将是发展我国新一代人工智能技术的重大任务和挑战。

6.2　智能自主无人系统感知技术

感知技术是智能自主无人系统的核心技术之一，也是目前新一代人工智能的重要发展方向之一，其主要特点是智能体直接经由传感器与环境和人类交互，如同人类能够在不同的环境采取恰当的行动，自动驾驶和智能家居等都是感知智能技术的应用[1]。感知技术的关键是使智能体能够充分认知周围的环境，尤其是人类的行为，这是感知技术需要解决的问题之一。

随着新一代人工智能的发展，感知技术已进入智能感知时代。

智能感知是指智能自主无人系统具备视觉、听觉、嗅觉、触觉等感官，能够模仿人类通过对环境的感知来认识和建模客观物理世界。智能感知系统可以借助摄像机、麦克风、气体分析仪、超声波传感器、激光雷达、矩阵式压力传感器等多种传感器来实现感知。智能感知技术是指采用语音识别、图像分类等智能化方法将传感器得到的声、光、电等信号进行辨识抽象，为智能体提供所处环境的信息的技术。感知按照处理的层次可以分为两层：一层为初级感知，即收集传感器信息并对其进行原始处理；另一层为高级感知，即在更加宏观的角度从这些信息中提取意义，并在概念层面上整理成连贯、有意义的关于环境的经验。由低级感知过渡到高级感知的标志是抽象的概念开始扮演重要角色。初级感知的目的是得到准确可靠的测量值；相较于低级感知，高级感知的一大重要特性就是灵活性，比如一组给定的数据可能会在不同的上下文环境、目标和智能体状态等因素的影响下产生很多不同结果。智能感知的最终结果是从原始数据整理得到的连续结构化的环境表征，这将成为智能算法规划决策的数据基础[2]。

应用智能感知技术，人类可以更加方便地与智能体交互，智能设备可以主动适应环境甚至主动从环境中学习，具有更强的鲁棒性。在智能感知技术的支持下，智能体可以在缺少人工指引的情况下完成任务，比如在遥远的太空，地面指令会受到天地时延的影响，人工指引操作难度巨大，而空间机器人可以依靠智能感知技术自我控制达成目标[3]。目前，国际空间站依靠单纯的视觉感知就已经实现了自动化燃料加注等一系列机械重复任务，大大减小了宇航员的出舱工作压力。再比如自动驾驶汽车技术，车载计算机的驾驶决策全部建立在计算机有效处理快速变化的环境信息的基础上。对于自动驾驶汽车来说，其需要处理的信息包括车辆搭载的传感器获得的信息和接收的诸如全球定位系统（global positioning system，GPS）信号等信息（图6.1）。只有获得信息的手段高效、处理信息的能力可靠，才能保证自动驾驶技术真正实现人们的期待，而这正是智能感知技术需要解决的问题。智能感知技术，除了在上述提到的应用场景中发挥着关键性的作用以外，还是当下蓬勃发展的一系列自动化、智能化技术的前置技术，是完善人机交互体验，增强多机协同配合等一系列当前智能自主无人系统重点发展方向的关键和基础。

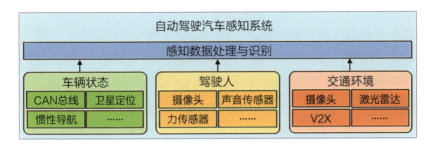

图 6.1　自动驾驶汽车感知系统

视觉、听觉和触觉等是动物认知环境的重要途径，动物通过这三者可以接收到周围环境的大部分信息。智能感知技术相应地发展出了视觉感知、听觉感知以及触觉感知等，这些技术或者单独应用于人脸识别、语音助手和机械臂操作等领域，或者在数据融合技术的支持下组成更加全面、可靠的感知体系，从而为智能体完成更加复杂的工作提供支持，如服务机器人和智能家居等。

6.2.1　视觉感知

视觉是人和动物最重要的感觉，对于人和动物来说，80%以上的环境信息是依靠视觉传递的，并且视觉信息具有观测距离较远、测量过程不发生接触等优点，因而视觉感知的研究受到了极大的重视。视觉感知的目的是理解数字图像的内容，其方法大多是对人类视觉进行计算机建模仿真[4]。随着视觉传感器硬件水平的发展和各种新型的视觉传感器被研发出来并投入生产生活，视觉传感器的种类极大地丰富起来，包括输出色彩信息的传统RGB相机、输出空间距离的深度相机、输出目标温度信息的热敏相机等。RGB相机与深度相机中的双目视觉相机均是被动地依靠可见光进行辨识，深度相机中的结构光相机和TOF（time of flight，飞行时间）相机是主动式相机，可主动发出并接收特定光波，实现测量。作为处理数字图像的视觉感知技术，视觉感知技术正在不断地发展出与数字图像格式相适应的分支处理技术。

视觉感知系统的典型组成包含以下五部分：①图像获取，应用一台或者多台图像传感器（如光敏传感器、超声波雷达等）得到二维、三维等不同种类的数字图像；②图像预处理，为了增强图像数据质量而进行光滑去噪、坐标调整等处理；③特征提取，根据图像的边缘和纹理等信息提取出对应特征；④检测分割，选取、分割出图像重要部分；⑤高级处理，对图像进行分类识别、姿态计算等操作。

当带有 TOF 相机的空间机器人靠近目标物体时，两者往往存在着相对运动，或可以调整空间机器人围绕目标物体运动。在运动过程中，可以先对目标物体进行三维重建得到模型，以便目标检测。由于目标物体的自身运动参数未知，故无法直接获得 TOF 相机相对于目标物体的位姿。为此，可以采用运动求取结构（structure from motion，SfM）的方式进行重建。由于这是一个位姿未知的 SfM 问题，故需要先判定 TOF 相机的拍摄角度。由于 RGB-D 相机提供了 RGB 图像，深度图也可以转化为点云形式，故可以采用两种方式：基于迭代最近点（iterative closest point，ICP）算法的点云配准或基于视觉特征的位姿估计获得 TOF 相机相对于目标物体的运动轨迹。在目标物体几何结构清晰、视觉特征复杂的情况下，ICP 算法的配准精度较高；在目标物体几何特征复杂、视觉特征清晰的情况下，可以考虑基于视觉的位姿估计。具体采用何种 ICP 算法及何种视觉位姿估计，应结合具体情况设计。在获得了一段时间内的位姿轨迹后，可以进行稠密重建，即已知相机位姿的三维重建，也可以采用 KinectFusion 等算法进行重建。重建完成后，便得到了目标物体的三维结构。在获得三维重建结果后，对于任意时刻 TOF 相机拍摄到的 RGB-D 图，可以利用重定位（relocalization）算法判断 TOF 相机相对于目标物体的位姿，从而大致确定视野范围内目标的属性。在三维重建时，TOF 相机视野内不仅可能存在目标物体，还可能存在智能自主无人系统自身的部件（如机械臂）以及其他干扰因素等，该过程可以通过分割等方法去除干扰，从而恢复目标物体的结构。

智能化图像处理是人工智能发展过程中十分重要的成果。在采用了深度神经网络和卷积神经网络等方法后，智能化图像处理对指定图片数据库的辨识成功率超过了99%，突破了传统方法的极限，摆脱了人工提取图像特征的繁杂工作，加快了处理速度，为各种依靠视觉感知的工程应用奠定了基础。

对象识别是视觉感知最为重要的任务之一，包括多分类辨识、边缘检测及姿态检测等，被广泛应用于安全监视和自动驾驶等领域[5]。在对象识别过程中，首先输入的图片由骨干网络进行特征提取，然后将特征传递给检测器。绝大部分的骨干网络是将分类网络去掉最后的全连接层得到的。目前，较为深层的骨干网络有ResNet[6]和ResNeXt[7]，较为浅层的骨干网络有MobileNet[8]和ShuffleNet[9]。现有的对象辨识技术可以分为两阶段检测器和单阶段检测器两类。其中，两阶段检测器将检测过程分为区域选择和分类两步，可以获得较高的定位精度和辨识精度，其中具有代表性的算法有R-CNN[10]、Fast R-CNN[11]和Mask R-CNN[6]等；单阶段检测器基于回归方法，不需要进行区域选择步骤，可以实现在线快速检测，其中具有代表性的算法有YOLO[12]、SSD[13]、DSSD[14]、RetinaNet[15]和M2Det[16]等。

作为人类高新科技发展的前沿，国际空间站很早就将视觉感知技术应用到了实践中。在空间站领域，长时间在轨作业对于航天员来说是一个巨大挑战，航天员一般每次出舱活动不超过8个小时，他们面临视场范围受限、劳动强度大等问题，且伴随着较大的舱外活动风险。因此，采用空间机械臂或机器人操作替代宇航员人工操作为主要发展方向。2012年，美国基于国际空间站的灵巧操作双机械臂系统（SPDM），通过机械臂在轨操作（旋拧T形阀、安装阀门端盖等），实现了推进剂加注演示验证，末端位置与姿态控制精度优于2毫米和0.5度；2012年，美国发射的机器人宇航员系统（Robonaut 2），在国际空间站舱内替代宇航员完成了模块搬运、拨动开关、推拉仪器柜等任务，验证了机器人的灵巧操作能力；2016年，我国在"天宫二号"空间实验室初步尝试了机械臂抓握浮动物体等演示实验，为后续空间机器人在轨应用奠定了基础。这些空间站所采用的技术都是在视觉感知的基础上发展而来的。视觉感知技术为上述应用中的机械臂等操作机构提供了诸如目标位置等操作所需的关键信息，其精度与稳定性往往是更高阶算法与技术得以实现的基础。

车辆自动驾驶技术中的一个重要分支为视觉导航，它是典型的视觉感知技术应用。视觉导航硬件成本较低，能获取的内容丰富，相比雷达等主动传感器，受到的干扰少（如激光雷达易将积雪误判为障碍，而视觉传感器则没有此问题），因此视觉导航的应用更加广泛[17]。

智能视觉导航系统的算法结构包括：①视频图像中的噪声过滤算法；②视频分割算法；③图像局部特征寻找算法；④构造和过滤算法（鲁棒性方法）；⑤地标坐标确定算法；⑥确定当前坐标的算法[18]。视觉导航系统应当满足以下要求：①能发现图像中的易分辨点，如边缘等特征；②点的高效建图（特征匹配），搜索、转换并匹配发现的特征点；③在不同类型的纹理上进行地标的搜索和比较；④原始图像可能会经历几何变换（如旋转、缩放、仿射几何并更改算法的亮度等），因此视觉导航系统对于图像的变化必须具有旋转、位移和放缩等不变性。为了满足以上要求，一个典型的视觉导航框架应如图 6.2 所示[18-19]。

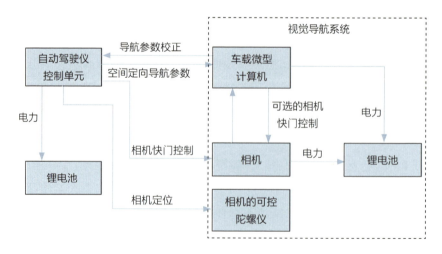

图 6.2　典型的视觉导航框架

6.2.2 听觉感知

听觉感知是使智能体有效接收、识别和理解声音信号的技术。语言作为人与人之间最直接的交流方式，有着丰富的语义；声音具有良好的衍射特性，可以在障碍物间有效传播，且传播距离较远。这些特性使声音既是人机交互理想的方式，又是智能体认知环境的重要方式。

语音识别是让机器"理解"语言的技术，最早进行的尝试是由美国贝尔实验室建立在模拟电子元器件上的孤立词识别系统，该系统可以识别特定人员说出的 10 个英文数字[20]。隐马尔可夫模型[21]（hidden Markov model，HMM）和高斯混合模型（Gaussian mixed model，GMM）组成 GMM–HMM 模型[22]，该模型使用 HMM 来处理语音，使用 GMM 来确定 HMM 的状态与声学输入帧或短帧窗口的匹配程度，取得了很好的效果。21 世纪以来，应用深度神经网络的 CD–DNN–HMM 模型，解决了 GMM–HMM 模型对于数据空间非线性流形的数据处理效率低下的问题，性能提升明显，智能听觉感知技术飞速发展[23]。

语音识别系统的系统框图（图 6.3）分为前端处理和后端处理两个部分。前端处理部分的目标是将语音信号进行增强、洁化等预处理后，提取有效的语音特征。后端处理部分包括声学模型、语言模型和解码器。声学模型主要计算对于给定的词序列，输入的语音观察序列的合成概率；语言模型预测词或者字符序列的生成概率；解码器利用前端处理得到的声学特征、声学模型和语言模型搜索最佳的识别结果。

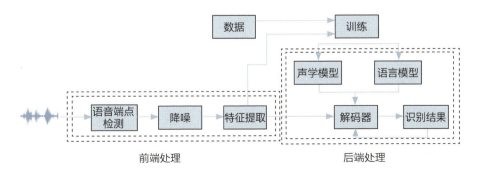

图 6.3 语音识别系统的系统框图

听觉感知除了能理解语义外，还能使智能体依靠声音来定位信号源。类似人类的双耳效应，声源定位主要采用的方式是多麦克风阵列，主要有三种定位策略：①基于声波到达时间差策略；②基于最大输出功率的可控波形束形成技术策略；③基于高分辨率谱估计策略[24]。听觉定位可以在暗光条件下进行，并不需要使目标保持在视场内，因而是视觉感知的有力补充。

目前，听觉感知技术应用十分广泛，种类繁多的语音助手扩展了人机交互的方式，方便了人们的操作；语音身份识别可以利用声音特性辨识身份；实时翻译机运算迅速、准确率高。实时翻译机所使用的机器口译技术发展迅速，在一些方面达到其至超过了人工翻译，其基本原理如图6.4所示。机器口译融合了语音识别和神经网络机器翻译等多种技术，通过分析、转换和生成三个步骤将输入语言翻译成目标语言，并经过语音合成，以声音的形式输出。

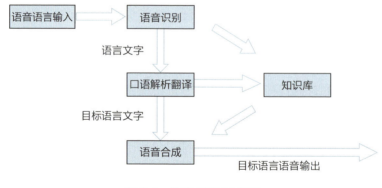

图6.4　机器口译基本原理

6.2.3　触觉感知

触觉是自然界多数生物从外界环境获取信息的重要形式之一。广义的触觉是指接触、压迫、滑动、温度和湿度等的综合，可用于判断所接触的外界环境的信息。触觉感知为智能体提供压力、质感和摩擦力等信息，既是实现柔性机械精细化操作的必要条件，也是增进人机交互机能的重要方法，在机械臂控制、人工义肢和疾病诊断等方面都有着极高的应用价值[25]。触觉感知可以根据任务目标种类分为"为行动感知"和"为感知行动"，也可以按照传感器部署的位置分为"内部触觉感知"和"外部触觉感知"，如图 6.5 所示[26]。

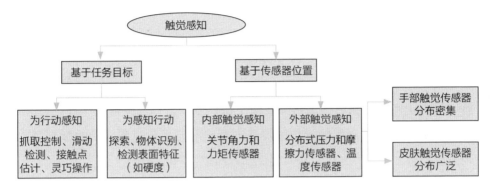

图 6.5　触觉感知类型

　　人类的触觉本质上是皮肤在物体表面滑动时会经历压缩变形、拉伸变形以及法向和切向应力变形，这会刺激机械感受器产生电信号，并通过神经元传递到大脑皮层形成触觉。绝大多数触觉传感器都是仿照这一过程进行设计的。触觉传感器的主流设计方案是在柔性的电子皮肤内部集成足够数量的能够测量多个维度上的力或力矩的传感器单元，这些传感器单元形成大面积的传感阵列，其能将触觉信息转化成电磁信号阵列，再通过分析阵列信息得到触觉特征，进而供智能体规划决策。其中，阵列信号是高维度的低层次触觉信息，处理这些信息使之准确、稳定属于低级感知范畴，而由阵列信息抽象得到高层次的触觉特征则属于高级感知范畴。

　　相较于视觉传感器和听觉传感器，触觉传感器需要更高的集成度和更良好的柔性，在保证传感器有较高的精度后，才能将其嵌入智能体和外界物体接触面准确获取触觉信息。力或力矩传感器应用了多种物理学原理，如电阻/压阻、隧道效应、电容、光学、超声波、磁性、压电等，种类繁多。为了得到满足触觉感知要求的测量结果，大量低级感知技术被应用到了力或力矩传感器的信号处理中。

触觉信息的获取以 Barrett Hand BH8-280 三指灵巧手为例。Barrett Hand BH8-280 三指灵巧手是一个多手指抓持器,具有非常高的灵活性,可以抓取不同形状、大小及姿态的目标物体,人们可以对它进行编程。该抓持器有四个传感器模块,分别为手指1模块、手指2模块、手指3模块和手掌S模块。其中,手指1模块和手指2模块可以同步、对称地围绕底盘自由旋转;手掌S模块和三个手指传感器模块都是由24个触觉传感器阵列组成。在机器人抓取目标物体的过程中,当机械臂到达指定位姿时,安装在机械臂末端的灵巧手会执行抓取操作。由于待抓取的目标物体形状、材质等区别较大,灵巧手可利用触觉传感器阵列准确获得抓取过程中的触觉信息,自适应调整"握力"大小,从而确保稳定抓取不同的物体。

抓取过程的触觉在时间序列总体上呈现出三个变化阶段:①未接触阶段,触觉信息由于噪声和干扰出现比较小的波动值的输出;②逐渐接触阶段,随着接触力的不断增大,触觉传感器和物体间的接触面积不断增大,表现为触觉反馈的输出值不断增大;③稳定接触阶段,接触力到达最大值后,传感器和物体间的接触面积不再增大,表现为触觉反馈稳定输出。

在未接触阶段,触觉传感器阵列输出信号基本上为机械臂末端的灵巧手运动到目标物体附近之前由机械臂和灵巧手震动产生的无规律噪声信号。逐渐接触阶段为灵巧手对目标物体进行抓取的阶段,随着灵巧手指关节间压力的不断增大,指尖和手掌传感器与目标物体的接触面积不断增大,而且由于指尖触觉传感器接触点的增多,传感器阵列中具有有效读数的单元也会逐渐增多,因此触觉信息的反馈值读数不稳定,会出现一个比较明显的增大过程。在稳定接触阶段,由于灵巧手施加的力矩值已经达到输出最大值,传感器24阵列采集到的数值维持在一个有一定小扰动的稳定值上,不会再有比较大变化,小扰动仅由外界随机干扰造成。在接触过程中,由接触面的大小和接触点的数目决定,如果刚性物体的接触面的面积小于非刚性物体接触面的面积,则刚性物体的接触点数量也将明显少于非刚性物体的接触点。

力或力矩传感器十分精密，测量依据的电阻、压电和形变等物理现象易受到温度等环境的影响，因而在软硬件上增强传感器的鲁棒性是十分有必要的。一个典型的例子是印度科学家使用人工神经网络对压阻式传感器进行温度补偿，实现了很小的误差[27]。另一个例子是六维力传感器可以同时测量空间坐标系内三个维度的力或力矩，为软硬件提供了丰富的信息，在触觉感知中应用广泛。然而，六维力传感器依靠改进结构或者提高工艺水平等方法无法消除其各个桥路间的干扰，必须依靠后期的软件处理解决。应用人工神经网络进行六维力传感器解耦取得了良好的效果[28]。这两个例子都是智能感知技术的典型应用。

国内有关触觉传感器的研究也在不断发展，目前已经有了相当成熟的产品，如一种可同时感知作用力、温度、微振动等物理属性的仿人手指触觉传感器。该种手指触觉传感器具备温度、压力、微振动、电极阵列等方面的感知性能，可以识别物体导热性能、软硬度、表面特征以及尺寸特征，能够准确地感知、识别多模态触觉特征，进而为智能自主无人系统全面感知环境提供可靠触觉信息。

触觉感知的一大应用场景是医疗护理机器人辅助行动不便人员完成活动。触觉感知帮助智能体在力学层面认知环境，使机器人实现不伤害操作对象的柔性操作。实践证明，只有具有触觉感知的机器人才能安全地作为义肢等辅助设备，直接操作于人类。

RIBA是比较知名的护理机器人，它可以使用双手机械臂抱起患者进行转移。实现这一功能的关键在于该护理机器人采用了通过安装在手臂上的触觉传感器进行触觉感知，调整并抬起患者的方法[29]。该护理机器人的触觉传感器是具有8×8个嵌入弹性材料中的半导体压力传感器的柔性触觉板。这种类型的触觉传感器被安装到了上臂和前臂上，能进行触觉感知并调整动作，护理机器人的基本原理如图6.6所示。

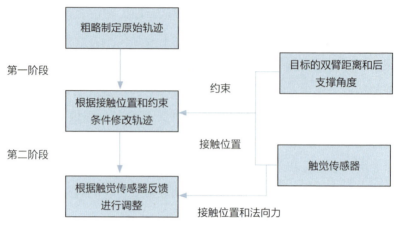

图 6.6　护理机器人基本原理

6.2.4　多传感器融合感知

虽然单一传感器的感知技术有了很大的发展，但受限于各个传感器的固有属性，其应用还存在着很多限制。综合多种感官信息共同完成智能感知任务已成为研究者的共识，这也是多传感器融合技术的发展初衷。多传感器融合技术是各种单一传感器技术感知发展的必然结果和关键性总结，代表了未来相当长一段时间内智能感知技术的发展方向。

在实际的在轨操作过程中，相机往往难以获得全面、完善的环境信息，尤其是在操作空间狭小的情况下，目标结构和自身机械臂都会对全局相机的视野造成遮挡。鉴于此，手眼相机开始被广泛应用，以提高设备对于环境的感知能力，但是在空间复杂的环境下，手眼相机的应用仍有很大困难。被动式相机（包括RGB图像相机和双目视觉相机）在复杂的光照环境下辨识目标时会出现高亮反光、暗部阴影及轮廓模糊等现象，这就使得目标图像的类内差异大于类间差异，进而严重影响目标识别的成功率。为解决这一问题，许多光照补偿算法被纷纷提出，但是应用受限且效果有限。

主动式深度相机（结构光相机和TOF相机）的结构较为复杂，包括光源和接收器两部分，体积较大，在狭小的空间内不便于安装在机械臂末端。因为结构光相机主要依靠其发出的编码光源的反射进行空间匹配，所以它受目标物体的反光性质影响，几乎完全吸收光波的黑色物体、表面光滑反射镜面反射的物体以及透明的物体均会使深度信息丢失；TOF相机则存在边缘精度较低的问题。

力觉传感器和触觉传感器在与目标物体接触时进行测量，没有最短测量距离限制，可以应用在狭小空间。力、触觉传感器安装在机械臂末端，其坐标可以通过空间矩阵计算机械臂各个自由度的角度信息得到，触觉传感器可以感知到是否与目标发生了接触，并且可以判断接触点的位置。力觉传感器的柔性控制策略可保证触觉传感器与目标接触面在保持一定压力的前提下充分环绕目标物体外表面并完成测量。触觉传感器与目标物体的接触位置按照空间点云的数据类型进行存储，并与全局相机的点云信息融合起来，得到完善的目标物体三维特征。因此，采用力觉传感器和触觉传感器作为视觉传感器的补充是可行且必要的。

力觉传感器和触觉传感器是视觉传感器的补充，可进行辅助边缘检测和辅助纹理检测。

在强烈光照环境下，视觉传感器中物体的边缘信息会被模糊化，视觉检测算法会因为无法准确寻找物体的边缘信息而错误剪切图像，进而无法完成目标识别。力觉传感器和触觉传感器可以在机械臂的辅助下，对目标物体区域进行探索，确定物体的边缘轮廓，辅助视觉传感器完成边缘检测，这对视觉目标辨识和视觉定位都有着重要意义。

在复杂光照环境下，视觉传感器中物体的纹理信息会被高亮反光和暗部阴影等干扰。力觉传感器和触觉传感器不受光照影响，可以借由机械臂主动探索疑似高亮反光和暗部阴影的区域。触觉传感器得到的触觉信息可用来判断相邻区域的材质是否相同。若材质相同，则可认为局部视觉纹理变化是受到了光照影响，可采用正常光照下的纹理进行填充补偿，这就完成了力、触觉传感器辅助纹理检测。

Cui等[30]提出了基于自注意力机制的视触觉融合框架，提升了目标识别的鲁棒性。Lee等[31]对RGB二维图像数据、三维深度数据、六维力传感器数据及机械臂末端姿态数据进行多模态特征提取，融合训练得到了理想的深度神经网络模型，解决了生产工序中频繁接触操作的控制问题。Bekiroglu 等[32]提出了一种通过融合视觉和触觉信息重构对称三维图像的方法，所得模型相较于单独使用视觉或触觉信息更接近于真实的物体形态。Gao 等[33]提出了一种视觉与触觉融合的预测模型，同时使用视觉和物理交互信号进行更准确的触觉分类。Abderrahmane 等[34]研究了一种零样本（zero-shot）的视触觉融合辨别未知物体的人工智能算法，它能够以 72% 的精度辨别从未接触的六个物体，表现出了视触觉数据融合在识别未知物体方面的巨大潜力。

针对多源信息融合处理，清华大学张涛团队[35]提出了基于多重注意机制的多模态数据处理框架，用来捕捉模态间和模态内的依赖关系，使视觉和文本信息保持一致，并加快了模型的训练速度；多源信息相对单一传感器信息难以获取的特点决定了其数据样本相对较少。该团队还针对小样本问题，基于迁移学习提出了元度量学习模型，设计了多源数据选择机制，提升了小样本学习模型的适应性[36]。

6.3 结　语

本章阐述了智能自主无人系统及其研究领域，重点介绍了智能感知技术，包括智能感知的概念与意义，从视觉感知、听觉感知和触觉感知三个重要智能感知分支的概念、技术和应用等方面展开论述。

智能感知技术是智能体认知环境的接口，是实现感知智能的基础。智能体处理外部环境信息时，由于数据量巨大、数据处理效率低下，仅依靠人工数据标注等手段是行不通的；因此，必须建立起直接从表现环境的传感器信息抽象提取出有效环境特征的智能感知体系，智能体才能准确、实时地认知环境并做出适当决策。

智能感知不仅仅是依靠单独某种感知实现的，多种感知方式通过多源信息融合技术有效结合会得到比单独某种感知方式更加准确的结果[37]。从更加宏观的角度来看，一座建筑、一座城市乃至全球范围内的传感器信息，如果可以通过智能感知技术得到充分的利用，将会产生超出想象的效益。

总之，智能感知技术不仅是智能体认识世界的手段，更是人类借助人工智能技术改造世界的有力工具。

执笔人：张　涛（清华大学）

尹　杰（清华大学）

参考文献

[1]　Pentland A. Perceptual user interfaces: Perceptual intelligence [J]. Communications of the ACM, 2000, 43(3): 35-44.

[2]　Chalmers D J, French R M, Hofstadter D R. High-level perception, representation, and analogy: A critique of artificial intelligence methodology [J]. Journal of Experimental & Theoretical Artificial Intelligence, 1992, 4(3): 185-211.

[3]　Qureshi F, Terzopoulos D. Intelligent perception and control for space robotics: Autonomous satellite rendezvous and docking [J]. Machine Vision and Applications, 2008, 19: 141-161.

[4]　Huang T S. Computer vision: Evolution and promise [C]// 19th CERN School of Computing, Geneva, Switzerland, 1996: 21-25.

[5]　Jiao L, Zhang F, Liu F, et al. A survey of deep learning-based object detection [J]. IEEE Access, 2019, 7: 128837-128868.

[6]　He K, Gkioxari G, Dollár P, et al. Mask R-CNN [C]// Proceedings of the 2017 IEEE International Conference on Computer Vision, Venice, Italy, 2017: 2961-2969.

[7]　Xie S, Girshick R, Dollár P, et al. Aggregated residual transformations for deep neural networks [C]// Proceedings of the IEEE Conference on Computer Vision and Pattern Recognition, Honolulu, HI, USA, 2017: 1492-1500.

[8]　Howard A G, Zhu M, Chen B, et al. MobileNets: Efficient convolutional neural networks for mobile vision applications [EB/OL]. (2017-03-17) [2023-08-05]. https://arxiv.org/abs/1704.04861.

[9]　Zhang X, Zhou X, Lin M, et al. ShuffleNet: An extremely efficient convolutional neural network for mobile devices [C]// Proceedings of the IEEE Conference on Computer Vision and Pattern Recognition, Salt Lake County, UT, USA, 2018: 6848-6856.

[10]　Girshick R, Donahue J, Darrell T, et al. Rich feature hierarchies for accurate object

detection and semantic segmentation [C]// Proceedings of the IEEE Conference on Computer Vision and Pattern Recognition, Columbus, OH, USA, 2014: 580-587.

[11] Girshick R. Fast R-CNN [C]// Proceedings of the IEEE International Conference on Computer Vision, Santiago, Chile, 2015: 1440-1448.

[12] Redmon J, Divvala S, Girshick R, et al. You only look once: Unified, real-time object detection [C]// Proceedings of the IEEE Conference on Computer Vision and Pattern Recognition, Las Vegas, NV, USA, 2016: 779-788.

[13] Liu W, Anguelov D, Erhan D, et al. SSD: Single shot multibox detector [C]// Computer Vision–ECCV 2016: 14th European Conference, Amsterdam, Netherlands, 2016: 21-37.

[14] Fu C Y, Liu W, Ranga A, et al. DSSD: Deconvolutional single shot detector [EB/OL]. (2017-01-23) [2023-07-04]. https://arxiv.org/abs/1701.06659.

[15] Lin T Y, Goyal P, Girshick R, et al. Focal loss for dense object detection [C]// Proceedings of the 2017 IEEE International Conference on Computer Vision, Venice, Italy, 2017: 2980-2988.

[16] Zhao Q, Sheng T, Wang Y, et al. M2Det: A single-shot object detector based on multi-level feature pyramid network [C]// Proceedings of the AAAI Conference on Artificial Intelligence, Montréal, Canada, 2019: 9259-9266.

[17] van Brummelen J, O'Brien M, Gruyer D, et al. Autonomous vehicle perception: The technology of today and tomorrow [J]. Transportation Research Part C: Emerging Technologies, 2018, 89: 384-406.

[18] Sineglazov V, Ischenko V. Intelligent system for visual navigation [C]// 4th International Conference on Methods and Systems of Navigation and Motion Control (MSNMC), Kiev, Ukraine, 2016: 7-11.

[19] Zhu H, Yuen K V, Mihaylova L, et al. Overview of environment perception for intelligent vehicles [J]. IEEE Transactions on Intelligent Transportation Systems, 2017, 18(10): 2584-2601.

[20] Davis K H, Biddulph R, Balashek S. Automatic recognition of spoken digits [J]. The Journal of the Acoustical Society of America, 1952, 24(6): 637-642.

[21] Baker J. The DRAGON system: An overview [J]. IEEE Transactions on Acoustics, Speech, and Signal Processing, 1975, 23(1): 24-29.

[22] Lee K F. On large-vocabulary speaker-independent continuous speech recognition [J]. Speech Communication, 1988, 7(4): 375-379.

[23] Hinton G, Deng L, Yu D, et al. Deep neural networks for acoustic modeling in speech

recognition: The shared views of four research groups [J]. IEEE Signal Processing Magazine, 2012, 29(6): 82-97.

[24]　Valin J M, Michaud F, Rouat J. Robust localization and tracking of simultaneous moving sound sources using beamforming and particle filtering [J]. Robotics and Autonomous Systems, 2007, 55(3): 216-228.

[25]　Zhou X, Mo J L, Jin Z M. Overview of finger friction and tactile perception [J]. Biosurface and Biotribology, 2018, 4(4): 99-111.

[26]　Dahiya R S, Metta G, Valle M, et al. Tactile sensing: From humans to humanoids [J]. IEEE Transactions on Robotics, 2009, 26(1): 1-20.

[27]　Pramanik C, Islam T, Saha H. Temperature compensation of piezoresistive micro-machined porous silicon pressure sensor by ANN [J]. Microelectronics Reliability, 2006, 46(2-4): 343-351.

[28]　Patra J C, Panda G, Baliarsingh R. Artificial neural network-based nonlinearity estimation of pressure sensors [J]. IEEE Transactions on Instrumentation and Measurement, 1994, 43(6): 874-881.

[29]　Mukai T, Hirano S, Yoshida M, et al. Tactile-based motion adjustment for the nursing-care assistant robot RIBA [C]// 2011 IEEE International Conference on Robotics and Automation, Shanghai, China, 2011: 5435-5441.

[30]　Cui S, Wang R, Wei J, et al. Self-attention based visual-tactile fusion learning for predicting grasp outcomes [J]. IEEE Robotics and Automation Letters, 2020,5(4): 5827-5834.

[31]　Lee M A, Zhu Y, Zachares P, et al. Making sense of vision and touch: Learning multimodal representations for contact-rich tasks [J]. IEEE Transactions on Robotics, 2020, 36(3): 582-596.

[32]　Bekiroglu Y, Detry R, Kragic D. Learning tactile characterizations of object-and pose-specific grasps [C]// IEEE/RSJ International Conference on Intelligent Robots and Systems (IROS), San Francisco, CA, USA, 2011: 1554-1560.

[33]　Gao Y, Hendricks L A, Kuchenbecker K J, et al. Deep learning for tactile understanding from visual and haptic data [C]// IEEE International Conference on Robotics and Automation (ICRA), Stockholm, Sweden, 2016: 536-543.

[34]　Abderrahmane Z, Ganesh G, Crosnier A, et al. Visuo-tactile recognition of daily-life objects never seen or touched before [C]// 15th International Conference on Control, Automation, Robotics and Vision (ICARCV), Singapore, 2018: 1765-1770.

[35] Ma Q, Nie Y, Song J, et al. Multimodal data processing framework for smart city: A positional-attention based deep learning approach [J]. IEEE Access, 2020, 8: 215505-215515.

[36] Wang D, Cheng Y, Yu M, et al. A hybrid approach with optimization-based and metric-based meta-learner for few-shot learning [J]. Neurocomputing, 2019, 349: 202-211.

[37] Castanedo F. A review of data fusion techniques [J]. The Scientific World Journal, 2013, 1: 33-45.

第7章

人工智能应用

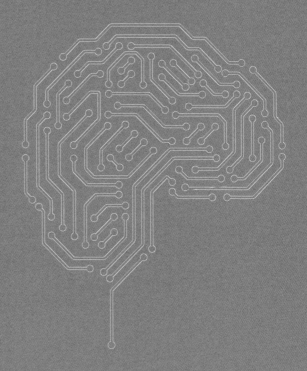

7.1　智能制造

　　智能制造理念、技术与系统的发展，迄今已有几十年的历程。在应用需求的牵引和有关技术，特别是在新一代信息技术/人工智能技术与先进制造技术和制造应用领域专业技术深度融合的推动下，智能制造一直以构建与运行智能制造系统的新理念、新模式、新技术、新业态为中心，不断发展和完善。

　　参照制造业使能技术的发展，智能制造系统的发展可分为三个阶段。①数字化智能制造系统。典型的系统有计算机集成制造系统[1-3]和现代集成制造系统[4-6]。它将数字技术与制造技术相融合，以信息集成为基础、企业优化为目标，实现了制造业企业的管理模式由生产制造型向经济效益型的转变，增强了企业产品设计能力，提高了生产制造效率，进而提升了市场响应能力。②数字化、网络化智能制造系统。典型的系统有工业4.0[7]、工业互联网[8-9]、云制造[10-15]等。它将制造技术与云计算、物联网、建模与仿真/数字孪生等新信息技术以及大数据智能和深度学习等已有智能技术相融合，较好地实现了企业内外制造全要素、价值链和产业链层面的制造资源、能力协同共享。③数字化、网络化、智能化制造系统。典型的系统有本章提出的高质量智能制造系统。它既是在新发展理念指引下和新一代人工智能技术引领下的智能、协同、开放、服务、互联的新一代智能制造系统[15-17]，也是还在发展中的新智能制造系统。

当前，我们正步入"智能+"时代与后疫情时代交织的新时代，正面临多边主义与单边霸凌主义长期竞争、博弈的新态势，正迈入全面建设社会主义现代化国家的新征程，故应贯彻"创新、协调、绿色、开放、共享"的新发展理念，构建以国内大循环为主体、国内国际双循环相互促进的新发展格局[18]。

制造业是国民经济的主体，是立国之本、兴国之器、强国之基。制造业发展的机遇与挑战并存，任重道远。本书认为，制造业的发展必须适应新时代、新态势、新征程，加速开启高质量智能制造系统新阶段；贯彻"创新、协调、绿色、开放、共享"的新发展理念；构建"技术、产业、应用、人才、政策及保障体系一体化创新"的新发展格局。

7.1.1 智能制造概述

（1）高质量智能制造系统的内涵

高质量智能制造系统是在"创新、协调、绿色、开放、共享"的新发展理念指引下和新一代人工智能技术[19]（包括数据驱动下的深度强化学习智能、基于网络的群体智能、人机和脑机交互的技术导向混合智能、跨媒体推理智能、自主智能无人系统等技术）的引领下，借助新时代各类新技术群的跨界融合，贯穿于产品设计、生产、服务等制造全生命周期，具有对制造全系统及全生命周期活动中人、机、物、环境、信息自主感知、分析、学习、决策、控制与执行等智能特征，全面实现工业领域中"人、虚拟空间与现实空间"虚实映射/交互/融合、以虚促实、以虚强实的工业三链（全要素链、全产业链、全价值链）智能、协同、开放、服务、互联的复杂数字工业经济系统。高质量智能制造系统的内涵可阐述为以下三个层面。①高质量智能制造系统是虚实共生、综合集成的高质量工业数字空间，是工业现实物理空间与虚拟平行空间的合集，是工业实体及生产过程的数字化映射和模拟，它催生了新型数字化应用环境。②高质量智能制造系统是虚实协同、全沉浸式的高质量工业智能互联网系统，是工业互联网中的新型数字化工业系统，可实现人与机器、机器与机器、机器实体与数字虚拟体的全面智能互连和互操作，使工业互联网中实体空间向虚拟空间延伸、时空一致向预测性时间和价值延伸。③高质量智能制造系统是数字经济与实体经济融合发展的高质量载体，它通过对工业过程和场景的虚拟空间全面部署，实现虚实映射、虚实交互、虚实融合、以虚促实、以虚强实，促进数/实融合的工业高质量发展。

高质量智能制造系统具备以下六个新特点（简称"六新"）[20]。①新技术：基于新型互联网，在新发展理念指引下，借助新时代的八类新技术（新网络技术、新信息通信技术、新智能科学技术、新能源技术、新材料技术、新生物技术、新绿色技术、新应用领域专业技术），以群跨界深度融合的数字化、网络化、云化、智能化技术为支撑，将工业领域中的"人、虚拟空间与现实空间"工业三链智能地连接、融合在一起，提供虚实融合的智能资源、智能产品与智能能力，随时随地按需服务的新技术。②新模式：虚实映射、虚实交互、虚实融合、以虚强实、以虚促实，去中心化的云边协同的智能协同互联新模式。③新业态：万物智联、智能引领、数/模驱动、共享服务、跨界融合、万众创新的新业态。④新特征：对制造全系统及全生命周期活动（产业链）中的人、机、物、环境、信息进行自主智能感知、互联、协同、学习、分析、认知、决策、控制与执行的新特征。⑤新内容：促使制造全系统及全生命周期活动中的六要素（人、技术/设备、管理、数/模、材料、资金）及六流（人流、技术流、管理流、数/模流、物流、资金流）集成优化形成新要素/流。⑥新目标：高效、优质、节省、绿色、柔性、安全地制造产品和服务用户，提高企业（或集团）市场竞争能力的新目标。

（2）国内外智能制造的发展现状与趋势

1）发展现状

智能制造日益成为全球制造业发展的重大趋势和核心内容，并被视为建立新国际竞争优势的必然选择。发达国家纷纷扩大对制造业的战略布局并增强规划，提升制造业在国民经济中的战略地位。例如，德国发布了"工业 4.0""国家工业战略 2030"，美国制定了"工业互联网""先进制造业国家战略计划""美国先进制造业领导力战略",日本发布了"机器人新战略""社会 5.0 战略""超智能社会"等规划。为应对全球产业竞争的重大变革,使我国制造业由大变强,我国在"'十四五'智能制造发展规划"[21]中明确提出:要紧扣智能特征,构建虚实融合、知识驱动、动态优化、安全高效的智能制造系统。新一代人工智能技术已经成为新一轮科技革命的核心技术。同时,在诸如工业元宇宙等新技术的融合发展与推动下,新一代人工智能技术正成为国民经济、国计民生、国家安全等领域探讨、思考与实践的热点,它的发展将深刻改变人类社会生活、改变世界。新一代人工智能技术与先进制造技术的深度融合意味着智能制造将步入一个崭新的发展阶段。当前,新一代人工智能技术还在飞速发展中,并持续向强人工智能、通用人工智能、超人工智能发展,其应用范围也将更加广泛,不仅将成为智能制造的核心技术,还将成为推动经济社会发展的巨大引擎。

智能制造已成为中国制造业高质量发展的内在需求。中国已成为具有重要影响力的制造大国之一,但总体来说,中国制造业大而不强,发展质量不高。要实现制造业的五个转型升级,必须依靠"创新、协调、绿色、开放、共享"的新发展理念,转变制造业发展方式。新智能科学技术、新信息通信技术、新网络技术以及新应用领域专业技术等四类新技术的深度融合,推动了制造业向"数字化、网络化、云化、智能化的智能制造系统"的新模式、新手段和新业态发生重大变革。

智能制造带动了新兴产业的加速发展,如工业机器人、工业物联网平台、人工智能芯片等产业为制造业的数字化转型和智能化升级提供了所需的智能软硬资源。2022 年,工信部在世界机器人大会上公布的数据显示,中国已连续 9 年稳居全球第一大工业机器人市场。协作机器人将迎来蓬勃发展的时期,来自德勤(Deloitte)的数据预计,2025 年协作机器人的全球销量将从 2018 年的 5.8 万台快速增长至 70.0 万台[22]。中国工业物联网产业链已初步形成。

中国通过不断探索、实践、试错来积极推进智能制造,将智能制造作为实现制造业高质量发展的有效途径,有效促进了制造业的数字化转型和智能化升级。此外，中国还探索出一批可复制的智能制造应用新模式，如面向航天航空、汽车制造、轨道交通等领域的网络化协同制造模式，面向家电、服装等行业的大规模个性化定制模式，面向高端装备、工程机械等领域的远程运维智能化服务模式等，推动了制造企业的数字化转型。

2）发展趋势

随着新一代信息通信技术（包括新一代人工智能技术、物联网、云计算、大数据、5G、边缘计算、高性能计算、建模仿真/数字孪生等技术）的发展，以及各类技术与制造技术融合应用，智能制造进入了一个崭新的发展阶段。新一代人工智能技术引领下的智能制造系统是一种能适应新时代、新态势、新征程，加快我国制造业向"数字化、网络化、云化、智能化"转型升级的先进智能制造系统。宏观地讲，该系统是在新一代人工智能技术的引领下，借助新时代各类新技术群的跨界融合，实现工业领域中工业三链智能、协同、开放、服务、互联的复杂数字工业经济系统，具备"六新"（新技术、新模式、新业态、新特征、新内容、新目标）和"八化"（数字化、物联化、虚拟化、服务化、协同化、定制化、柔性化和智能化）的特点[18]。

在新一代人工智能技术的引领下，高质量智能制造系统形成了（图7.1），该系统的新特色体现在以下几个方面：①新一代人工智能技术引领，驱动了系统三链（工业全要素链、全产业链、全价值链）智能融合；②具备边/云/端协同制造新架构；③加深了以云计算、人工智能、大数据、新互联网、建模仿真/数字孪生等为代表的新一代信息通信技术与新制造技术的融合；④突出了感知/接入/通信层虚拟化、服务化，进而实现了全系统虚拟化、服务化；⑤架构中的各层都具有新时代的新内涵及内容；⑥体现了以用户为中心的新智能制造资源、产品、能力的智能共享服务。

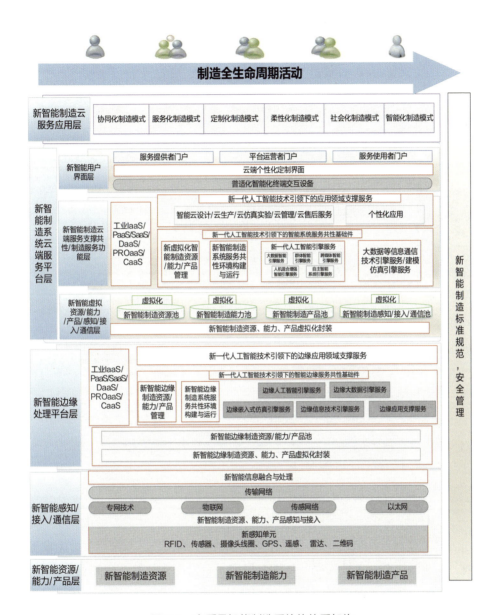

图 7.1　高质量智能制造系统的体系架构

为支撑高质量智能制造系统的体系架构，与之相对应的技术体系也要发生新变化，如图 7.2 所示。

207

高质量智能制造系统的技术体系框架

系统总体技术	新一代人工智能技术引领下的智能制造模式，商业模式，系统架构技术，系统集成方法论，标识解析技术，系统开发与应用实施及水平与能力评估技术等
智能产品专业技术	面向互联化、服务化、协同化、个性化（定制化）、柔性化、社会化、去中心化的新一代人工智能技术引领下的智能产品专业技术
智能感知 / 接入 / 通信层技术	新一代人工智能技术引领下的各类信息感知技术、意识交互技术、视觉输出技术、普适物联技术，传统的互联网、物联网、车联网、移动互联网、卫星网、天地一体化网、未来互联网，物理安全防护技术等
智能边缘处理平台技术	新一代人工智能技术引领下的边缘资源、产品、能力感知通信、虚拟化 / 服务化技术，服务化的边缘人工智能引擎技术，智能边缘制造大数据引擎 / 仿真引擎 / 区块链引擎，云边协同技术，边缘制造技术，边缘技术安全防护技术等
智能云端服务平台技术	新一代人工智能技术引领下的云端资源、产品、能力虚拟化 / 服务化技术，虚拟化制造服务云端环境的构建 / 管理 / 运行 / 评估技术，智能虚拟化制造云可信服务技术，制造知识 / 模型 / 大数据管理、分析与挖掘技术，服务化的智能制造云端智能引擎 / 仿真引擎，新一代人工智能引擎技术，普适自然交互技术，智能化的信息技术引擎 / 工业场景渲染引擎，去中心化的工业价值引擎平台标准技术，云端技术、安全防护技术等
智能产品设计技术	面向群体智能的设计技术，面向跨媒体推理的设计技术，物理与数字云端交互协同技术，基于云计算的产品协同设计仿真技术 / 人机工程仿真技术，基于数据驱动与知识指导的设计预测、分析和优化技术，云 CAX/DFX 技术，智能虚拟样机技术，云设计标准等
智能生产 / 装备技术	智能工业机器人、智能柔性生产、智能机床、智能 3D 打印、面向跨媒体推理的智能生产工艺、基于大数据的智慧云生产技术，基于群体智能的生产调度仿真技术 / 生产性物流规划仿真技术，云生产标准等
智能经营管理技术	基于数据驱动与知识指导的智能项目管理、企业管理、质量管理、电子商务，基于非同质化代币（NFT）的工业价值交易技术，基于大数据的智能云供应链管理、云物流管理、云资金流管理、云销售管理技术，云营销标准、云管理标准，商业安全、管理安全防护技术，面向过程的工业要素标识技术，去中心化体系构建技术等
智能仿真与试验技术	基于数据驱动与知识指导的智能建模与仿真技术 / 数字孪生技术、单件 / 组件 / 系统的智能试验技术、基于大数据的仿真与试验技术、智能仿真云技术，云仿真标准等
智能售前 / 售中 / 售后服务技术	基于数字孪生的虚拟运维技术，基于大数据的智能售前 / 售中 / 售后综合保障服务技术、智能增值服务技术、智能云装备故障诊断、预测和健康管理技术，云服务标准等

图 7.2　高质量智能制造系统的技术体系框架

需要特别关注的关键热点技术包括工业数字孪生、工业智能、工业灵境、工业区块链、工业网络、工业互联网平台及先进计算、新工业技术等。具体来说，工业数字孪生是高质量智能制造系统的数字化镜像，其通过多学科、多物理量、多尺度、多概率的仿真，反映相对应的工业实体系统的全生命周期过程，为高质量智能制造系统提供虚实交互、虚实协同的技术支撑[23–24]。工业智能是高质量智能制造系统的智能引擎和场景生成器，其通过深度学习、知识图谱、智能边缘、新智能科学等技术，为高质量智能制造系统生成丰富的虚拟场景，进而实现工业三链的集成、协同与拓展。工业灵境主要包括信息感知、意识交互、视觉输出等技术，是工业从业者主动、广泛接入高质量智能制造系统的核心使能技术[25-27]。工业区块链包括非同质化代币（NFT）、区块链、标识解析等技术，是高质量智能制造系统去中心化经济体系和工业价值实现的底层支撑[28-30]。工业网络涵盖网络人工智能、5G/6G、卫星网络、天地一体化网络等技术，是使高质量智能制造系统实现随时随地高效普适接入的关键基础设施[31-32]。工业互联网平台及先进计算是构建高质量智能制造系统的核心支撑服务，工业互联网平台包括智能云端服务平台和智能边缘处理平台，先进计算系统是算力、算法、算据以及"计算+"的集成系统。新工业技术是高质量智能制造系统中现实世界的新基础技术。未来，以工业数据、工业模型、工业知识、数字孪生等为代表的数字内容，在数据确权、估价、交易、隐私保护等数字监管技术的推动下，将促进智能制造数字生产要素化程度迈向更高台阶，加速数据资产化，使数据价值得以持续释放，推动高质量智能制造向未来高级形态发展。

宏观上讲，智能制造系统的发展需依据"政府引导，市场主导""创新驱动，攻克短板""问题导向，技术推动""系统规划，分步实施"等原则，在国家和地方的战略规划与计划支持下，注重以企业为中心的"政、产、学、研、金、用"相结合的技术创新体系建立、各类人才培养、国家/地方基础建设、国家/地方政策支持，以及"技术、应用、产业"一体化的协调发展。

在新一代人工智能技术的引领下，新兴的信息通信科学技术、新一代智能科学技术及制造应用领域新专业技术等深度融合发展，为智能制造注入了新动力。智能制造系统软硬件技术研究要在新一代人工智能技术的引领下，融合大数据技术、高性能嵌入式仿真/云边协同计算/数字孪生技术、新互联网/5G/6G/天地一体化网络技术、区块链技术及增强现实（AR）/虚拟现实（VR）/混合现实（MR）技术等新技术。智能制造系统中的设计、生产、管理、试验、保障服务等智能新模式、新流程、新技术手段（硬/软）、新业态的研究是一个重点研究方向，它是智能制造系统的基础。发展智能制造系统要重视数据库、算法库、模型库、大数据平台、未来网络、计算能力等基础能力的研究与建设，要符合"分享经济"的商业模式技术、安全技术要求及相关标准和评估指标体系，同时，还要重视新一代人工智能技术的发展。

加快智能制造产业的发展将成为推进高质量智能制造的根本途径。加强智能产品（智能工业机器人、智能高端传感器等）、智能制造系统工具集（软件、硬件）和平台、行业/企业/车间/制造产业链上不同层次的智能制造系统的研发及产业化，将为智能制造的稳步推进打下坚实基础。

未来智能制造的行业应用，应以"应用牵引、创新驱动、总体规划、突出重点、分步实施"为指导思想，制订好智能制造的发展规划与阶段实施方案，突出系统工程的实施原则，结合制造行业和企业的特点，以问题为导向，加快智能制造模式、手段和业态的变革，突出智能制造系统的六要素与六流的集成化、优化和智能化，着力促进制造行业和企业的数字化转型与智能化升级。

7.1.2 高质量智能制造融合应用

（1）高质量智能制造应用场景

新一代人工智能技术引领下的高质量智能制造系统能够促进工业价值的创造，可服务于研发设计、生产制造、运维保障、企业经营、市场销售等工业全过程，并能面向这些环节提供虚拟交互设计、虚拟化模拟设计、实时联动生产排程、远程扩展现实（extended reality，XR）运行维护、XR模拟场景培训等新工具和新手段，有效推动产品提质、降本增效，形成虚实协同的新一代智能制造模式。

新一代人工智能技术引领下的高质量智能制造系统将变革未来产品与服务的交付形态，推动业务效能不断提升，带来全场景和数实融合应用，汇聚丰富的数字资产。数字资产价值的持续释放，包括产品数字孪生与虚拟服务等，将进一步支持产品设计、研发、生产、使用、服务全流程及产品数字化交付，实现产品与服务物理数字双交付，更好地支撑产品虚实协同，实现软件定义产品，加速智能制造虚实连接，驱动产品的智能化与服务迭代。

新一代人工智能技术引领下的智能制造将重构数字工业发展新生态。工业元宇宙等虚实融合技术的推动将打破传统产业资源组织方式在时间、空间以及相关资源上的束缚，更大范围地围绕业务需求的资源、组织、管理等要素快速汇聚，实现管理模式和商业模式的变革，加速各类用户、制造商、服务商、开发者更敏捷地组织与合作，打造工业发展新生态。

新一代人工智能技术引领和形成了一系列融合应用场景，如精准远程故障诊断及运维应用场景，利用数据和算法检测生产线上的设备健康状况与产品质量，进行预测性智能决策；基于数据智能的精准排产应用场景，提高了制造环节的柔性，从而能优化生产，提高产能；基于多孪生空间的虚拟训练应用场景，通过数字孪生实现了实体流程的自适应与自决策。

（2）高质量智能制造应用案例

1）基于大数据智能云服务的设备故障诊断及远程运维

①关键问题

近年来，化石燃料对生态环境造成了负面影响，可再生能源备受关注，其中风能的开发、利用等技术最成熟，相关产业得到了迅速发展。一些高原、山脊、山顶地形的风能资源十分丰富，具有很大的开发价值。然而，这些地方温度低、海拔高、湿度大，很容易造成风机叶片结冰，材料及结构性能改变、载荷改变，对风机的发电性能和安全运行造成了较大威胁。在实际应用中，还面临着难以对结冰的早期过程进行精确预测，从而需尽早开启除冰系统的挑战。对结冰过程的预测准确度决定了除冰系统的效率损失、风机的效率损失和风机运行的风险。

②解决方案

针对上述难点，本案例实现了基于工业大数据云平台的风机故障诊断及远程运维服务。基于工业大数据云平台的风机故障预测系统通过对风机的相关数据进行采集、预处理、分析与挖掘，对模型进行构建、训练、验证及评估，实现设备状态实时监测、健康评估和故障诊断及预测，帮助企业实现基于大数据智能的精准化诊断、智能化运维云服务。具体操作流程如图 7.3 所示。

图 7.3 基于工业大数据云平台的风机故障预测系统

数据采集及预处理阶段能够实时获取和处理每个风机的相关数据，包括风机的运行状态、功率、风速、液压站压力、叶轮转速、环境温度等，通过数据的清洗、可视化、属性转换、离散点处理等方法对数据进行预处理。经过预处理的数据可以用来帮助建立风机故障预测模型，通过算法选择、模型构建、模型训练、模型测试、模型评估，可提高模型预测的准确率。利用训练好的风机故障预测模型进行风机故障诊断及预测，比较风机实际功率与理论功率之间的偏差，当偏差达到一定值时，会触发风机处理器的除冰系统，使其发出报警和停机等指令，同时风机故障监测结果会发送至企业相关操作设备，向用户显示风机故障预测结果。此外，围绕风机的运行状态、设备故障率以及整体生产效率等构建历史数据、同型号产品数据综合分析模型，能够为企业提供风机设备管理、运行工况监测、风机状态异常报警、故障维修维护等功能。

③应用效果

本案例通过对风机叶片结冰机理及大数据特征进行分析，采用支持向量机、随机森林、深度卷积神经网络等算法建模，并对模型进行评估和优化，进而对这类问题进行分类处理，有效解决了风机叶片结冰的不平衡分类问题，且能够实时监测风机叶片的运行工况，及时发现工作异常，对风机叶片进行维护保养，减少非计划停机。此外，通过监测设备运行工况、采集设备相关数据，可以掌握设备的工作状态，及时发现问题，提高设备管理效率，为企业生产运营提供精准数据支撑。通过采集和积累设备的大量历史数据并建立模型，对比设备健康状态，可提前发现设备故障安全隐患，生成维修建议，从而实现对设备的针对性维护，降低企业的维护成本。

2）基于数据智能的服装加工标准工时精准排产

①关键问题

服装产业是典型的劳动密集型贸易产业，在自动化程度不高、订单确定性不强、生产数据完备度不高等诸多现实条件的制约下，多数服装企业面临如下几大难点。

一是淡旺季明显，需求不稳定。服装门类复杂，服装企业往往专注于内衣、T恤、棉服、冲锋衣等特定品类，季节属性明显。而且企业往往是产品卖得好、需求多就多生产；产品卖不好，需求少就少生产。以杭州某服装企业为例，该企业过去的工人、订单都不稳定，导致企业淡季（6~8月）放假，旺季没工人。企业曾在新厂房确定时花大价钱买设备，然而事与愿违，面对纷繁复杂的客户需求和订单波动，设备效率虽高，却根本派不上用场，这种供需不匹配带来的损失越来越大。

二是产能不确定，交期拍脑袋。劳动密集型产业由于强依赖人工，且涉及的工序繁杂（包括裁片、车缝、洗水、大烫、后道等多项工序），故技能工人的熟练程度不同、工序复杂度不同，均会对服装制作的时长产生影响，整体产能难以准确估计。同时，服装企业往往缺少对标准工序、工时的信息化度量，企业老板接受订单后往往只凭经验进行交期和成本测算，预测精准度极低。

三是强市场响应，小单快返难。非标类服装，尤其是电商市场下的快时尚服装，极度依赖市场响应。多数服装订单甲方（网店主）倾向于向服装企业下100~500件的小订单进行试产、试销，获得市场认可后则快速返单、追加订单，且要求短期内交货。这对服装企业提出了极高的要求，多数服装企业由于快返能力不够、信息不透明，难以满足小单快返需求而无法获得利润丰厚的电商订单。

②解决方案

2018年，阿里巴巴淘工厂宣布联手阿里云物联网（IoT）团队走进车间，通过部署IoT设备，数字化改造服装企业。对于淘宝平台内的商家而言，淘工厂是性价比很高的生产制造车间。商家可以通过淘工厂尝试小批量试单并快速返单。此外，在产品的设计上，淘工厂要求服装企业将产能商品化，开放最近30天空闲档期。这意味着商家可以根据自己的生产需求选择合适的服装企业。同时，淘工厂基于IoT设备对服装企业进行数字化改造，如图7.4所示。改造后的每家服装企业将每天超过1亿次的扫描结果变成可量化的数据上传到服装云，在线上复制企业。在具体的生产过程中，系统自动将服装企业和买家匹配成组，由订单协同虚拟机器人在线进行生产计划管理、自动跟踪生产计划、发放任务、自动更新每日出货量、订单状态异常预警及产线视频点播等。

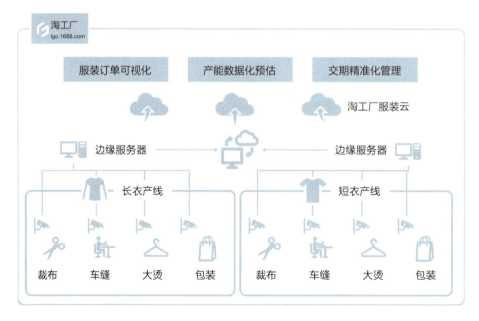

图7.4 淘工厂IoT设备数字化改造服装企业部署

③应用效果

从成本来看，这一整套数字化的改造升级对于淘工厂而言并不高。数字化工厂改造流程包括安装 20 多个摄像头、配备硬件、铺设光纤网络、实施、运维等，中间有一些流程还需要反复调试，但这些流程的费用加起来不到 5 万元。

对于商家来说，首先解决了订单完成的不确定性。电商服装作为网红类目，靠的就是上新爆发力。若服装预售期为 10~15 天，这就意味着 15 天内一定就要给买家发货，如果 15 天内服装企业说好的 5000 件服装只生产了 2000 件，那么只有退款才能解决问题，损失巨大。因此，订单生产的确定性是淘工厂给商家带来的最直观的价值。其次，商家可以实时把控工期内的生产进度。以往，商家在服装企业给出的 15 天交付期内无法了解实时的生产进度，只能通过一次又一次电话或上门询问的方式来获取信息。而数字化工厂的部署，让商家可以通过各种软件的协同，实时把握生产进度，并通过 IoT 技术把握订单的完成情况，最后实现了随机性订单迅速生产。消费者需求的变化导致商家对服装企业的订单需求更加随机、灵活，但是往往这种灵活性强且小批量的订单很难找到可以及时生产的服装企业。

对于服装企业来说，淘工厂把能随时确定性地解决掉随机订单的需求作为一个目标，通过对服装企业的真实能力和历史状态进行数字化量化，使新增品类的订单可以马上下单到合适的服装企业去。为此，淘工厂还对诸如加工、绣花、水洗等不同的关键环节都实现了网络协同效应。目前，淘工厂已经实现了市场整体交期准确率大于80%，贵宾订单交期准确率达到90%的标准。

3）基于自主无人智能的双机械臂协同

机械臂是广泛应用于工业领域、具有多关节和多自由度的机器人，可从事码垛、焊接、装配、检测等复杂任务。在工业现场，如线式、岛式制造单元内，多个机械臂的协作场景非常普遍。有的机械臂还被安装到移动的自动导引车上，用于跟不同位置的固定工位进行协作。

①关键问题

机械臂通常由机械结构本体、传感器感知系统、控制器控制系统、电机驱动执行系统等组成，可以独立构成OODA［观察（oberve）、调整（orient）、决策（decide）、行动（act）］环，具有一定的自主性。目前，市场上的机械臂大多采用人工调校或者离线/在线规划的方式进行应用开发与实施，能够满足简单场景的应用。但针对复杂场景，还需要自学习、自进化的高级自主化能力。

针对多机械臂协作任务，场景的复杂度呈非线性增长。由于机械臂之间存在相互干涉，因此，在完成任务的同时还要避免碰撞，但人工调校周期的拉长已经难以接受。针对各种任务的离线/在线规划，仅靠人工建立规划模型变得更难，而且任务变化时还需要重新设计模型。目前，动辄几个月甚至大半年的应用开发与实施周期难以适应智能制造的敏捷化和柔性化要求。而简化难度的方式，包括事先划定不相互干涉的空间、设定多个机械臂不能同时动等，这又使得整体的协作效率大打折扣。

②解决方案

通过数字化、网络化、智能化融合的手段，构建虚实结合多孪生空间，支持多机械臂形成自学习、自进化的自主无人智能，解决方案如图7.5所示。

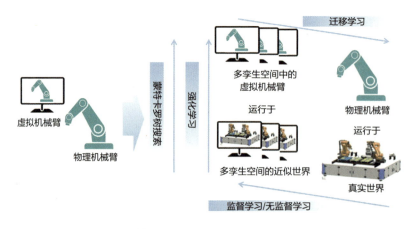

图7.5　基于自主无人智能的双机械臂协同解决方案

数字化手段是指构建虚实结合的孪生空间。其中，物理空间包括物理机械臂及其所运行的真实世界（周边装备及操作对象等）；虚拟空间包括虚拟机械臂以及对应真实世界的近似世界。虚拟空间通过建立物理空间的数字模型得到，由于很难建立完备、精准的模型，故对于不确定的部分，可以通过多孪生空间来进行表征。

网络化手段是指构建全方位的网络化，包括多机械臂之间互联互通的网络化、虚拟空间与物理空间之间互联互通的网络化、多孪生空间之间互联互通的网络化。另外，可以建立云–边缘一体的网络化，即在边缘侧实现工业现场数据的采集以及多孪生空间的构造；而在云侧实现虚拟空间的自学习、自进化，再向物理空间迁移。

智能化手段是指构建多种智能化支撑手段，如基于监督/无监督学习，在虚拟空间实现对真实世界的有效近似（并保留不确定性）；基于多智能体深度强化学习，在虚拟空间实现虚拟机械臂的自学习、自进化；基于实际场景的迁移学习，支持智能体模型跨越虚拟空间和物理空间的鸿沟并装载到物理空间中去。另外，在机械臂实时运行的过程中，可以基于蒙特卡罗树搜索实现超实时的前瞻预测，动态优化多机械臂的协作。

③应用效果

针对航天复杂产品仪器舱和空气舱的制造，以双机械臂协同装配为场景的应用被推进落地。首先，使用机器人操作系统（Robot Operating System，ROS）构建虚拟的机械臂协作场景，通过视觉传感器采集真实世界的状态并进行虚拟重构（近似）。其次，在虚拟空间内进行大规模的仿真训练，产生的数据驱动智能体模型不断演化，并实现智能体模型由虚拟空间向物理空间迁移。该技术可以省去人工调校及设计规划模型的时间，大幅提升（由月缩短为周）双机械臂应用开发与实施的效率。

4）供应链大数据应用案例之"数智供应链控制塔"

①关键问题

一是研产协同效率低：产品平台多，物料标准化和部件模块化程度低，可制造性差。二是产销拉通不顺畅：依据历史数据和销售目标制订销售计划，生产不能针对市场需求的变化及时做出响应，造成结构性货源短缺。三是供方响应不及时：当需求变化时，供方未能按需求灵活调整生产，无法确保物料供应。四是制造柔性快反差：因产线兼容性不足，工序差异多，工厂生产换型费时费力。五是仓储物流效率低：仓储物流管理混乱，订单、生产信息与物流端割裂，沟通效率低，排车发运不及时。六是质量异常追溯难：当产品出现质量问题时，无有效手段快速确定产品质量异常的根本原因，并锁定影响范围。

②解决方案

针对以上问题，可从产销协同、采购拉通、生产管控、物流改善等层面提出供应链控制塔解决方案，如图 7.6 所示。

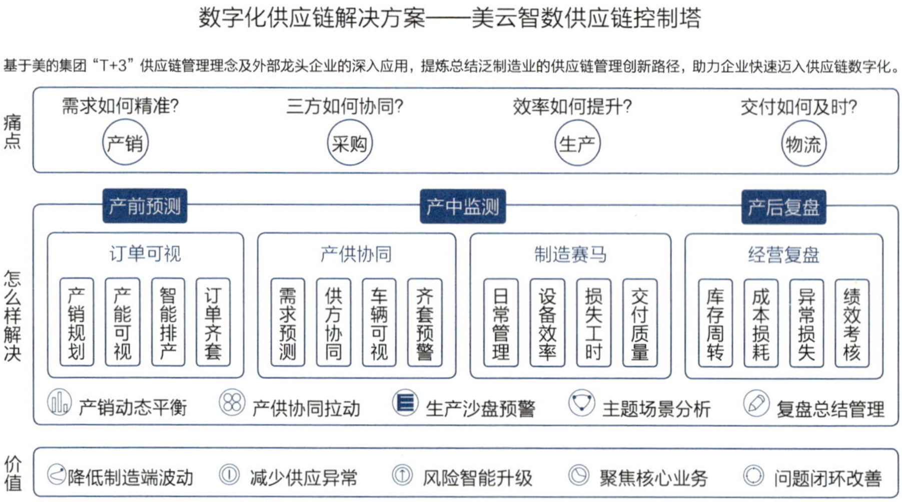

数字化供应链解决方案——美云智数供应链控制塔

基于美的集团"T+3"供应链管理理念及外部龙头企业的深入应用，提炼总结泛制造业的供应链管理创新路径，助力企业快速迈入供应链数字化。

图 7.6　数智供应链控制塔解决方案

产销协同层面：通过客户计划、销售计划、排产计划的拉通，提升订单的准确率及有效性；通过均衡下单及排产，降低订单波动频次，为工厂管理的稳定性提供巨大支撑。此外，逐步实现由"以产定销"到"以销定产"的转变，这对制造业和企业降库存、提效率、降成本等均有重要意义。

采购拉通层面：通过数据拉通做到对供应商原材料库存的可视及与供方在库存、品质、物流方面的协同，以降低断供风险；供应商也可以对企业的需求进行相对精准的预测，在出现计划外订单时可以快速反应，以解决插单急单的问题。

生产管控层面：通过齐套排产、生产、入库，提升制造柔性；通过生产的信息拉通，实现销售部门、物流部门、客户对生产进度的可视化，强化了部门间的协同，也提升了客户的满意度。

物流改善层面：通过库存管理的可视化，实现对全国仓库的在线管控，为全国范围内的调货提供数据支撑，真正实现全国一盘货；通过对物流配送的可视化，加深了销售部门、生产部门、客户对物流进度的了解，强化了部门间的协同，也提升了客户满意度。

③应用效果

数智供应链控制塔能够使经营更透明：以订单为线索，拉通企业经营各环节，对全领域发生事件进行全流程可视化、透明化管控，客户来单、排程生产、缺料信息等一目了然。问题可预警：通过业务上下协同的预警机制，对未发生的与正发生的做提前警告监控，预警经营异常。痛点可诊断：基于数字化转型三大核心要素"流程、数据、系统"，围绕供应链全链条业务系统，做全盘痛点诊断，再结合业务变革完善系统架构与机能。链路全赋能：将订单全链条信息通过平台共享给客户，使客户能像在京东、淘宝一样，随时了解订单情况，提升客户满意度。

执笔人：李伯虎（中国航天科工集团有限公司）

刘　阳（中国航天科工集团有限公司）

侯宝存（美的集团）

李　潭（南昌大学）

林廷宇（中国航天科工集团有限公司）

韦达茵（中国航天科工集团有限公司）

7.2 智能城市

7.2.1 智能城市概述

（1）智能城市是城市高度智能化的发展形态

城市的智能化是伴随着计算机科学和通信技术的发展而逐步提升的。20世纪后期，城市开始大规模数字化转型，物质空间的地理信息以虚拟数字的形式进行存储、传输、表达，"数字城市"概念因此产生。"智能城市"是对"数字城市"的提升，它以"城市是一个生命体"为出发点。智能城市的核心特征可概括为"可感知、可判断、可反应、可学习"，智能城市的技术体系主要有"感知层、数据层、平台层、应用层"四个层次[33]。尽管我国后来的智能城市建设在不同时期、不同地区的实践中存在差异，但迄今为止，其架构与运行的理论模式仍遵循着这一基本技术体系[34-35]。与智能城市相关的技术主要有大数据、云计算、物联网等，这些技术在城市的各行各业，特别是交通、能源、环境、安防以及综合治理等领域已经得到了大量的研究和实践[36-39]。2016年以来，人工智能技术在城市中的应用已有较多的探索，其中具有代表性的有杭州的城市大脑[40]，北京城市副中心的CIM3.0[41]，以及美国的麻省理工学院媒体实验室（MIT Media Lab）开发的CityScope平台[42]等。上述实践已将人工智能技术应用在城市数字化平台中，使人工智能技术能够更有效地辅助城市决策及综合治理城市。人工智能技术在城市中的应用不局限于此，随着图像识别技术的发展，城市中开始广泛应用视觉传感设备对车辆、人脸等进行识别[43]，拓展了人工智能技术在城市交通、安防、环境、园区等领域的应用，也带动了人工智能技术企业的快速发展[44-50]。2018年，吴志强院士发布了"人工智能城市（AI-City）"的原型，认为城市发展已经进入人工智能时代。人工智能城市是在人工智能技术大量涌现的背景下，为解决城市痛点问题、满足人民需求而出现的一种自组织、可学习、可迭代的高度智能化的城市发展形态[33]。城市发展已经经历了数字化、信息化、智能化三个阶段，而人工智能城市是智能化阶段中的一个高级阶段。

（2）智能城市的本质是为城市生活赋能

根据智能城市的定义，整个城市借助人工智能技术，获得了在城市生产、生活、生态各方面的强大赋能。过去的智能城市发展更关注系统性架构和基础设施的全面建设，在智能城市中建立技术供给与社会需求的动态平衡，是突破智能城市发展瓶颈，走向更高智能水平的关键[51]。在智能城市中，城市日常运行的各类数据成为人工智能技术不同的原料，宏观到社会、经济、环境、交通，微观到个体、人群活动，在数据被全部打通以后，城市的智能化水平将大幅提升，城市可以展开自我学习并且以此产生新的智能化成果，进而升级迭代。在新一代人工智能的发展背景下，随着大数据智能、群体智能、自主无人智能、跨媒体智能、混合增强智能等关键性技术的突破[51-54]，城市学习、分析、处理问题的能力大幅提升，城市可以在海量数据中寻求大量的规律，推动城市升级迭代、城市群深度互动。城市在学习以后，可以按照合理、理想的愿景进行城市规则的制定，而当这种制定方式变成推演的目标时，城市就可以不断自我预测、演进、修正。对智能城市的理解，不仅应关注人工智能技术在城市中的应用，即"AI in the City"，更应建立一种"为城市服务的智能"的概念，即"AI for the City"，从人工智能技术对城市需求的满足及其产生的治理模式转变的视角去定义智能城市。人工智能城市概念的提出，为未来城市的规划建设带来了思想、方法和技术的变革，也为人工智能在城市中的应用创造了大量场景和无限可能，拉开了智能城市创新试验的序幕。

7.2.2 智能城市的发展现状

人工智能在城市中的应用不是一蹴而就的，而是在多个领域逐步涌现的。在全球范围内，城市的商业、交通、医疗、安防、管理等行业已经越来越受益于人工智能技术的应用，这一特征没有明显的地区差异，不论是发达国家还是发展中国家，人工智能在城市各行各业的创新应用已成为一个共性的趋势。新一代人工智能技术的一些典型应用如表 7.1 所示。2017年，我国发布了《新一代人工智能发展规划》，将城市发展需求和场景作为新一代人工智能技术发展的方向与动力，其中纳入了结合新一代人工智能技术"建设城市大数据平台，构建多元异构数据融合的城市运行管理体系……推进城市规划、建设、管理、运营全生命周期智能化"的相关内容，明确了应用人工智能为城市赋能的创新方向。

表 7.1　新一代人工智能技术的一些典型应用

类型	前沿问题	技术能力	已有应用领域
数智（大数据智能）	可泛化知识计算平台、因果推理、视觉推理	提升人工智能的数据理解、分析、发现和决策能力；从数据中获取更准确、更深层次的知识，挖掘数据背后的价值	在新零售领域，提升人流识别的准确率，预测每月的销售情况；在交通领域，实现自动驾驶、智能交通流量预测、智能交通疏导，以及对整体交通网络的智能控制；在健康领域，提供医疗影像分析、辅助诊疗、医疗机器人等更便捷、更智能的医疗服务；在安防领域，与物联网联动加速智能应用
群智（群体智能）	群体智能涌现与演化、群体智能动力学与熵度量	吸引、汇聚和管理大规模参与者；以竞争和合作等多种自主协同方式来共同应对挑战性任务；在复杂、开放环境中的决策任务中涌现出超越个体的智能	在互联网领域，基于群体开发的开源软件、基于众筹众智的万众创新、基于众问众答的知识共享、基于群体编辑的Wikipedia，以及基于众包众享的共享经济等；在机器人和无人机领域，2017年中国已制造了由1000架无人机组成的无人机群，展示了自主应变和排除故障的能力
合智（跨媒体智能）	类脑计算、云脑平台、数字视网膜	通过视听感知、机器学习和语言计算等理论与方法，构建实体世界的统一语义表达	在城市决策辅助方面，研究城市全维度智能感知推理引擎，解决城市发展过程中存在的感知碎片化、信息孤岛化等问题，建立以"大跨度、大视角、大信息和大服务"为特征的城市全维度智能感知推理引擎，实现对人、车、物、事件等的多维度、跨时空协同感知和综合推理
混智（混合增强智能）	机器推理决策、机器人自主学习、安全可信的人机协作	将人的作用或人的认知模型引入人工智能系统，形成混合增强智能的形态	在产业风险管理、医疗诊断、刑事司法领域，引入人类监督，允许人参与验证，以最佳的方式利用人的知识和智慧，最优地平衡人的智力和计算机的计算能力；在自动驾驶领域，通过智能人机协同技术协调两个"驾驶员"以实现车辆的安全和舒适行驶；产业发展决策、在线智能学习、医疗与保健、人机共驾和云机器人等领域正在加速应用落地

类型	前沿问题	技术能力	已有应用领域
自智 （自主智能系统）	复杂环境的自主智能感知决策、无人集群的智能协同	复杂多变环境中的感知、控制、决策和系统行动； 适用于多平台分布式和多模态交互式协同决策的机器学习	在无人载具领域，已经在无人车、无人机、无人船等新一代智能载具方面开展应用，并通过自主智能技术增强载具的性能及可靠性； 在社会生产领域，智能车间、智能工厂、服务机器人等应用可以大幅提升生产效率，节约劳动成本； 在科学研究领域，可通过自主智能系统研制空间机器人、海洋机器人

以上海市为例，上海市先后制定了多项促进人工智能发展的政策。2017年10月，上海市人民政府办公厅印发《关于本市推动新一代人工智能发展的实施意见》，提出到2020年，基本建成国家人工智能发展高地，成为全国领先的人工智能创新策源地、应用示范地、产业集聚地、人才高地，局部领域达到全球先进水平。2019年9月，上海市经济和信息化委员会印发《关于建设人工智能上海高地 构建一流创新生态的行动方案（2019—2021年）》，确定建设4+X融合创新载体、枢纽型创新平台、大数据联合创新实验室，全力打造世界级的人工智能深度应用场景，建立运作市人工智能产业投资基金等一系列专项行动。在各项政策引导下，上海市各区涌现出一批与人工智能相关的科研机构、企业、人才服务中心等创新要素，为人工智能在城市中的发展和应用提供了技术、人才、资本等要素储备。

7.2.3 智能城市的特征与构成

（1）本质特征

①具备学习能力是人工智能最核心的特征[55-56]。一方面，城市的历史发展数据和日常运行数据可以成为以机器学习和深度学习为主的人工智能算法的原料；另一方面，深度学习的使用能够发现大型数据集中的复杂结构，进而优化系统。因此，在人工智能技术支持下，城市可以在多源、异构的复杂城市数据中获得依靠人的观察难以感知的特征和规律，并与同类型城市的数据互相比较与借鉴。

②区别于传统人工智能算法向生物体学习的模式，智能城市开始向城市（人类社会运行的规则）学习，并通过学习迭代实现自主智能[57]。借助人工智能技术，智能城市通过学习城市发展规律进行城市规则的制定，并将其作为推演模型的目标，支撑城市模型围绕目标不断演进、修正，以帮助决策者以最小的干预来制定最有效的规划。

③通过训练过程实现城市运行的本能反应[58-60]。基于人工智能的智能控制系统不再是只根据固定逻辑运行，而是实现了自组织，即在遇到具体问题时，可以由多个城市智能系统快速、精准地完成对信息的过滤、筛选和重新组合，按照合理的理想与愿景制定规则，并以此作为模型目标，使城市在系统内部不经大脑系统直接完成自我修正与迭代。

（2）构成要素

众脑决策：借助新一代人工智能技术，整合多个分布式智能系统以实现众脑系统共同完成群体学习和协同决策。

人工智能中枢：由三级系统构成，分别为大脑（战略决策系统）、小脑（城市指挥系统）和神经系统（感知信息的汇集）。借助物联网、地理信息系统等技术，构建虚实相生的智能城市中枢CIMAI（City Intelligent Model+AI，城市智能模型+人工智能），推进人工智能在城市规划、建设、管理和运营全过程的深度应用与有效协同。

迷走神经系统：在智能城市中，迷走神经系统的构建是关键，城市的海量信息将不必经过城市"大脑"，可直接在系统内部进行筛选。城市内部复杂的信息流，市民日常生活中烦琐、细致的需求，将不会、也不必全部流入城市职能部门的管理系统，而是直接在城市管理以下的层面就可以得到解决，实现更加精准、高效、自我完善的局部智能反馈，这是人工智能技术为城市的组织模式带来的一项颠覆性突破。

云反射弧：建立城市神经元（智能体）之间的信息传递机制，依照事件复杂程度，以最短链路完成决策响应，形成从城市事件到城市决策之间的城市云反射弧。

智能基建：借助新型基础设施实现汇聚众智、流程再造、数据决策、信息对称、体验重塑，改善城市各方面决策和运营效能、提升人们的幸福感和获得感，显著增强城市的安全、韧性和可持续发展能力[61-62]。

7.2.4 智能城市的典型应用

（1）基于跨媒体智能的城市情绪感知网

对于智能城市来说，仅有"智商"是不够的，还需要有"情商"，两者缺一不可，否则，城市生活中产生和积累的丰富数据或被搁置和封闭，或只被用作管理数据，不能真正为服务人民所用。智能城市可重点突破低成本低能耗智能感知、复杂场景主动感知、自然环境听觉与言语感知、多媒体自主学习等理论与方法，实现城市超人感知和高动态、高维度、多模式分布式大场景感知。因此，城市可以实现情感智能，即城市可以借助人工智能更敏锐地察觉市民的情绪变化，实现主动的城市舆情表达和对市民情绪的自我驱动与激励，建立对城市弱者的同理心并构建一个完整的舆情反馈机制。借助跨媒体智能搭建城市市民评论的智能感知平台（图7.7），可以让城市感知市民的情绪，是中国城市未来实现以人民为本的重要支撑举措。

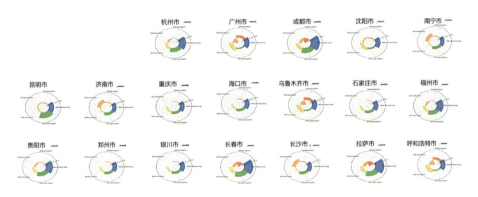

图 7.7 城市情商（Urban EQ）的数智感知

（2）基于大数据智能的城市群创新资源要素配置系统

为提升区域创新力以及国际竞争力，长三角城市群基于大数据构建了城市群创新资源要素配置系统。通过洞悉区域内部创新要素关键短板，发挥区域优势，形成长三角内部41城一体化的创新网络生态；通过K6创新要素智能配置算法，实现区域间的创新关键要素智能配置，最终提升整体创新力（图7.8）。K6创新要素智能配置算法基于"和板理论"，即追求城市间最优的长短板互补机制，使影响创新力的关键要素在区域间流动配置。该算法重点突破了无监督学习、综合深度推理等难点问题，建立了数据驱动、以自然语言理解为核心的认知计算模型，从而形成了从城市大数据到城市知识、从城市知识到城市决策的能力。引入配对代价和配对意愿矩阵，通过配对迭代，根据创新力预测模型反馈的结果，最终达到区域总体创新力大幅上升、城市单体创新力基本上升的效果，解决城市群发展过程中的创新要素配置优化问题。

图7.8　长三角城市群K6创新要素智能配置系统

（3）基于混合增强智能的城市RAR元宇宙

RAR（Reality+AR）是一种利用实景建筑灯光（R），对传统单体建筑的增强现实（AR）进行演绎升级，创造出虚实结合的城市沉浸式体验的系统，能在真实世界的基础上，展现虚拟城市场景。结合混合增强智能技术，重点实现面向系统的协同感知与交互、协同控制与优化决策及知识驱动的人－

机－物三元协同与互操作，可创造全新的城市生活体验。例如，2022 年 7 月，第五届数字中国建设峰会以"福元宇宙"为主题，基于厘米级空间计算、强人工智能场景理解、高真实感渲染及大规模三维地图构建四大核心技术，形成了现场实景＋虚拟影像的创新演绎模式，达到了现实和虚拟的融合性体验（图 7.9）。该技术在虚拟基础设施中也得到了应用，它可以建立市民与城市基础设施（包含供电设施、供水设施、供气设施、污水设施、废弃物设施、交通设施等）之间的互动，并通过混合增强系统实现对虚拟基础设施的干预，如地铁系统优化、道路清洁、高压线维修、核电站检修等，衍生出大量的应用场景。

图 7.9　RAR"福元宇宙"沉浸式体验

（4）基于群体智能的城市街区功能动态配置系统

城市功能的演变是城市发展过程中的典型特征，也是城市作为生命体不断更新迭代的过程。对城市功能的感知、学习、推演、优化是人工智能赋能城市空间的重要方向。在智能城市中，需重点突破群体智能的异质个体博弈协同的理论与方法，建立可计算、可理解的群体智能激励算法和模型，形成城市群体智能决策的核心理论。例如，城市街区功能动态配置系统采用多智能体博弈和群体智能协同算法，在深度学习 1 千米 × 1 千米尺度城市街区业态演变规律的基础上，自主分析城市功能之间的相融、相邻、相避、相斥、相离五种关系，推演十种城市功能在空间中的精细组合，智能配置城市功能设施，实现了城市功能决策的智能技术集成（图7.10）。系统配置精度可以达到5米×5米×3米的空间单元，大幅提升了城市科学决策的效率。

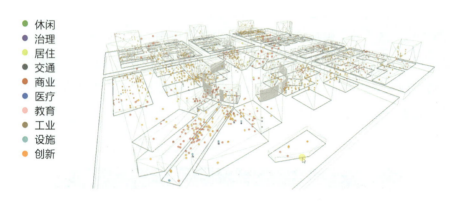

- ● 休闲
- ● 治理
- ● 居住
- ● 交通
- ● 商业
- ● 医疗
- ● 教育
- ● 工业
- ● 设施
- ● 创新

图7.10　城市三维功能要素智能配置

（5）基于自主智能系统的城市CIMAI中枢系统

CIMAI中枢系统是一个智能城市针对发展决策场景而部署的典型应用，重点突破人机协同共融的情境理解与决策学习、直觉推理与因果模型、记忆与知识演化等理论，实现对城市创作、评估、优化等环节的自主智能辅助。例如，青岛中德未来城的CIMAI中枢系统（图7.11）通过对接城市感知系统，对城市的状态做出预判，并根据情景分析，通过调动资源来应对，以减少城市的能源、资源、时间和社会消耗。决策系统贯穿于城市的规划、建设、运营等全过程，通过对多空间尺度、全生命周期的科学管理与决策，促进城市的自我更新与持续进化。自主智能系统为人的决策提供了支持，"人在回路"的系统提升了决策者的价值。将城市交通、用电、能耗、用水、降雨等实时感知数据直接导入CIMAI中枢系统后，系统可根据预测进行供给的自主调控。CIMAI中枢系统可通过数据面板和三维模型等方式进行可视化展示，提供人机互动操作面板，对各项设施的运行状况与潜在问题进行即时查看和调节。系统可通过自主推演预警突发情况，在出现异常时实现人机协同快速响应。

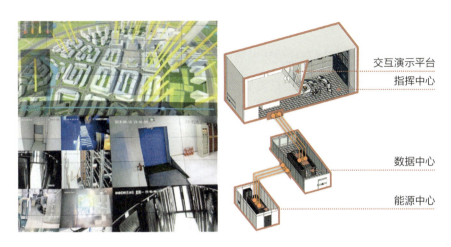

交互演示平台
指挥中心

数据中心

能源中心

图 7.11　青岛中德未来城的 CIMAI 中枢系统

7.2.5　智能城市的创新展望

（1）城市需求将持续牵引新一代人工智能的关键技术研发

①国家与地方联动的智能大数据库。智能大数据库体系是智能城市建设的基础，因此，应统筹建构国家与地方智能大数据体系，建构具有智能感知能力的三维数字空间地图与城市智能大数据库。②面向城市关键问题的智能诊断和决策优化技术。应用人工智能技术开展跨空间尺度的表征与评价，研发全国性城市关键问题人工智能诊断平台，研发基于多场景的城市发展推演及影响评估技术，服务城市发展需求。③虚实相生的智能城市交互技术方向。构建数字孪生城市、数字原生城市融合的通用技术框架，模拟、仿真、推演现实物理世界的运行规律，准确刻画人的动态活动以及城市服务设施的动态运转进程，完成数字城市交互的设计框架，支撑实体空间功能和社会经济活动向虚拟空间延伸。④城市空间的智能响应技术方向。城市物理空间作为城市社会经济活动的载体，逐渐走向能感知、可交互的智能空间，使城市能够识别社会情感和需求；研究增强现实、混合现实等技术，建立虚拟城市与现实城市的空间映射，使城市空间可以响应外在环境的变化并呈现出不同的形态和功能，成为智能自适应空间，从而具有

更强的韧性和灵活性。

（2）智能城市推动产业创新发展

智能城市技术及其应用是投资增长和产业发展的重要推进器，它不仅能直接带动计算机和网络产品制造业、信息技术服务业、城市智能服务产业发展，还能通过智能融合带动基础设施运营、交通运营、城市各门类服务运营的效能提升和成本节约，有力助推相关产业提质增效。智能城市场景示范的形成将有效缓解日益突出的产能过剩问题。①智能城市综合试验区落地。能够根据智能城市的特点，以模块化和连接化为基础，开展全场景联合产业化攻关，构建完善的智能城市产业生态系统，形成智能城市新业态和新商业模式，推动相关制造业和服务业发展。②重点推动智能融合型新基建类产业发展。智能城市的创新将加快供热、燃气、供水、排水、公交、应急等传统基础设施行业的智能化运营，推进智能分布式能源产业发展、公共空间照明智能化改造，促进智能充电桩产业和智能网联汽车产业的发展。③促进智能建筑和智能服务机器人产业发展。以人工智能技术精准应对智能社会和老龄化社会需求，加快产品创新和服务创新，推动商业领域和居家养老等场景的智能化建筑与智能服务机器人市场的发展。④加快城市智能设施和空间产业形成。大幅加快城市基础设施的智能发展，以智能灯杆、智能公交车站、智能信号灯等城市设施为载体，融合社会感知设施开展城市感知网系统建设，推进城市空间智能化设施的创新研发与推广。⑤推动虚拟现实产业、游戏-工作-教育产业融合发展。人工智能为未来城市居民提供了新的生活方式和体验，融合了相关产业的新技术、新装备与人力资源发展。

（3）智能城市促进服务体验智能升级

①基于新一代人工智能的超大城市协同治理。研究基于众脑架构协同城市复杂场景中多智能体决策之间的协同，优化城市信息传递性能和城市治理决策响应链，提升城市治理能力，建立与城市社会组织结构相匹配的信息处理机制，实现跨区域尺度的决策协同。②虚实相生的智能城市服务体验。通过投射、映射和连接，构建物理城市和虚拟城市相互融合、相互

促进、相互补位的新型城市形态，探索城市功能在不同空间的协同布局和相互交融方式。重点推动人工智能赋能的智能住区、智能园区、智能医院、智能公共空间、智能养老等领域的人工智能场景的开发和落地，推动城市体验创新，提升人民生活幸福感和获得感。③建构以城市"家园"为基础的智能服务单元。家园是最基础的城市空间单元，融合了中国传统营城智慧和现代城市理念，形成最经济、高效的空间组织模式。将城市家园系统与人工智能技术相结合，可实现居住、就业、交通、医疗、教育、文化、休闲等方面的多元平衡，以满足百姓日常需求的精准智能匹配，缓解城市交通压力，优化城市空间结构。可以家园为单元推进智能化，在智能基础设施的基础上完善智能社会服务设施，进而为建设具备更高智能水平的城市提供人性化的空间载体。

执笔人：甘　惟（同济大学）

刘朝晖（中国生态城市研究院）

周咪咪（同济大学）

李舒然（同济大学）

刘治宇（同济大学）

7.3　智能农业

7.3.1　智能农业概述

近年来，传感器、大数据、人工智能、区块链、机器人等新一代信息技术迅猛发展并深度融入农业生产经营全过程，引领和驱动传统农业产业在先后经历农业信息化、数字化、网络化后，向智能化方向转型发展。智能农业的核心特征可以概括为以数据、知识和智能装备为核心要素，实现农业生产经营的精准感知、定量决策、智能控制和个性化服务，支撑农业产业高质量发展[63]。

当前，智能农业已成为农业现代化的重要标志和世界各国农业高科技领域的战略必争高地。2018 年 7 月，美国国家科学院、美国国家工程院、美国国家医学院联合发布了《至 2030 年推动食品与农业研究的科学突破》研究报告，提出要取得传感技术、数据科学和农业食品信息学等方面的技术突破；2021 年 7 月，美国国家科学基金会宣布新建 11 个国家人工智能研究所，其中包括农业人工智能劳动力转型和决策支持研究所（AgAID）与弹性农业人工智能研究所（AIIRA）。德国于 2018 年出台了《农业数字政策的未来计划》，提出通过大数据和云计算的应用实现农机精准作业。英国于 2020 年出台了《新农业法案》，提出应用区块链技术提高从农场到餐盘供应链的透明性和公平性。日本于 2022 年颁布了《关于加快智慧农业发展的计划》，提出到 2025 年，争取全面实现农业数字化，引导农业从业人员广泛运用农业数据及无人农机，全面开展数字农业实践。

我国也高度重视智能农业发展。2017 年，国务院印发《新一代人工智能发展规划》，提出重点研制农业智能传感与控制系统、智能化农业装备、农机田间作业自主系统等；提出建立完善天空地一体化的智能农业信息遥感监测网络；提出建立典型农业大数据智能决策分析系统，开展智能农场、智能化植物工厂、智能牧场、智能渔场、智能果园、农产品加工智能车间、农产品绿色智能供应链等集成应用示范；提出加强智能农业发展。2021 年，党中央、国务院印发了《中华人民共和国国民经济和社会发展第十四个五年规划和 2035 年远景目标纲要》，提出加快发展智能农业，推进农业生产经营和管理服务数字化改造。智能农业已经成为我国未来农业的重点发展方向。

7.3.2　智能农业的发展现状与趋势

基于 2012—2022 年论文和专利的文献计量学分析表明，全球智能农业研究的热点主要聚焦在农业专用传感器、农业大数据、农业机器人、农业知识服务等前沿关键技术创新，以及工厂化智能农业、大田无人农场等典型应用场景下的技术集成创新。

（1）农业传感器技术不断突破，正在实现人与动植物的对话

当前，农业传感器研究主要集中在农业环境信息传感、农业生命信息

传感和农产品品质信息传感三个方面。随着芯片技术、纳米技术的发展，农业传感器新原理、新技术、新材料和新工艺不断创新。在感知对象方面，正在由简单的农业物理量（如温湿度）感知走向农业化学量（如土壤养分）、农业生物量（如动植物生理信号）的快速感知[64]。在感知方式方面，正在由传统的破坏式感知走向光学技术主导的非接触式感知和纳米技术主导的可穿戴式或嵌入式实时在线感知[65-67]。例如，在种植业领域，德国的Greenseeker、美国的Veris等传感器可以实时获取冠层营养状态、茎流、土壤有机质含量、虫情等信息；在养殖业领域，芬兰的Gasera等传感器可以实时获取有害气体含量、粉尘含量、动物生理状态等信息；在水产养殖和湖泊生态监测领域，美国哈希等公司的传感器可以实时获取水中的溶解氧含量、藻类含量、浑浊度等信息；在畜牧健康监测领域，美国的Cowlar公司研发了奶牛可穿戴监测颈带，该颈带可持续监测奶牛的体温指标、活跃度以及反刍等动作状态，并可通过采集数据来分析筛查部分类型的疾病风险，监测及管理情绪压力，以及优化饲喂方式，最终达到提高产量、控制成本的目标。此外，荷兰的Connecterra、澳大利亚的Ceres Tag和Smart Paddock以及美国的HerdDogg和QUANTIFIELD Ag等公司也开发了类似的产品用于畜禽体征参数的实时监测与健康反馈。

（2）农业大数据技术不断创新，显著提高农业资源利用效率

农业大数据创新活跃，数据驱动的知识决策正在替代人工经验决策，知识决策主导的智能控制正在替代简单的时序控制，主要的研究应用方向涵盖从育种到产品销售的整个农业产业链。例如，在分子设计育种的基础上，美国的Buckler等[68]、意大利的Harfouche等[69]先后提出了育种4.0、智能育种的新理念，其可以实现作物新品种的高效、个性化选育，从而推动育种从"科学"到"智能"的颠覆性转变[70]。在人工智能算法驱动下，融合遥感数据、作物基因组学数据、表型组学数据，可以显著提高农业大数据在作物生长建模、田间作业管理决策、作物产量评估方面的应用能力和决策精度[71-72]。美国的AeroFarms垂直农场（世界首个同时也是全球规模最大的室内垂直农场公司），利用大数据技术分析温度、湿度、二氧化碳及作

物长势信息，配合使用了 LED 节能照明方案，与传统农场相比，该农场肥料用量减少 50%，用水量减少 95%，农药零投入，作物年产量高出 390 倍。京东数字科技集团采用人工智能技术养牛，节水效率提高 60%、产奶量提升 30%。

（3）农业机器人技术应用加速，显著提高农业劳动生产效率

美国、德国、英国、日本等发达国家的农业机器人研究与应用发展迅速，主要农业生产作业环节（如果蔬嫁接、移栽、施药、采摘，畜禽饲喂、清粪、奶牛挤奶，农产品在线分级、标识、包装等）已经或正在实现"机器换人"，大幅度提高了劳动生产效率和农业资源利用效率[73-74]。美国 Abundant Robotics 公司开发的苹果采摘机器人，可准确识别成熟苹果并以平均每秒 1 个的采摘速度连续工作 24 小时。瑞士 EcoRobotix 公司[75]开发的田间除草机器人，能准确识别杂草并利用机械手臂对杂草进行除草剂喷洒，可降低农药使用量到原先的 1/20，节约相关农业成本 30%。爱尔兰 MagGrow 公司开发的农药喷洒机器人使用永久性稀土磁体产生电磁荷，解决了农药漂移问题，减少了 65%~75% 的农药使用量。

（4）农业知识服务技术更加深入，显著提高农业信息服务质量

大数据智能、群体智能、混合增强智能等新一代人工智能技术的发展，推动农业知识服务由传统的广播式服务走向个性化云服务和可视化人机交互服务等新模式。例如，"众包"（crowdsourcing）方式促进了研究者和农民之间的协作，在农业土地利用率、土壤数据、天气数据以及农产品价格等方面的知识服务中已得到广泛应用[76-78]。农民可以利用手机直接将地理位置、作业安排（如施肥、除草、灌溉）以及种植日历（如播种日期、花期、成熟期和收获期）等信息上传到云平台或网络平台（如 Pl@ntNet、PlantVillage Image、PocketLAI 等），以供科研人员处理、分析及决策，从而帮助农民群体对农业生产做出正确的判断与决策（如农业产量差距分析、药物使用、病害识别等）[79-81]。在德国，利用三维虚拟现实技术开发的农场生产经营软件 Astragon 可在虚拟农场中感受温度、气候的变化，了解病虫害

给作物不同生长阶段带来的影响等。美国 Farmer Business Network 公司利用数据科学和机器学习为众多农民会员提供了数据产品服务。

（5）智能农业产业不断壮大，无人化农场等新业态正在兴起

以美国为代表的农业发达国家，从 20 世纪 70 年代就开始探索智能农业技术研发与应用，培育、壮大了一批以智能农业技术为引领的农业新产业、新业态，并在全球占据了主导地位。高端集约化的工厂化智能农业已经成为荷兰、以色列、美国等发达国家的主导产业，在保障本国农产品供应的同时，还垄断了全球 80% 的环境精准调控、智能化精准作业等工厂化种养设施装备市场。以无人驾驶智能拖拉机、自主智能化播种收获机械等为代表的智能农机装备产业已成为欧美国家重要的优势，正在引领发达国家的大田农业生产逐步实现由智能化生产向无人化生产的新业态转型发展[82]。美国农机巨头约翰迪尔公司提出了未来农场 2.0 计划，旨在建立由农场主指挥的无人化农场。约翰迪尔公司先后收购了人工智能创业公司 Blue River 和自动驾驶解决方案公司 BearFlag Robotics，开始探索田间作物"株级"管理技术，最大限度地挖掘土地的粮食生产潜力。日本久保田公司、德国科乐收公司等也纷纷布局收购智能化、无人化、新能源技术领域的初创企业，并通过与信息领域龙头企业（如德国电信、德国 SAP 软件、日本 NEC 等）深度合作，打造与自己产品融合的智能农业新模式，培育农业产业新业态。国内，赵春江院士团队、罗锡文院士团队等已先后探索建成了多个全程无人化智能农场[83]。

7.3.3 智能农业的典型应用

（1）全国农业科教云平台构建与应用

我国有九大农业产区，各类农作物有 2 万多种，各产区的作物品种、地域、气候差异大，农业生产环境复杂、农情不确定性突出、多因素错综交叉等问题并存。缺少全面、高效的农业知识服务一直以来都是制约我国农业生产力提升与现代化转型的痛点问题。农业生产主体复杂、生产过程发散等特点造成了服务需求千差万别，加之农业领域知识获取渠道少、应

用场景差异大、服务时效要求高等，要实现面向跨媒体、跨学科、跨行业的农业知识精准化服务极为困难。因此，迫切需要大数据、人工智能技术深度挖掘农业场景数据特征及数据间的关联，进而发现其中蕴含的知识规律和服务需求，从而实现农业知识服务的智能化、精准化和实时化。

基于大数据的农业知识智能服务技术以农业知识为内容，通过人工智能技术实现高度碎片化的农业大数据组织关联、知识发现、分析决策，并向用户提供个性化精准服务（图7.12）。农业知识智能服务系统中涉及的关键技术环节主要包括农业知识资源协同获取与融合发现、跨媒体农业知识图谱构建与更新、大数据决策分析以及基于用户画像的农业知识精准服务四部分。

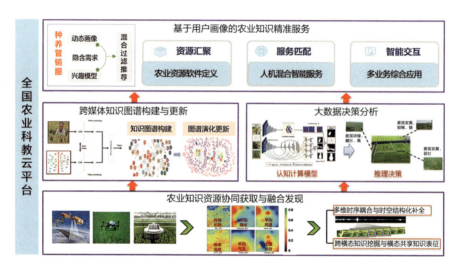

图7.12　基于知识图谱的农业知识智能服务框架

①农业知识资源协同获取与融合发现。全国农业科教云平台汇集动植物生理、生产环境、经营管理等各类型数据，通过多维时序耦合与时空结构化补全建立农业生产经营大数据资源池。基于时空态势识别等大数据表示方法，自适挖掘数据间潜在关联、隐藏范式、发展趋势以及演变规律等，为农业知识智能服务提供知识与数据来源。

②跨媒体农业知识图谱构建与更新。全国农业科教云平台构建了农业产供销全链条知识图谱库，通过文本、音频、视频、光谱等跨媒体数据的

一致化语义表征与连接拼合，建立不同类型数据到图谱空间实体关系的语义关联映射，形成农业知识星云图，实现农业知识的生成演化和关联迭代更新。

③大数据决策分析。建立知识和案例共同支撑的农业大数据认知计算框架，通过农业数据多模态可视化表达与用户交互建模，实现知识图谱规则检索、相似案例匹配、例外语义推理的农业大数据认知推理。其中的难点在于要实现基于机器学习的可解释性分析决策。

④基于用户画像的农业知识精准服务。综合用户本底数据和网络行为数据构建用户画像模型，采用基于用户特征的混合过滤推荐方法，通过变分推理与对抗网络整合，解决农业细分领域服务系统小样本训练收敛性问题，实现用户需求敏捷发现、知识自动组配以及精准高效服务。

全国农业科教云平台集成创新农业知识智能分享学习、农民难题快速反馈指导、生产现场全方位服务、农情立体化防控、市场预测预警分析等关键技术，开展线上技术指导、答疑和远程问诊，搭建专家与农技人员、农技人员与农民、农民与产业间高效便捷的信息化桥梁，形成"AI+农业知识服务"的应用模式（具体农业知识智能服务系统功能流详见图7.13）。该平台在31个省（区、市）、2个垦区2845个县（农场）全覆盖应用，收集生产问题320.2万个，进行技术解答2482.6万次，发布农业新技术20852项，上报作物长势、面积、产量、灾害等农情动态79.9万条，提供线上线下服务10亿余次，受益小农户达1.39亿户，取得了显著的社会和经济效益。

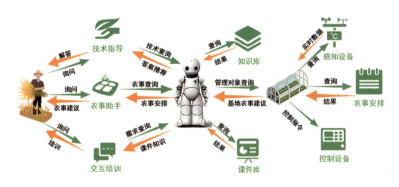

图 7.13　农业知识智能服务系统功能流

群体智能、知识众包、数字孪生、小样本学习等人工智能新方法的飞速发展进一步为人工智能技术深度赋能农业知识服务夯实了理论基础。随着农业知识众包获取、知识图谱动态更新等技术的逐步应用，全国农业科教云平台也朝着全产业链条、自进化学习、可解释性认知等方向发展，实现了数据资源向上集中、服务向下延伸，推动了农业生产由"看天而作"向"知天而作"转变。

（2）超大连栋温室智能高效生产技术系统构建与应用

为了破解我国北方地区发展高效设施农业所面临的传统日光温室作业空间小、土地利用率低、环境调控能力差，荷兰文洛式玻璃温室冬季采暖成本高、夏季越夏生产难度大等瓶颈问题，探索适合我国北方地区气候特征的本土化大型玻璃温室发展道路，2019 年 4 月，国家农业信息化工程技术研究中心赵春江院士团队历经十余年的联合攻关，创新性地提出了"下沉式、大斜面、外保温"的超大连栋温室设计理念，并在山东寿光设计建设单体 8.8 公顷（88000 平方米）的智能下沉式大斜面外保温超大连栋温室及其智能化生产和智能管控配套设施，经过实际生产运营验证，该温室可以大大减少生产能耗、劳动用工等运营成本，具有良好的推广效果，是一种适宜企业化运营的新型温室设施类型。

超大连栋温室是传统日光温室与荷兰文洛式玻璃温室扬长避短、有机融合的本土化产物，大幅提高了温室的保温能力，降低了能耗。超大连栋温室在冬季严寒时段的采暖负荷仅为 120 瓦/米^2，远低于荷兰文洛式玻璃温室的 220 瓦/米^2，节能率超过了 45%。在智能生产管理方面，团队从品种、环境、水肥、田间管理多角度展开研究，建立了适宜超大连栋温室的全流程、多方位精准高效栽培技术体系（超大连栋温室智能生产管理系统架构见图 7.14），涵盖水源处理、环境调控、二氧化碳增施、臭氧消毒、水肥管理决策、营养液回收利用、育苗与栽培管理技术、智能化作业装备、托管式智能控制系统等全生产链。团队自主研发的封闭式水肥一体化装备与全自动智能控制系统实现了节能、高效、清洁、零排放生产。系统根据作物类型、植株需水需肥规律、生长环境等按需、均匀精准供给水肥，并进行全自动化管理，富余的营养液回收后经过生物物理双重消毒实现再利用，同时，系统内置栽培管理专家系统，提供了托管服务，降低了外聘专家管理成本。果菜工厂化生产模式智能化程度高、劳动力节约、清洁无污染、生产效率高、产品品质好，能够以较少的土地实现高产出，是未来农业的发展方向，推动了蔬菜种植管理技术的进步，实现了常规蔬菜产业革命性的发展。整套栽培系统番茄产量达到了48.9千克/（米²·年）[3.3万千克/（亩·年），1亩≈667平方米]，商品果率超过了95%；与土壤滴灌相比，节水、节肥15%~30%，提高水肥利用效率超过1倍；生产净土地面积为传统日光温室的1/3~1/2，建造占地面积为传统日光温室的1/7~1/6。该技术模式是一种全国产化的以科技换产量的农业生产新模式。

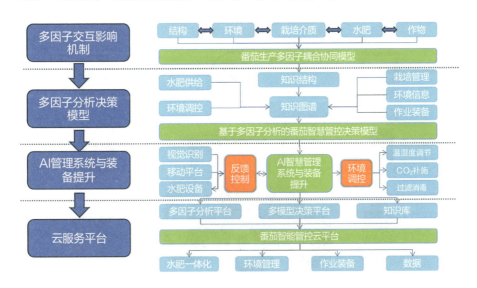

图 7.14　超大连栋温室智能生产管理系统架构

（3）农机无人作业技术系统构建与应用

"无人化"作业农机是智能农机装备发展的新阶段。大田作物智能无人系统主要是将智能信息感知、自动导航控制、执行机构智能控制、移动互联网、大数据等智能农业装备技术集成到拖拉机、联合收获机等机械上，通过合理路径规划、准确姿态控制和灵敏自动避障实现大田作物耕整地、播种、植保、收获等环节无人自主作业。下面分别以拖拉机无人作业系统、联合收获机无人作业系统以及露地甘蓝全程无人作业技术系统为例，围绕无人作业系统构建与示范应用展开简要阐述。

拖拉机无人作业系统的架构如图7.15所示，该系统主要由农机北斗自动导航装置、行进方向与速度控制装置、作业操控装置、障碍物感知以及遥控装置等组成，安装在拖拉机上能够实现拖拉机无人作业。系统将路径规划、行驶方向自动控制、行驶速度自动控制和以自动导航技术为基础的直线行驶技术相结合，综合计算机技术、传感器技术、人工智能控制技术等，实现 ±2.5 厘米的高精度行走作业，地头自动起落农具、后液压自动控制、自动转弯作业及遇障碍物紧急停止，并通过挂接不同农机具实现耕整地、播种、中耕、植保等田间高精度无人作业。

图 7.15　拖拉机无人作业系统架构

在河北省赵县2021年小麦生产全程机械化无人农场试点项目中，工作人员将拖拉机无人作业系统分别与时风2104G拖拉机、东方红LF1104-C进行集成，还分别在两台拖拉机上安装了无人作业交互显控终端、电动方向盘、卫星接收机、行车控制器、电动执行部件、线束等部件，并对拖拉机液压提升机构和离合机构进行了电气控制改造，便于行车控制器进行相关动作控制，使拖拉机能够在无人驾驶情况下完成耕整地、播种等作业。2021年10月，在河北省赵县光辉农机服务合作社示范农场开展拖拉机无人耕整地、无人播种作业示范应用。时风2104G拖拉机挂接旋耕机，东方红LF1104-C挂接小麦播种机，分别按照地块边界标记-设定首条工作路径-路径规划-田间无人作业的工作流程，实现从远程遥控启动、机具出库、田间道路行走、机具放下、播种作业、高精度直线行走、机具抬升、地头转弯等环节的无人化操控，连续作业面积约110亩。

小麦联合收获机无人作业系统架构如图7.16所示，该系统主要由农机北斗自动导航装置、行进方向与速度控制装置、作业操控装置、障碍物感知、语音播报以及遥控装置等组成，将其安装在小麦联合收获机上能够实现小麦联合收获机无人作业功能。系统将机械、液压与电气控制相结合，通过路径规划、行驶方向自动控制、行驶速度自动控制等自主研发核心算法控制技术，综合计算机技术、传感器技术、人工智能控制技术等，可实现±2.5厘米的高精度行走作业、远程无线打火/熄火、地头自动升降割台、地头自动转弯作业、智能粮仓状态语音播报功能，进而实现无人作业。

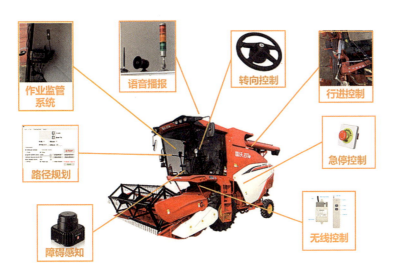

图7.16　小麦联合收获机无人作业系统架构

在河北省赵县 2021 年小麦生产全程机械化无人农场试点项目中，工作人员将联合收获机无人作业系统与雷沃 GM100 小麦联合收获机进行集成，还在收获机上安装了无人作业交互显控终端、电动方向盘、卫星接收机、行车控制器、电动执行部件、安装结构件、线束等部件，并对联合收获机的车载控制器相关信号进行了解析。为便于行车控制器进行相关动作控制，对收获机进行改造，使之能够在无人驾驶情况下完成小麦收获作业。2021年 6 月，在河北省赵县光辉农机服务合作社示范农场开展小麦联合收获机无人作业示范应用，按照地块边界标记–设定首条工作路径–路径规划–田间无人作业的工作流程，实现从远程遥控启动、机具出库、田间道路行走、割台下降、自动收割、高精度直线行走、地头转弯等环节的无人化操控，连续作业面积约 110 亩。

露地甘蓝全程无人化作业技术系统架构如图 7.17 所示，该系统重点围绕露地甘蓝生产全程管控作业过程，突破了全天候农作物看护、跨时域生产服务响应、农机自动驾驶、多类型机具协同控制、作业质量监测等系列关键技术，形成了以天空地一体化高通量网络为"感知中枢"、大数据驱动智慧大脑为"决策中枢"、人机智能协作装备集群为"执行中枢"的技术装备体系，实现了耕整地、起垄、移栽、收获等露地甘蓝生产全程智能化管控与无人化作业。其中，天空地一体化高通量网络以卫星、雷达、无人机、传感器、5G 网络等为载体，可实现露地甘蓝全生育期各生产要素信息的精细化监测和实时化汇集，且支持大范围实时农情信息、作业信息精准获取与蔬菜生产智能化装备的在线交互控制，为露地甘蓝生产精准决策与作业控制提供了数据和网络通道基础；大数据驱动智慧大脑整合气象、土壤、病害、农机等与露地甘蓝生产相关的知识资源库，构建环境调优控制、病虫害智能诊断、营养状况分析、施药配方生成、植保作业路径规划、产量估测等决策模型，为不同气候条件、不同生长阶段的露地甘蓝制定适宜的生产管理方案，为蔬菜生产全流程提供智能化预警分析与决策服务，以数据化精量决策控制模型代替了传统经验型粗放管理，实现了水肥药的精准利用与蔬菜生产的提质增效。人机智能协作装备集群创新了农田环境下的北斗定位导航、自主路径规划、车辆轨迹跟踪控制、激光雷达避障、农机具姿态调优等关键技术，重点突破了惯性导航与视觉苗垄识别多源位置校正、地块边界与作业机具自适应的规划控制算法等功能，通过灵活的作业路径规划与机具调控，实现了蔬菜机械化生产精准轨迹拼接、耕深实时监测、机具自动作业控制，全天候连续耕整地能力达 72 小时。多地多茬口应用示范效果表明，与当地人工种植方式相比，露地甘蓝全程无人化作业技术系统可以在保持相当产量和质量的基础上，综合降低人工投入成本超过 62%。

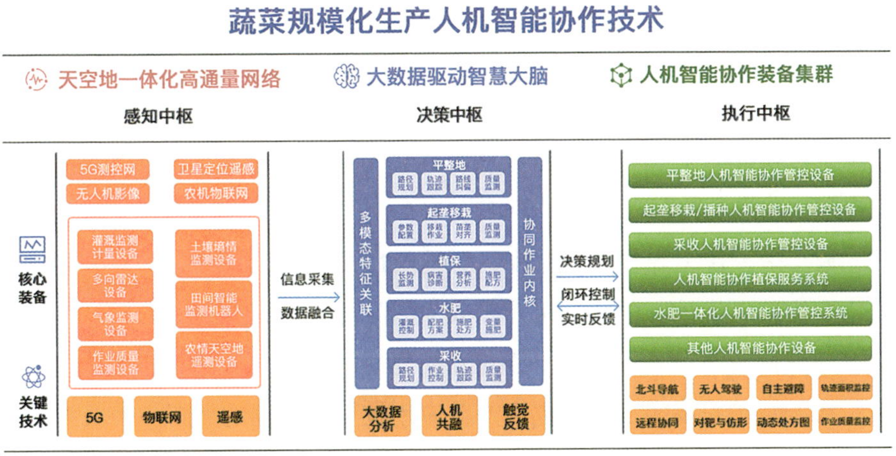

图 7.17　露地甘蓝全程无人化作业技术系统架构

执笔人：杨信廷（北京市农林科学院信息技术研究中心）

7.4　智能医疗

7.4.1　智能医疗概述

（1）定义与内涵

智能医疗是指使用机器学习、计算机视觉、自然语言处理、语音识别、通信感知和行动、问题求解、知识推理和规划等一系列体现人类认知、学习和推理等能力的技术手段，使相应的医疗健康领域的应用、系统或机器具备可解释、自主操控、自我优化并接受人的指导等特征，从而能够对医药卫生领域的临床疾病诊断、疾病治疗、健康管理、药物研发、医疗监管等方面的问题进行合理思考并采取合理行动，最终促进医疗健康产业发展，提高人民健康水平。

（2）发展现状

医疗健康领域的应用关乎人类生命安全和身体健康。人工智能技术发展至今，如何构建可信、安全并适用于临床医疗的应用一直是智能医疗发展中关切的核心问题。随着人工智能的发展进入第三波浪潮，以大数据、互联网、人工智能等技术为核心的智能医疗，为传统医疗健康行业注入了前所未有的动力。科学界与产业界围绕领域选择、融合技术开发研究、社会治理以及场景形态创新做出了众多有益探索。智能医疗从应用研究到产业应用，在广度和深度上都有了可喜的发展。

近年来，在世界主要国家中，智能医疗的发展已上升至国家战略，以人工智能技术为核心的智能医疗已成为国际竞争的新焦点。数据科学和基础设施平台的建设是各国人工智能发展规划的重要方向之一。美国在医疗人工智能领域开展的基础研究和产业应用较早。中国的《新一代人工智能发展规划》等多份国家科技战略规划文件将人工智能在医疗中的应用列为前沿技术，提出要发展智能治疗模式、智能医疗体系、智能医疗机器人、智能可穿戴设备、智能诊断、智能多学科会诊、智能基因识别、智能医药监管、智能疾病预测等。

从整体来看，在智能医疗应用体系中，临床医疗、开发研究和社会治理是当今智能应用的主路径[84]。智能医疗的技术应用体系如图 7.18 所示。临床医疗聚焦临床疾病的预测、诊断、治疗和健康管理。人工智能基于感知智能和认知智能，赋能智能诊断、智能治疗、智能健康管理和智能医疗机器人，促成了智能专家决策系统、智能诊疗设备、智能疾病预测系统、智能手术导航系统、智能手术机器人等一系列软硬件装备。在智能医疗教育和实践培训中，人工智能结合虚拟仿真、虚拟现实/增强现实等成为关键应用。开发研究是人工智能技术应用创新的源泉。在生命科学和应用科学领域，人工智能基于计算智能、认知智能等驱动了智能组学研究、智能药物研发和智能医械研发等研究工作。其中，智能基因识别、智能新药研发平台、智能可穿戴设备等成为主要应用。社会治理围绕医疗卫生事业的智能化管理，通过人工智能结合先进的物联网技术、云计算技术、5G通信技术等新兴信息通信技术，开发了以智能医院、智能医保和智能公卫为核心的智能化应用，主要体现为面向不同业务需要的（如智能传染病监测预警系统等）辅助管理决策平台。

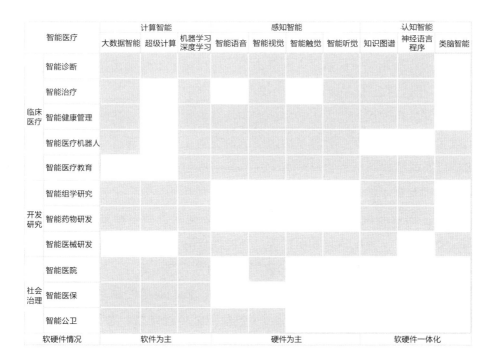

图 7.18 智能医疗的技术应用体系

其中，基于临床医疗的智能医疗多以疾病诊疗为中心。智能医疗的应用研究主要围绕人类疾病展开，包括应用人工智能进行青光眼、糖尿病性视网膜病变和白内障等视觉系统疾病，高血压、心血管疾病等循环系统疾病，糖尿病、肥胖等内分泌、营养或代谢疾病，帕金森病、癫痫等神经系统疾病，肝癌、乳腺癌等肿瘤，泌尿生殖系统疾病以及某些感染性疾病或寄生虫病等疾病的预测和诊疗。高校、科研院所及医疗机构是智能医疗应用研究的主要力量，其次是企业和个体研究者[85]。2014 年以来，智能医疗领域的研究成果（如发表的文献及专利等）显著增加，尤以人工智能在医学影像学中的应用研究最为热门，且更侧重于视像处理、数据计算和核磁共振等分支的研究[86]。与研究热点保持一致的是，智能医疗最成熟的产业化应用是智能诊断模块中的 AI+医学影像分析。目前，人工智能工具能够成熟地用于分析 CT 扫描、X 射线、核磁共振以及心电图、超声等影像，帮助放射科医师找出可能会错过的病变或其他检查结果。根据全球市场研究公司（Global Market Insights）的数据报告，全球人工智能医学影像市场作为人工智能医疗应用领域的第二大细分市场，将以超过 40%的增速发展，预计在 2024 年达到 25 亿美元规模，市场占比达 25%[87]。

在开发研究层面，人工智能的应用为基因组学研究、药物研发和医械研发带来了新的生机。计算基因组学的研究者正致力于通过计算和统计的方法以及通过 DNA 元件百科全书（Encyclopedia of DNA Elements，ENCODE）等大型项目来了解人类基因组中非编码区域的功能，鉴定出基因组中的调控元件，揭示基因间的调控关系[88]。组学数据的类型多种多样，包括序列、类别信息、强度信息和图像等，异构性较高。2015 年，有开创性研究展示了深度神经网络对 DNA 序列数据的适用性[89-90]。此后，与利用深度神经网络处理组学数据相关的出版物数量激增。Eraslan 等[91]梳理了 168 篇相关文献，全面总结了目前深度学习（包括前馈神经网络、卷积神经网络、循环神经网络和图卷积神经网络等）在组学研究方面的应用。人类基因组遗传多态性图谱和全基因组关联研究极大地推动了人们对复杂疾病遗传基础的了解，为提高疾病的诊断和治疗效果打下了坚实的基础。此外，随着基础理论和应用实践的不断积累，以智能医械为主的越来越多的智能应用成果走出了实验室，加快了向市场的转化与应用。中美两国的医疗人工智能临床试验注册数量均表现出逐年增长的趋势[86]。据美国临床试验注册库（ClinicalTrials.gov）统计，截至 2022 年 12 月，世界范围内近 250 项智能医械研究已完成临床试验，50 余项临床研究处于活跃状态（图 7.19）。

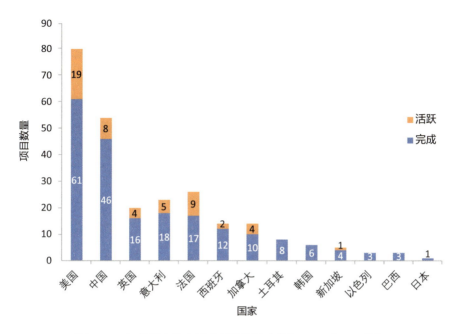

图 7.19 智能医疗临床试验项目数量（截至 2022 年 12 月）

在智能药物研发方面，据 Global Market Insights 数据统计，药物研发占据了全球人工智能医疗市场的最大份额，占比高达 35%[92]。尽管目前还没有真正意义上的由人工智能研发的药物问世，但人工智能无疑嵌入了药物研发整体工作流的几乎所有关键环节，并为产业化制药的运营模式带来了新变化。艾意凯咨询（L.E.K.）的调查结果显示，未来 5~10 年，人工智能应用将成为制药运营模式的标准应用程序[93]。在智能医械领域，影像类的智能诊断软件及医疗手术机器人的发展最引人关注。截至 2022 年底，在美国食品药品监督管理局（FDA）批准的 178 项支持人工智能/机器学习的医疗设备中，有75% 的设备集中于放射学影像诊断领域；我国药品监督管理局批准的 19 项支持人工智能的医疗器械同样集中于放射学影像诊断领域。提及医疗手术机器人，相较于著名的处于弱人工智能状态的达·芬奇手术机器人，美国近来首度开发的全自动手术机器人 STAR（smart tissue autonomous robot）正在逐步向临床阶段迈进，这标志着强人工智能状态下智能机器人对医疗过程和结果的影响大大加深，"AI医生"有望真正在临床上得以实现[94]。

在社会治理方面，随着越来越多的科技企业、高校和科研院所相继投入与开展智能医疗的产品和服务研究，人工智能技术在医疗行业的普及与深度融合进程加快。部分企业已将5G、云计算、大数据、3D打印、机器人、云服务等技术融合应用于医疗领域，实现了从产品供应升级到服务供应，甚至是解决方案的输出。以智能医院为例，对智能医院的探索主要围绕以患者为核心的智能服务和以资源管理为目标的智能管理，以及对医院智能化建筑空间的打造[95]。对此，广东省第二人民医院院长瞿红鹰做了形象的比喻：全场景智能医院是一个类似人体的智能体，包含大脑、神经、五官和四肢；智能交互设备相当于智能体的"五官"和"四肢"；智能连接相当于智能体的"神经"，包括5G、Wi-Fi 6、物联网等核心技术；智能中枢相当于智能体的"大脑"和决策系统，是一个由大数据平台、人工智能算法等组成的云数据中心[96]。"全场景智能+"未来医院目前已在该医院落地建设。在智能医保方面，麦肯锡在2017年发布的报告中提出，智能医保的认知决策系统能简化和加速整个医疗保险索赔管理流程，还能消除冗余审计和拒绝流程的额外成本、提高医保干预社会治理的质量[97]。我国国家医疗保障局构建的统一医保信息平台为医保精细化管理提供了数据基础，开发的基于平台数据的精细化、智能化监管决策系统将成为信息化建设、医保治理能力提升的关键。以智能医保审核系统为例，某市通过全面引入医保智能审核系统建立了医保基金使用的有效规制，在2016年1月至2017年1月的一年时间内，该系统向该市共518所医疗机构共计发送信息3816万条；通过大数据处理技术，医生在大量信息中获取重要信息并调整医疗处方约136万次，医疗基金支出减少约2亿元[98]。在智能公卫方面，智能传染病监测预警平台等，基于大数据和人工智能等手段赋能社区及个人，帮助社区和个人智能化和精准化实施突发公共卫生事件下的管理措施。此外，在新冠疫情期间，集软硬件一体的智能防疫机器人发展迅速。依托于5G技术的发展，机器人可以实现实时的大数据处理，如5G云端医护助理机器人、5G云端消毒清洁机器人、5G云端送药服务机器人和5G测温巡查机器人可承担远程看护、测量体温、消毒、清洁和送药等工作，有效缓解了因医疗需求激增而产生的压力，帮助维持了工作、教育和日常生活的连续性[99]。

（3）未来展望

在新一代人工智能技术的引领下，智能医疗应用体系以典型应用为落脚点，以点扩面逐步拓展，在强调个性化和精准化的同时，注重规模化和泛在赋能。基于智能化系统软件、智能装备等的智能医疗应用，在为患者带来新的生机的同时，也为医疗体系工作者（包括医护人员、科研工作者、管理者和监管者）提供了快捷、优化的数字化工具和方法。

在移动互联网、大数据、超级计算、传感网、脑科学等新理论、新技术以及强烈的经济社会发展需求的共同驱动下，人工智能发展进入了新阶段，呈现出深度学习、跨界融合、人机协同、群体智能开放、自主操控等新特征，广泛应用于包括医疗在内的众多领域[100]。人工智能在计算智能和感知智能发展的基础上，正在加快向能够分析、思考、理解、判断等的认知智能演进。智能医疗发展所需的大数据呈现出质量不断提升、规模不断扩大的趋势。同时，人类知识被引入人工智能模型，智能医疗从数据驱动向数据结合知识驱动发展，从而弥补数据驱动下的"黑箱"问题，提升智能医疗应用的透明度与可解释性。未来，智能医疗将在应对人口老龄化、医疗资源供应不足、医疗资源分配不均等全球面临的共同挑战方面发挥积极作用。人工智能、机器人、虚拟现实和增强现实技术的发展，将促进循证医学与基于真实世界的结果医学的融合，形成智能医疗解决方案，推动预防医疗和精准治疗成为主流[101]。根据生物医学工程、神经科学、合成生物学和纳米技术等领域的最新进展，实现高分辨率的下一代非侵入性神经接口技术已成为研发趋势[102]。美国脑机接口公司Neuralink宣布将首次完成在人类大脑植入脑机接口，其在理论上可以修复任何大脑问题，包括提升视力、恢复肢体功能等。智能医疗的发展也面临着不可忽视的障碍与挑战：卫生（健康）信息标准作为数智研究的基础，它的早日完善和贯彻应用非常关键。在人工智能技术层面上，算法的偏差、可解释性和透明度等问题仍有待解决。另外，探索确保数据隐私和安全先决条件下的医疗人工智能技术，也是人工智能技术在未来医学领域应用必须解决的一个关键问题。

7.4.2 智能医疗的新进展和新挑战

（1）智能医疗研究进展

随着人工智能技术应用研究的不断深入，与AI临床诊疗研究相关的文献数量在过去几年呈现指数增长，部分刊登在 *Nature*、*Science*、*Cell* 等顶级期刊，引起了广泛关注。其中，显著的趋势特征是 AI 异构多模态数据处理能力和辅助临床决策的准确性随着技术的进步得到了较大的提升。例如，*Cell* 在 2018 年以封面文章形式刊登了一项基于深度神经网络迁移学习的研究成果，研究者将利用 ImageNet 数据集训练得到的分类网络迁移至 10 多万张标注的视网膜光学相干断层扫描图像中，该深度神经网络筛查致盲性视网膜疾病的准确率可达 96.6%，且其灵敏度和特异度均与专业眼科医师相当[103]。2023 年，Zhao 等[104]发表在 *Science* 的研究通过分析来自英国生物样本库和日本生物样本库的数万名参与者的成像与遗传数据，发现了心脏和大脑的结构与功能之间的相关性（如心脏成像的特定特征与神经精神疾病之间的联系），从多器官的角度了解人类健康，对改善疾病风险的预测和预防具有重要作用。Cao 等[105]通过 CT 平扫对胰腺病变图像进行了高精度检测和分类，在鉴别常见胰腺病变亚型方面，该方法不劣于使用增强 CT 检查。Groh 等[106]开展的面向皮肤病图像诊断的大规模实验发现，结合医生专家诊断知识和深度学习模型推理的人机协作决策支持系统将专家和全科医生的诊断准确率提高了 33%。此外，研究人员发现，人–机融合、闭环反馈的学习模式可极大改善模型的结果。Chen 等[107]提出了一种基于主动学习的医学自然语言处理模型，通过专家持续对少量样本进行标注，以人机协同的方式实现自然语言处理的医学命名实体识别算法的迭代优化。Bredell[108]设计了模拟用户标注过程的模型，迭代提升了医疗图像的分割效果。

（2）创新 AI 技术应用进展

近几年，大语言模型技术应用成为智能医疗的热门研究领域。大语言模型具有强大的语言理解能力、生成能力、逻辑推理能力，能从大规模医学语料库中检索有用医学知识、回答患者的医疗保健问题、支持临床辅助决策。大语言模型的出现和发展为交互式医学系统开辟了新的方向与希望。例如，谷歌研发了一款拥有 5400 亿参数的大语言模型 Med-PaLM，在包括 MedQA（美国医学执照考试问题）的医学问答上取得了 67.6% 的准确率，比以前 SOTA 的准确率高出 17% 以上[109]。2023 年，Zhou 等[110]发表在 *Nature* 上的一项研究利用 160 万张视网膜图像的数据构建了基础大模型来识别视网膜图像中的患者健康状况迹象，用于眼部疾病和全身性疾病的早筛。Savage 等[111]发现，GPT-4 可以在不牺牲诊断准确性的情况下模仿临床医生常见的临床推理过程。Petzold 等[112]针对临床语言理解任务，对 GPT-3.5、GPT-4 和 Bard 进行了全面评估，任务包括命名实体识别、关系提取、自然语言推理、语义文本相似性、文档分类和问答等，实验结果显示，GPT-4 的整体性能更好，在 Few-Shot 的问答环境中有极好的适应性。《自然医学》（*Nature Medicine*）杂志邀请了六位杰出的人工智能研究人员来解释大语言模型驱动的聊天机器人如何对健康产生影响，包括创建虚拟护士帮助患者解决护理问题、生成临床病历、检测不良事件、预测癌症转移、提供有关健康的社会决定因素以及对话式诊断 AI。国内也涌现出一批具有代表性的医疗专用大语言模型，哈尔滨工业大学的"本草"是为生物医学领域量身定制的一款关注中文的医学大语言模型，开发者使用 CMeKG 的中文医学知识图谱从知识图谱中抽样知识实例，生成了基于特定知识的问答实例。浙江大学研发的"启真医学"大模型，是在收集整理的真实医患知识问答数据以及在"启真医学知识库"的药品文本知识基础上，通过对半结构化数据设置特定的问题模板构造的指令数据微调得到的。讯飞医疗发布了面向医疗健康领域的"讯飞星火医疗"大模型，模型具备医疗海量知识问答、医疗复杂语言理解、医疗专业文本生成、医疗诊断治疗推荐、医疗多轮交互及医疗多模态等六大核心能力。大语言模型在从临床研究到落地应用中展现出了巨大潜力，被广泛应用于医学研究和临床决策支持，包括临床文档生成、创建出院总结、生成手术记录、获得保险预授权、总结研究论文等。医疗 AI 聊天机器人能够基于患者健康数据回答患者提出的健康问题；

帮助医生根据医疗记录、图像、实验室结果诊断病情，提出治疗方案或计划；通过对患者的数据、症状和担忧进行个性化评估，帮助患者了解自身健康状况，促进个体健康管理。

（3）智能医疗的挑战

AI技术若要进一步与医学融合、实现全面推广，则仍面临重大挑战。目前，大多数临床诊疗决策算法和模型只提供"Yes/No"式的答案，存在难以解释的缺陷，不被临床所接受。现有的方法大多属于理解学习模型的工作机制的范畴，而非利用可靠的医学思维逻辑去指导算法，无法保证这些方法输出的可解释性和可靠性[113]。大语言模型尽管提升了智能体临床决策的交互能力，但仍避免不了可靠性和可解释性这两大难题。大语言模型的幻觉问题会导致其做出非事实陈述。Zack等[114]发现，GPT-4存在偏倚风险，其无法准确代表医疗条件中的人口多样性，如GPT-4评估的患者疾病风险或建议的治疗方案存在性别歧视、种族歧视等问题。大语言模型还可能反馈不正确或荒谬的内容，向用户提供不正确或不安全的医疗建议[115]。开发者们面临的挑战是通过提供可解释的临床决策结论及支撑证据链、提供与临床医师诊疗逻辑深度耦合的规则流，从而获得临床工作者的认可。面临的挑战项有：①如何充分利用领域专业知识和样本数据、如何巧妙融合多模态数据进行学习、如何利用医生知识增强检索、如何消除模型幻觉和偏差、如何提高大模型生成结果的鲁棒性等；②如何调优模型策略、借助知识引导模型善于演绎推理的能力和数据驱动模型善于归纳总结的特点，形成数据驱动与知识引导相结合的可解释建模，真正使用临床逻辑实现可解释的临床智能诊疗决策，构建贴近医生工作方式、循证可解释的智能诊疗决策支持系统。

7.4.3　智能医疗的典型应用

人工智能感知智能与认知智能领域中语音交互、计算机视觉和认知计算等技术已逐渐成熟，它们与大数据、5G、机器人等技术不断融合，在医疗领域的应用场景已较为丰富。由此，本节将重点阐述5G远程超声机器人、智能临床决策支持系统、智能手术机器人、智能传染病风险预警监测平台等智能医疗典型应用案例。

（1）5G远程超声机器人

5G远程超声机器人是借助机器人技术，结合5G网络传输技术，在患者端放置机器人的机械臂装置，模拟医师手持常规超声探头，使医师端通过虚拟操作杆远程遥控扫查患者，采集图像并做出诊断的系统[116]。相较于传统固定、孤立的超声诊疗环境，5G毫秒级时延特性支持下的远程超声支持实时开展远程超声检查，将医疗服务延伸到了诊室外、医院外、户外，甚至是更复杂的野外场景。在信息安全的前提下，智能超声诊断系统可实现医疗影像信息在医师、技师、医学生、管理者、支付者间高效流转，在节约社会医疗资源的同时，充分发挥了优质医师的诊断能力[117]，促进了医疗资源下沉。该系统可通过叠加人工智能辅助诊断能力，开发针对特定部位（如乳腺、甲状腺、颈动脉等）的辅助诊断系统。5G远程超声机器人一旦实现自动识别病灶并进行相应分型的功能，将进一步协助提高临床超声医生的诊断效率。

随着5G技术的成熟应用，当前阶段5G技术的应用方向主要有5G远程超声机器人、5G移动式远程超声机器人和5G便携式远程超声机器人三大类。

由华大智造云影医疗科技有限公司自主研发的远程超声机器人MGIUS-R3在2020年获得了国家药品监督管理局第三类医疗器械认证，以及欧盟市场准入的欧洲统一（Conformité Européenne，CE）认证。该机器人集成了多传感仿真探头、互联网安全加密、高保真低延时图像传输、高容错音视频传输、高精度机械臂柔性控制、力反馈等先进技术，病人端搭载六臂协助机械臂执行系统，能够实现全自动实时远程超声诊断。可由医生远程完成全程的操作，可以在850毫米的扫描覆盖区域里实现多角度摆尾和扫查，定位精度高达±0.1毫米，将病人端医护操作减到了最少。可在机械臂上更换不同的超声探头，实现腹部、血管、小器官、肌骨、泌尿等全身多部位综合诊断。

5G 远程超声机器人移动车是 5G 远程超声机器人在移动场景中的创新应用。移动车通过 5G 网络达到了毫秒级异地同步响应和跨地域点对点远程控制，可实现院前急救 – 院内急诊的高效连接。浙江大学医学院附属第二医院基于 MGIUS–R3 远程超声机器人，在救护车上设置了 5G 远程超声诊断系统。5G 网络支持超低时延的触感回传，医生通过操纵机械臂可以同步控制 5G 救护车上的超声探头，患者的图像、彩超画面能够实时传回医生端[118]，并结合人工智能实时监测、警报链接全流程的诊疗闭环。远程移动终端（手机）可用于实时会诊时显示超声图像。在紧急救援场景下，5G 通信可帮助远程实时传递图像数据到连线医院，医院医师可远程实时进行诊断并监测伤病情况，降低重症患者在转运途中病情加重的风险，避免传统的轻症患者后送方式对人力、物力等资源造成巨大浪费[119]。

便携式掌上 5G 远程超声系统在基层入户随访、居家健康管理中逐渐显露出应用价值[120]。超声技术、5G 技术和可穿戴机器人技术相结合的便携式 5G 远程超声机器人是另一个重要研究发展方向。张伟丽等[120]对其进行了展望，认为便携式 5G 远程超声机器人将可以远程传送超声图像，助力医师实现远程操作、远程会诊，从而降低一线卫生人员的技术准入门槛并提升诊断准确性。

（2）智能临床决策支持系统

临床决策支持系统（clinical decision support system，CDSS）通常分为基于知识的 CDSS 和基于非知识的 CDSS [121]。基于知识的 CDSS 一般使用基于文献的、基于实践或患者导向的证据来制定规则，通过创建规则（if–then 语句）、系统检索数据来评估一个动作或输出[122]。基于非知识的 CDSS 利用人工智能、机器学习或统计模式识别提供决策，其往往需要一个高质量的数据源。

在新一代人工智能技术的引领下，基于人工智能的临床决策支持系统（artificial intelligence based clinical decision support system，AI–CDSS）诞生，其是一种利用人工智能技术，综合临床知识、患者主客观病情信息，辅助临床医护人员进行综合分析判断，通过增强医疗干预能力提升决策和行动的精准性、个性化以及效率，从而提高医疗质量、提升医疗服务水平的信息系统。

AI-CDSS的构成。①基础组成：编程到系统中的规则（基于知识），用于建模决策的算法（基于非知识）以及可用的数据；②推理引擎：获取编程或人工智能确定的规则和数据结构，并将其应用于患者的临床数据，生成输出或动作；③通信机制：通过将网站、应用程序或电子健康档案（electronic health record，EHR）等前端界面呈现给终端用户，实现终端用户与系统交互[123]。

AI-CDSS通过自动提醒、即时警告等形式增加医护对临床指南和临床途径的依从性，成功减少了处方和剂量错误，避免了各种禁忌证等。"人卫临床医疗助手"基于疾病知识和典型病历数据库打造CDSS"知识+数据"底座，提供智能问诊、智能用药等临床决策支持。"灵医智慧"CDSS通过学习权威教材、药典及三甲医院优质病历，基于百度医疗知识图谱、自然语言处理、认知计算等多种人工智能技术，建立融合概率图推理、规则推理及基于深度学习的多模型决策系统，用以提升诊断准确率，减少误诊、漏诊的情况。基于电子病历数据的人工智能自学习系统可以说是AI-CDSS的一次突破性尝试。以IBM Watson为代表的临床决策支持系统以人工智能自然语言识别、图像识别为基础，从海量临床数据中提取特征并加以归纳总结，"沃森之眼"（Eyes of Watson）能够将图像识别与病例描述的文本识别结合起来，以提供全面的诊断决策支持[124]。作为临床与科研并行的尝试，克利夫兰诊所设计和实施的CDSS在患者的记录符合临床试验标准时向医生提供即时警报，提示用户填写一份建立资格和同意联系的表格，将患者的图表转发给研究协调员，并打印临床试验患者信息表[125]。

AI-CDSS对数据的要求很高，成功的AI-CDSS应该能与现有的临床工作流程、患者信息系统等无缝集成，以便在应当做出决策的时间和地点自动提供咨询服务，如辅助问诊、辅助诊断、治疗方案推荐、相似病历推荐、医嘱质控、病历内涵质控、医学知识查询等。解决复杂医学知识规范化表达、多源知识整合、语义标准化问题是当前AI-CDSS可信应用与可持续发展的基础。提升系统的可解释与可移植性能力，发展面向多模态数据、多学科的临床决策支持是AI-CDSS应用拓展的方向。随着人工智能深入参与临床诊疗，确定人机交互的增强临床决策模式以及针对AI-CDSS的伦理准则、监管机制与执业资格定位将成为推动AI-CDSS产业发展的关键。

（3）智能手术机器人

手术机器人是集医学、机械学、生物力学及计算机科学等多学科于一体的医疗器械产品，通过患者–机器人系统和外科医生–机器人系统的交互，从视觉、听觉和触觉上为医生手术操作提供支持。智能化是手术机器人发展的重要方向之一，美国康奈尔大学的研究者提出了先进的智能手术机器人系统构成（图7.20）[126]。新一代智能手术机器人的智能化水平与数字通信、决策能力、视觉显示和引导以及触觉反馈有关。

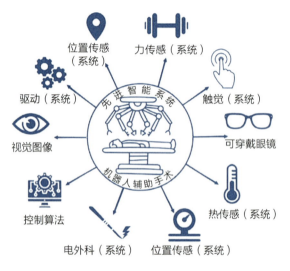

图7.20　智能手术机器人系统构成

在临床趋向微创外科（minimally invasive surgery，MIS）需求导向的发展背景下，智能手术机器人的发展需要更好的成像和触觉显示、更好的人体工程学主控制台、更小的仪器设备和更强的便携性。例如，在软组织手术机器人领域，由美国直觉外科公司（Intuitive Surgical）成功研制并不断升级换代的著名智能手术机器人系统"达·芬奇"，代表着当今手术机器人的最高水平。达·芬奇手术机器人由主从远程操作系统、四个机械臂、一个3D–HD摄像机以及众多的医疗仪器构成，支持腹腔镜、胸腔镜、前列腺切除、心脏切开、血管重建、经口耳鼻喉科、胆囊切除和子宫切除等手术[127]。作为柔性智能手术机器人的代表，Flex® 机器人系统[128]是第一个也是唯一一个获得 FDA 批准用于经口腔入路手术的机器人辅助手术平台；Sensei X 导管定位机器人系统[129]综合了先进的三维导管控制技术和三维可视化技术，为医师导管定位提供了更高的精确性和稳定性。在硬组织导航手术机器人领域，由北京积水潭医院、北京航空航天大学、北京天智航医疗科技股份有限公司三方联合研发的天玑骨科手术机器人专攻人体硬组织，是目前世界上唯一能够开展脊柱全节段、骨盆及四肢骨科手术的骨科机器人系统，适用于脊柱外科、创伤骨科、手外科/足踝外科、关节外科/运动医学科及小儿外科辅助手术。

认知外科手术机器人是一种自主外科手术机器人系统搭配先进的控制算法、深度学习能力和强化学习能力的智能系统，能给予外科医生预案决策支持，管理和控制手术过程的工作流程，预测外科医生和助手的精神状态，以提示、警示等方式精准提供患者术中生命信息的反馈[130]。例如，由美国 Auris Health 开发的 Monarch 系统平台[131]是未来自主手术系统的一个典型例子，其通过融合应用电磁导航技术、光学模式识别和机器人运动学数据，在手术过程中对支气管镜位置进行三角测量，并为执行支气管镜检查的医生提供准确的位置数据。

（4）智能传染病风险预警监测平台

智能传染病风险预警监测平台是指应用人工智能机器学习技术，将传染病预警理论与模型应用于流行性疾病的探测和预警的平台。基于多源大数据（包括基于社交媒体信息、人口流动、环境和疫情防控等时空大数据）的传染病智能化监测预警是当前的主要模式[132]。

基于互联网搜索和社交媒体等大数据，谷歌流感趋势预警平台（Google Flu Trends，GFT）曾利用累积的海量搜索数据，成功预测了 2009 年甲型 H1N1 流行性感冒在全美范围的传播[133]。加拿大人工智能健康监测平台 BlueDot 使用自然语言处理和机器学习等技术筛选了 65 种语言的新闻报道，通过搜索外语新闻报道、航空公司数据和动物疾病暴发的官方公告，定向收集潜在的流行传染病暴发和扩散的线索，训练得到的"疾病自动监测平台"在新冠疫情暴发之初发挥了重要的监测功能[134]。

基于集合的人口流动大数据和流行病学参数包括客运大数据（铁路、航空等）、地图数据（百度迁徙、腾讯地图、谷歌地图等）和移动定位大数据（手机信令或定位数据）等，利用人工智能技术构建的传染病传播、扩散风险的预警系统，可对具有较高疫情输出和输入风险的地区及高风险人群进行精准预警。BlueDot利用国际航空运输协会（International Air Transport Association，IATA）生成的 2018 年旅行数据成功预测并向其客户预警了新冠疫情的流行性传播[135]。我国传染病自动预警系统（China Infectious Diseases Automated-Alert And Response System，CIDARS）已实现了法定报告传染病监测信息与预警模型自动运算的结合，实时预警每例鼠疫、霍乱等甲类传染病病例报告，每日定时分析与预警流行性感冒等常见法定报告传染病[136]。双数科技有限公司利用大数据和人工智能提供了传染病疾病智能监测方案，该方案的补充功能可实现传染病的高精准认知、待报卡信息的自动提示、病人信息的自动填充、地址信息（精确到街道）的智能解析认知和重复报卡的自动去重等。

针对不同防控策略的疫情趋势分析与预警，可通过构建疫情传播时空模型（如易感-暴露-感染-康复的舱室模型）或基于个体的时空传播模型，对不同干预措施的防控效果进行模拟分析，定量评估不同措施对疫情的影响，进而预测不同应对策略下的疫情走势[137]。例如，呼吸疾病国家重点实验室杨子峰教授团队[138]建立了优化的动态SEIR［susceptible（易感者），exposed（潜伏者），infected（感染者），recovered（康复者）］传播动力学模型及人工智能LSTM模型，对传染病管控措施效果及传染病流行趋势进行预测。

执笔人：黄正行（浙江大学）

朱烨琳（浙江数字医疗卫生技术研究院）

张建楠（浙江数字医疗卫生技术研究院）

7.5 智能教育

7.5.1 智能教育概述

（1）人工智能赋能教育的新机遇与内涵

人工智能是促进人类社会发展和科技进步的重要驱动力与战略技术，是推动未来教育创新发展的关键动力。联合国教科文组织与中国合作举办的国际人工智能与教育大会强调：要高度重视人工智能对教育的深刻影响，积极推动人工智能和教育的深度融合。可见，当前人工智能正以赋能教育的方式推动教育信息化从融合应用迈向创新发展[139]。尤其是随着大模型技术的快速发展，人工智能以其强大的自然语言理解和内容生成能力，赋予了教育领域广泛的应用能力，对于教与学而言，可以推动教学过程和活动的智能辅助服务、教学评估方法革新、教学精准管理决策等方面的发展；对于其自身发展而言，可凭借大规模数据及真实应用场景而不断迭代更新模型和算法[140]。可以说，新一代人工智能在不同层面与教育相融，能够促进以精准有效、个性与全面发展、减负提质为特征的教育全过程、全方位创新，由此帮助教育迎接人机协同、跨界融合、共创分享的智能时代，助力教育向高质量智能教育跃迁。因此，借力于新一代人工智能赋能教育的新机遇，智能教育有望从理论层次上升到实践层次，打造可持续与健康发展的教育新生态。

在此新机遇之下，人工智能赋能教育将以多类型教育利益相关者需求为导向，利用大数据、大模型、AR/VR、区块链等新兴技术，构建面向教学、学习、管理等全域教育的虚实融合环境，该环境具有泛在资源供给、便捷具身交互（人机、人际、人与资源环境）与协作支持等优势特性，可为大规模且差异化的学习者提供高效、可定制、虚实相融的个性化/终身化教育服务。智能教育将锚定以人为中心的"信息空间–物理世界–人类社会"三元空间，展开个体/群体的人际/人机具身交互，并进行教育全流程的事理推理，实现教育内容增值和人机融生，促进人的适性自主知识建构和全面高质量发展。

（2）高质量智能教育体系新需求

智能教育体系是教育系统中各要素有机整合的复杂生态系统，也是推动智能教育内生发展的重要支撑。高质量智能教育系统以人工智能为代表的新一代信息技术为支撑，旨在打造以"学习者为中心"的智能化教育环境，加快推动人工智能在教学、学习、管理等教育全过程的应用，创新智能化时代的教育理论和应用模式，优化教育全流程设计并促进深层次高效的教育生态形成[141]。究其根本，高质量教育是教育各环节、各部分高度协同的统一整体。然而，智能教育体系中的教育利益相关者、教学场景、教与学任务之间存在差异性，且人、机器、物理环境等复杂要素无序紊乱，智能教育系统的特性、发展状态与演化规律尚不能被精准厘清，致使各要素间不能形成系统性合力，难以突破传统教育中人类和机器各自为政的困境，极大地制约了智能教育系统的作用效果[142]。因此，建设智能教育生态系统，是顺应教育数字化转型的新需求和必然选择。

（3）育人为本适性驱动的新路向

人的全面发展是社会发展的核心和最终目的，育人为本作为适性教育的本质要求与价值遵循，既是破除智能教育提质难题的关键，也是促进适性教育长足发展的基础。新一代人工智能赋能适性教育的关键是在处理教育数据过程中引入人的智能决策，以提高人工智能的自主学习与教育理解洞察能力，进而定制化形成人机共同进阶的智能教育体系[143]。由此可见，人机协同是人本主义智能教育发展的核心和突破口。同时，在人-机-物互联的新型三元空间中，为调整人与人之间的关系以链接物理与信息世界，应把握人机交互中的功能互补和价值匹配，明晰"以人为本"的适性教育定位，打造人本适性教育体系。适性教育作为人本主义的重要教育理念，其核心在于尊重学生个体差异，在坚持以人的全面发展为核心的理念下，将人工智能技术以多种灵活、适宜的方式融入支持智能、增强智能与人机协同智能中，实现三大智能一体化联动，促进面向机器可为、人类可为和人机可为的智能教育应用，寻求个体与群体的全面协调发展[144]。因此，坚持以人为本，把育人为本作为教育工作的根本要求，是实现人机智能共创、共生的新型未来教育生态的崭新路向。

7.5.2　智能教育的发展现状

（1）人机协同下的智能教育理论与技术现状

人机协同下的智能教育理论研究是智能技术高效赋能教育创新的重要支撑，在人工智能技术支持下，教育全流程中人机高度协同，传统学习的主体与过程皆全面革新，人类智能和机器智能各自的优势都将充分发挥[145]。人机协同下的智能教育理论将作为教育应用实践的基础，它以人和机器的交互、协作为研究对象，理解教育活动并揭示其发生的规律，构建人本人工智能视角下人机共生演进发展的教育新生态[146]。当前，人机协同下的智能教育理论研究主要聚焦于五项关键问题：个性化教与学理论、21世纪数字化教育核心素养标准、基于人机交互的认知学习机理、智能化过程性评价和成长可追踪的终身学习体系[147]。另外，教育大数据对于教育的价值日益受到重视，借助人机协同的数据智慧机制，数据可从信息、知识跃升为教育智慧。就人机协同下的教育主体而言，人工智能时代的人机协同影响着教育教学的专业边界，作为教育实践的参与者、教育利益的相关者，其在人机协同中的角色理应完成重构并成为智能教育的重要内涵承载主体与发展者。从人机协同视域下智能系统的演变过程来看，智能系统的智能性历经由弱到强的被动型AI代理（代替重复性工作）、部分主动型AI助手（增强自动化处理）、拟人化AI教师（赋能角色自主与任务创新）和共生化AI伙伴（赋能角色社会属性、增强具身育人能力）这四个阶段。人机高度协同视域下的智能教育相关理论体系仍在演化发展中，人–机–物深度融合下高质量教育的理论、模型以及实现路径仍有待探索。

人机协同下的智能教育技术是人工智能在教育领域应用的基础，直接影响人工智能教育应用的效果。现有不少智能技术赋能教育的应用研究目标是辅助教师教学过程，提高教学的效率和效果，如在开放式教学活动中，同伴互评的评分数值和文本反馈可能不一致，应用基于机器学习的智能检测技术可以判断评价中的不一致，从而最大限度地减少教师教学过程的工作量。利用人工智能引擎自动标注课堂教学行为，并对课堂教学行为类型与规律等进行分析，可以帮助教师了解课堂实情，进一步改善课堂教学[148]。基于深度学习技术建立教学资源与学习者画像的关系模型，不仅能为学习者推荐个性化课程，还能为教师提供教学建议[149]。大模型的发展也为智能反馈与教学内容生成提供了基石，可通过在学习过程中生成问题与反馈，实现如编程指导[150]等应用。当前，智能教育技术主要以数据驱动的方式执行学习者的个性化推荐、学习行为分析[151]等任务，然而关于人机协同视角下的相关教育智能技术的研究较少。虽然大模型以其卓越的理解和生成能力、知识推理能力，在各行各业展现出了巨大应用潜力，但在以育人为主体的教育垂直领域中，仍缺乏相关学科的理论支持，无法满足真实教育场景的复杂需求。另外，智能教育技术在"加工"关联数据时的教育主体隐私保护、对赋能过程计算的公平公正性保障，也是亟待解决的重要挑战。因此，智能教育还需进一步探索领域深度理解和赋能适配技术，以及更为具身的人机交互等技术，使机器能够真正理解人的学习意图和需求，为学习者提供更加适性且安全的学习支持服务。

总体看来，人机协同相关研究主要集中在概念、框架和特点等理论方面，重点关注如何借助机器（智能教学系统等）助人；而人机协同视域下促进教育利益相关者全面高效学习的核心机制与技术的研究仍有待进一步深入，尚未形成高质量教育发展的有效支撑性理论、方法与技术体系。

（2）智能教育体系建设现状

智能教育体系是一个多要素、多层次、动态发展的复杂生态系统，离不开教育目标与全域数据/理论/规范等基础设施体系、核心技术集群、服务/产品/平台应用体系等各要素、多方面的有机统筹。智能教育基础设施体系主要包含数据、理论方法与标准、软硬件资源/工具/环境和教育智能计算基础库。智能教育基础设施体系侧重大数据新要素视角下教育要素的内涵边界的进一步拓展，展现了"主体-环境-理论-资源-数据"等内外双循环智能教育生态模型，这些模型可以为智能教育的技术和应用体系提供一定的理论指导。智能教育的核心技术体系是实现精准化教学、个性化学习和高效教育管理的关键，主要涉及面向教学、学习、管理、评价、考试等教育全过程与复杂场景的智能/快速机器分析/理解/处置模型及算法（如差异化学习表示、可解释和教育大模型等技术），该体系以人类参与/反馈等人在回路的模式驱动机器更快达到育人期望的精确度，从本质上揭示智能教育认知规律[152]。除上述基础内容之外，智能教育体系还涉及智能教育的产品研发、平台建设与应用。智能教育产品研发是指支持多样化教与学场景的智能化系统和产品的研发，经典的智能教育产品有智能导学系统、教育机器人、教育智能体等。而智能教育平台建设是指集教学、测评、管理等教育多方位服务为一体的智能平台搭建，目前主要有基础支撑平台、在线教学平台、智能课堂平台以及教育管理平台等。基于上述产品和平台，智能教育应用实践是指将智能产品或平台投入实际的教学、学习、管理场景，以实现增效、减负、育人的总目标。综上所述，当前智能教育体系主要聚焦在为某个特定问题提供解决方案，尚未深层剖析智能教育的各要素，厘清智能教育体系各要素的协同演进关系并形成可持续健康发展的生态体系。

（3）以人为本的智能教育服务现状

以人为本是人工智能时代实现高质量教育发展的基本特征。随着个性化、差异化智能教育需求的日益增长，人本理念已逐步贯彻于智能教育应用实践的各个场景。针对智能教育对象各阶段认知的差异性、多角色需求的多样性、跨文化体验的复杂性等特征，智能教育领域的专家和学者们开始注重面向教师、学生、家长等多角色的一体化服务，并切实覆盖基础教育、职业教育、高等教育等各个阶段，但现有个性化教育服务仍存在教育场景受限（如个性化在线学习环境）、个体适性服务质量欠佳等问题。此外，社会文化差异是目前智能教育以人为本研究需要考虑的另一个关键因素，对于面向个性化服务的智能教学顾问等产品，有研究已开始尝试构建和整合多样文化的知识库，以实现文化自适应的教育服务[153]，然而该教育服务主要面向学习群体，仍缺乏个体适性设计。与之类似，目前大部分智能产品多倾向于关注群体间的差异性而轻视个体间的独特性，因此面向主体适性的高质量全场景智能教育产品还有待于进一步研发。此外，当前一些典型的智能教育平台，如自适应学习平台Revel、内容型平台Learn Bop、教育大模型星火语伴等可以针对教育内容与过程，为教育主体提供教与学、测评、管理等方面的综合性和个性化智能服务，但其中也存在着一些不容忽视的问题，如各教育平台的连通性仍有待完善，教育主体的多渠道教育数据无法有效流通和汇聚，难以为教学、学习、管理、评价、考试等教育全过程提供人本主义理念引领下的智能适性服务。总而言之，智能教育在应用过程中过多关注面向不同教育场景的技术创新与研发，缺少以人为本视域下的顶层教育设计理念、具体场景的迭代验证，难以建立连通数据驱动下的适性教育范式，因而高质量可持续发展的适性智能教育的实现任重道远。

7.5.3 智能教育的发展趋势

（1）多学科交叉融合的智能教育基础理论与技术创新

智能教育是计算机科学、认知科学、神经科学等多学科理论交叉应用的结果。在多学科理论指导与新一代人工智能赋能下，我们可以系统探寻智能教育需求，精准理解智能教育全过程，进而高效挖掘智能教育客观规律。然而，智能教育具体实践发现，目前智能教育基础理论未能实现跨学科、跨领域的深度融合，特别是在人–机–物深度融合复杂场景下，智能教育基础理论仍较为保守和固化，难以满足智能时代人全面发展的基本需求。随着多类型人工智能体在教育中的不断深入应用，深入理解人–机–物协同共生的智能教育全过程，建立真正契合智能体发展的教育基础理论、人与智能体之间的协同交互理论等已成为首要趋势。需要从多学科交叉融合的视角出发，注重教育思维加工理念、分析建构方法、智能决策审视与评估能力等方面的培养，以多主体协同创新推动跨领域、跨学科、跨机构深入融合的智能教育理论突破。

智能教育的高效发展离不开智能技术的改革创新，智能技术需要不断针对教育场景进行探索实践，才能真正服务教育场景以提升整体效果。为此，未来仍需进一步结合具体智能教育需求，探索人-机-物深度融合教育场景下的精准感知、知识计算、过程建模、教育测评、伦理与安全保障等关键核心技术，实现以通往人机共生大模型为代表的智能新技术对教育领域的适配与进化。具体领域的技术如下。

①教育场景适配性人工智能理解模型与算法。围绕教与学复杂多类型教育应用场景需求，克服教育大模型的领域适应性与"幻觉"问题，设计教育全过程数据的群体智能感知方法，研究基于领域需求的学习者状态识别、教育知识发现与表征等人工智能理解相关技术。

②可解释与多粒度的归因诊断技术。构建面向教育理解模型的可解释性机制，并研究多粒度下的因果关系挖掘、教与学问题诊断与归因技术，做到"知其然知其所以然"。

③面向人全面发展和细粒度的适性推荐技术。建立面向教育领域的预训练大模型/小模型，在人本人工智能理念指导下分析学习者个性化需求，并研究与垂直模型匹配的认知图谱与动态增量理解计算技术，以此实现有效教育适性推荐。

④教育伦理、数据安全与隐私保护技术。基于联邦学习、隐私计算、区块链技术等，以计算遵从公平公正为基础，使教育数据能够在不违背隐私与伦理道德的前提下，实现有效分析与挖掘，真正做到数据赋能教育创新。

通过应用以上领域的技术，可搭建面向新型教育场景的专用智能教育技术研发体系，并建立面向全方位教育场景的智能技术创新应用框架，实现新一代人工智能技术创新，助推智能教育全过程感知与规律探究变革。

（2）人-机-物混合增强的智能教育全景式环境建设

智能教育发展总是伴随着教育空间的不断延伸和拓展，从物理到虚拟、从理论到实践、从区域到全局等成为近年来智能教育空间构建的主要特征趋势。例如，AI课堂环境把教学场景从线下延伸到线上，推动了学习从教室、学校小区域场景走向大规模社会场景，实现了学校教育从三尺讲台到无边界学习的空间突破。但同时，我们也应看到当下不同场域存在的教学过程割裂、教与学状态难以追踪、教育服务伴随性差等问题，构筑一个教学、学习、管理、评价、考试全过程联通，线上与线下虚实融合的全景式智能教育环境将成为智能教育新基建的首要关注内容。因此，需加快相关软硬件环境的深度联通，借助大数据、大模型、区块链等智能技术实现教育各场域间的数据共享、设备协同与知识互联等，保障整体智能教育环境自适应自优化运行。

随着物理世界、信息世界与人类世界界限的逐渐模糊以及近年来数字孪生、元宇宙等智能技术的兴起，人–机–物混合增强的智能教育环境建设将成为实现高质量教育的必然选择。智能教育环境以深度融合机器智能、人类智能与网络环境为基础，可以支持线上、线下教育空间的无缝连接，可捕捉教育全过程的多源、多模态教育数据，实现智能教育规律的全景式深度挖掘。具体来说，需要借助于新一代智能技术实现真实教育场景的建模分析，对教育跨场域中的物理、社会、心理等教育情境进行全方位、多层次的精准刻画，从而形成虚拟现实融合与跨平台支撑的智能教育基础环境。

（3）支持高质量、可持续发展的智能教育生态体系构建

随着"信息空间–物理世界–人类社会"三元空间的提出，新一代人工智能时代的教育将经历信息流驱动的全方位持续性实践改革过程，通过教育大模型/小模型的融入与迭代发展，最终形成一个成熟的教育创新生态体系。面向智能教育的可持续发展，要求人们运用智能教育创新理论、新一代人工智能等新兴技术优化面向多角色主体、多类型场景的教育全过程，提供无处不在的高质量智能教育服务，降低教育成本并促进教育公平。新型智能教育生态体系能够有机整合个体和群体智能，聚合相互赋能增效的人类智能与机器智能，形成人–机–物新型赛博化融合的"群体空间"，构建一个良性循环、和平发展的教育共享生态圈，以实现学得个性化、教得精准化、管得科学化。

从智能教育体系的用户层面来说，具有全面化、个性化、智能化等特征的智能教育服务不再仅满足于学习者、教学者以及管理者的渴求，也应充分考虑到家庭、政府、企业等其他与教育利益相关者的诉求；从教育场景层面来说，在人工智能赋能教育提质增效的大背景下，社会各企业研发的各类教育智能产品，会不断与教育各要素发生"化学反应"，形成双向互补与多赢格局，促使教育不再局限于校园而开始走向社会。面对这些转变，需将人工智能作为新的工具和创新要素，以教育主体为中心，通过对多元教育数据的整合，联动校、企、政等多方力量，赋能教学、学习、管理、评价、考试等教育全过程，从而搭建开源、开放、互通的新一代人工智能教育生态体系（图 7.21）。

图 7.21　以人为中心的智能教育生态体系

（4）以人为本视域下智能教育规模化适性应用

智能教育的根本目标是构建并应用面向人的智能化教育服务体系，以人为本是人–机–物混合增强环境下智能教育的基本特征。一直以来，技术赋能教育改革创新面临的重要挑战之一就是规模化授课与个性化需求之间的突出矛盾。在大规模传统教育教学中，教育主体本身存在着较大差异且育人目标多变，在人力、物力有限的教育环境中，难以充分考虑到每个教育主体的需求。而"以人为本"视域下的智能教育将更加追求差异化、个性化应用，需考虑不同适性发展阶段和主体类型的差异，以探究全路径动态教育方案规划。因此，能否在满足大规模教育主体需求的同时又实现适性智能服务供给，将成为衡量智能教育质量好坏的一个重要标准。

在面向精准教学、学习、管理、评价、考试等教育全过程的健康、高效、自演进智能教育生态环境时，教育主体的全生命周期数据将会被持续追踪，智能教育将面向主体的全面发展进行动态、适性的服务定制，智能教育体系也将从传统教育的大规模集体教学转变为以差异化教育主体、因材施教的适性精准施策为重的教育模式。针对智能教育的人本意识薄弱与教育效率低下的问题，需要从人机共生、适性服务、教育循证等需求出发，探索、突破教育主体的差异化表示、过程深度理解、自动化适配、个性化生成等技术，升级、创新与高并发大规模教育需求相适应的智能教育平台，加快面向典型教育场景的以人为中心的智能教育优质产品落地，实现规模化与个性化协调统一的教育高质量智能发展新常态。

（5）人本主义引领下智能教育技术的安全与伦理规制

智能教育技术的安全与伦理问题也是智能教育实践应用面临的关键问题。在智能技术与教育教学深度融合过程中，需对多类型群体从认知、行为、情感等维度的多模态教育大数据进行采集，并对教育知识进行挖掘，进而理解不同教育场景的内部运作机制，其中智能技术可能会逐渐触及人类的"隐性"领域，带来主体丧失、隐私泄漏、计算遮蔽等一系列的伦理隐忧，甚至会导致局面失控。尤其是随着智能技术赋能教育的范围和能力逐渐提升，人类对于自身教与学过程的监控、调节等元认知能力将会被削弱，教育逐渐偏离人机共存的本真状态，不利于智能教育的高质量可持续发展。因此，充分发挥人类的主体引导作用，通过公平公正安全计算与规则政策等手段，树立人机协同的道德底线将成为未来智能教育的主要保障。为了获取人机协同智能教育体系的充分信任，人工智能的伦理价值必须趋向和谐共生。以促进"人类自身发展和成长"为基本立场，制定和嵌入道德标准，打造更加强大、安全和值得信赖的人工智能体系。实现真正健康向善的人机协同型人工智能，是智能教育的持续努力方向。具体来说，需要克服机器对于人类道德的模糊性理解，使人工智能具有"德行"，以人机信任契约为内在保障开展"德"为体、"和合"为形的协同教育。随着大数据、大模型技术的快速发展，数据伦理道德和数据安全保障成为亟待解决的关键问题，这就需要利用机器对自身分享或复制等行为的可行性进行严格评估，并严密看管与教育安全密切相关的敏感事物，从而使得教育智能体在物理世界中没有"可乘之机"。一方面，需紧密结合前沿的可信计算技术，如联邦学习、区块链、零信任模型等，构造适合人机协同智能教育的人工智能安全技术体系，从技术手段上保证智能教育的安全性。另一方面，需开展人工智能教育应用的伦理规范调研，出台教育技术安全与伦理相关法律法规，约束新一代智能技术在各教育场景下的应用，不断提升各教育利益相关者的伦理认知。

7.5.4　思考与前瞻

（1）人机共生下智能教育终身化生态体系构建

人机共生下智能教育终身化生态体系的构建是推动教育领域迈向"万物互联，适性智能"新高地的必要途径。因此，针对终身教育的问题与目标，基于多学科理论与人工智能适配技术，自下而上研究人机共生下"人在旁路""人在回路""人在领路"的体系框架（图7.22），并依此研究可自主进化的协同学习机理，明晰协同演化规律，形成面向人机共生的融合范式，推动人工智能与教育深度融合，并针对不同的教育人工智能应用场景，形成的"人类大为""机器助为""人机可为"应用场景将成为引领我国未来教育综合改革与体制创新的重要方向。

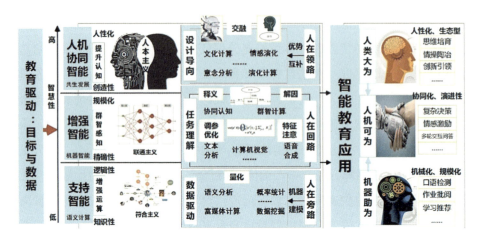

图 7.22　人机共生下智能教育终身化生态体系框架

从现有研究中不难发现，目前的智能教育主要处于数据驱动下的智能技术增强运算阶段。针对以人为本的教育领域，计算的本质更重视人的交互作用和参与程度，逐渐从以机器为中心计算向以人为中心计算转变。因此，随着人机融合环境突破现实与虚拟界限、个体/群体间通过深度交互行为展开具身学习活动收获认知理解增效，智能教育逐步从支持智能走向增强智能，实现人机协同智能的共生发展，呈现出"人在回路"乃至"人在领路"的计算特点。此外，针对以人为本与全面发展的目标，面向智能教育的计算日益重视教育主体和教育过程的内隐性及非认知层面，思维、创造力、情感态度、价值观等都将成为未来教育的计算对象与赋能重点。

针对以上内容，首先，需要从人在旁路–人在回路–人在领路模式中形成可进化的终身学习生态体系，研究适应性学习方法，形成教育数据驱动下归纳、知识指导中演绎以及群体认知中顿悟等学习手段相互结合的理论模型。其次，建立个体、群体与教育环境的多模态数据主动感知方法，构建可行的持续性教育评估与决策模型，形成大规模群体学习的协同与演化、群体学习任务的分解与适配的技术支持体系。最后，深化智能教育终身化学习应用场景，加快推动集人机协同学习理论与技术一体化的人机共生体系平台建设，有效整合跨学科理论、资源和技术，打造多学科融合的人–

机–物协同共融的智能教育生态体系，建立激励创新、有机集成、快速应用的智能化教育新生态体系，推动人机协同学习平台在教育智能感知、交互、评测、决策、生成等方面的广泛应用，从而实现"人类大为""机器助为""人机可为"的共融教育新发展。

（2）教育全过程理解与归因支持下的人本适性具身发展

教育场景（如在线学习、混合学习、智能学习等）具有去中心化、涌现性等特点，个体/群体协同学习呈现动态性、复杂性与多态性等变化规律。为了实现以人为本的适性具身发展，必须要精准获悉全过程状态，并通过诊断发现其中存在的问题，实现教育的"知其然知其所以然"，这就需要对教育各主体自身的心智、身体状态以及所处的学习环境进行有效的感知和分析，完成对于情境认知、脑认知与具身认知的综合表达，并通过制定完备的约束与管理机制，规避人工智能导致的隐私伦理违背、人类自身进化的元认知偏差等负面影响，实现全面的人本适性具身发展，如图 7.23 所示。

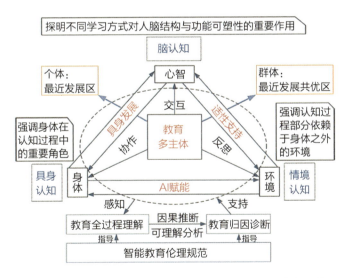

图 7.23　教育全过程理解与归因支持下的人本适性具身发展体系

已有研究表明，学习习惯、教育手段和教育资源与学习效果改善存在一定的因果关系，通过演化规律捕获使学习踪迹可循，助推因果推断可行有效。由于学习中认知活动的复杂性与人类学习发展目标的渐进性与多态性，目前尚缺乏对人-机-物多元协同演化规律的研究，且鲜有将因果推理模型应用于群体智能支持的人-机-物协同学习的归因探析。此外，对于智能教育带来的隐私侵犯、元认知发展阻碍等人工智能技术造成的负面问题的忽视及应对方案的缺失，也是影响人工智能赋能教育目标实现乃至阻碍人本适性具身发展的关键因素。

因此，为实现智能教育人本适性具身发展，首先，需突破对教育全过程精准理解与归因的瓶颈，引入合适的博弈、竞争、合作和激励机制，加强基于逻辑推理、归纳推理和直觉顿悟相互协调补充的因果推断新理论与体系的建设，实现常识知识支持下人-机-物协同数据的深度抽象和归纳。其次，以此探究面向多元协同的可计算、可解释建模方法，实现跨域数据的有效一致性采集与融合，从多视角对跨域数据进行高效聚合分析，以支持协同学习进程中的认知诊断、具身分析与群体智能感知，高效完成基于人-机-物协同合作的复杂教育教学任务。此外，还需进一步建立行之有效的教育人工智能伦理规范与适应性学习方法，在区块链、联邦学习、人在回路、具身学习的技术与理念支持下，遵循数据可循、隐私保护、以人为本的前提，形成教育数据驱动下归纳、知识指导、公平公正保障中演绎以及群体认知中顿悟等学习手段相互结合的一体化协同模型，解决人-机-物协同学习中的知识生成与表示、资源管理与共享等问题，最终实现高质量可持续的人本适性具身发展。

执笔人：黄昌勤（浙江师范大学）

参考文献

[1] Harrington J. Computer Integrated Manufacturing [M]. New York, NY, USA: Springer Publishing, 1973.

[2] 严新民. 计算机集成制造系统 [M]. 西安: 西北工业大学出版社, 1999.

[3] "863计划"自动化领域CIMS主题专家组. 计算机集成制造技术与系统的发展趋势 [M]. 北京: 科学出版社, 1994.

[4] 李伯虎, 吴澄, 刘飞, 等. 现代集成制造的发展与863/CIMS主题的实施策略 [J]. 计算机集成制造系统, 1998(5): 7-15.

[5] 吴澄. 现代集成制造系统导论: 概念、方法、技术和应用 [M]. 北京: 清华大学出版社, 2002.

[6] 李伯虎, 柴旭东, 朱文海. 复杂产品集成制造系统技术 [J]. 航空制造技术, 2002(12): 17-20, 40.

[7] 森德勒. 工业4.0: 即将来袭的第四次工业革命 [M]. 北京: 机械工业出版社, 2014.

[8] 通用电气公司. 工业互联网: 打破智慧与机器的边界 [M]. 北京: 机械工业出版社, 2015.

[9] 魏毅寅, 柴旭东. 工业互联网: 技术与实践 [M]. 北京: 电子工业出版社, 2017.

[10] 李伯虎, 张霖, 王时龙, 等. 云制造: 面向服务的网络化制造新模式 [J]. 计算机集成制造系统, 2010, 16(1): 1-7,16.

[11] 李伯虎, 张霖, 柴旭东. 云制造概论 [J]. 中兴通讯技术, 2010, 16(4): 5-8.

[12] 李伯虎, 张霖, 任磊, 等. 再论云制造 [J]. 计算机集成制造系统, 2011, 17(3): 449-457.

[13] 李伯虎, 张霖, 柴旭东, 等. 云制造 [M]. 北京: 清华大学出版社, 2015.

[14] 李伯虎, 柴旭东, 张霖, 等. 智慧云制造: 工业云的智造模式和手段 [J]. 中国工业评论, 2016(Z1): 58-66.

[15] 李伯虎, 柴旭东, 侯宝存, 等. 云制造系统3.0: 一种"智能+"时代的新智能制造系统 [J]. 计算机集成制造系统, 2019, 25(12): 2997-3012.

[16] 李伯虎, 柴旭东, 张霖, 等. 新一代人工智能技术引领下加快发展智能制造技术、产业与应用 [J]. 中国工程科学, 2018, 20(4): 81-86.

[17] 李伯虎, 柴旭东, 张霖, 等. 面向新型人工智能系统的建模与仿真技术初步研究 [J]. 系统仿真学报, 2018, 30(2): 349-362.

[18] 李伯虎, 柴旭东, 侯宝存, 等. 一种新型工业互联网: 智慧工业互联网 [J]. 中国工业和信息化, 2021(6): 54-61.

[19] 潘云鹤. 中国新一代人工智能 [C]// 天津: 首届世界智能大会, 2017.

[20] 李伯虎, 柴旭东, 刘阳, 等. 工业环境下信息通信类技术赋能智能制造研究 [J]. 中国工程科学, 2022, 24(2): 75-85.

[21] 中华人民共和国工业和信息化部, 中华人民共和国国家发展和改革委员会, 中华人民共和国教育部,等. "十四五"智能制造发展规划 [EB/OL]. (2021-12-21) [2022-12-22]. https://www.miit.gov.cn/jgsj/ghs/zlygh/art/2022/art_c201cab037444d5c94921a53614332f9.html.

[22]　德勤, 中国科学技术信息研究所, 中国人工智能学会, 等. 制造业+人工智能创新应用发展报告[EB/OL]. (2021-10-16) [2022-12-22]. https://www2.deloitte.com/cn/zh/pages/energy-and-resources/articles/manufacturing-artificial-intelligence-innovation-application-development-report.html.

[23]　张霖, 陆涵. 从建模仿真看数字孪生 [J]. 系统仿真学报, 2021, 33(5): 995-1007.

[24]　张冰, 李欣, 万欣欣. 从数字孪生到数字工程建模仿真迈入新时代 [J]. 系统仿真学报, 2019, 31(3): 369-376.

[25]　Yu Y, Li H, Yang X, et al. An automatic and non-invasive physical fatigue assessment method for construction workers [J]. Automation in Construction, 2019, 103: 1-12.

[26]　Andreev A, Barachant A, Lotte F, et al. Recreational Applications of OpenViBE: Brain Invaders and Use-the-Force [M]. Hoboken, USA: John Wiley & Sons Inc., 2016.

[27]　Yashin G A, Trinitatova D, Agishev R T, et al. AeroVr: Virtual reality-based teleoperation with tactile feedback for aerial manipulation [C]// 19th International Conference on Advanced Robotics (ICAR), Wuhan, China, 2019: 767-772.

[28]　Bamakan S M H, Nezhadsistani N, Bodaghi O, et al. Patents and intellectual property assets as non-fungible tokens; key technologies and challenges [J]. Scientific Reports, 2022, 12(1): 1-13.

[29]　Shahbazi Z, Byun Y C. Improving transactional data system based on an edge computing-blockchain-machine learning integrated framework [J]. Processes, 2021, 9(1): 92.

[30]　Ren Y, Xie R, Yu F R, et al. Potential identity resolution systems for the industrial internet of things: A survey [J]. IEEE Communications Surveys & Tutorials, 2020, 23(1): 391-430.

[31]　汪硕, 吴芃, 卢华, 等. 新型网络产业发展战略研究 [J]. 中国工程科学, 2021, 23(2): 8-14.

[32]　黄韬, 刘江, 汪硕, 等. 未来网络技术与发展趋势综述 [J]. 通信学报, 2021, 42(1): 130-150.

[33]　吴志强, 甘惟, 刘朝晖, 等. AI城市: 理论与模型架构 [J]. 城市规划学刊, 2022(5): 17-23.

[34]　IBM Institute for Business Value. A vision of smarter cities: How cities can lead the way into a prosperous and sustainable future [R/OL]. (2009-07-22) [2023-08-11]. https://www.mendeley.com/catalogue/ca9f7184-91fa-3f37-9a2e-7cec628ef6f6/.

[35]　吴志强, 柏旸. 欧洲智能城市的最新实践 [J]. 城市规划学刊, 2014(5): 15-22.

[36] Long Y, Zhang Y, Zhang J, et al. The recent achievement and future prospect of China's smart city [J]. Frontiers of Urban and Rural Planning, 2022, 2(1): 12-21.

[37] 黄沣爵, 杨滔, 张晔珵. 国内外智慧城市研究热点及趋势 (2010—2019年): 基于 CiteSpace的图谱量化分析 [J]. 城市规划学刊, 2020(2): 56-63.

[38] 甄峰, 孔宇. "人-技术-空间"一体的智能城市规划框架 [J]. 城市规划学刊, 2021(6): 45-52.

[39] 吴志强, 仇勇懿, 干靓, 等. 中国城镇化的科学理性支撑关键: 科技部"十一五"科技支撑项目《城镇化与村镇建设动态监测关键技术》综述 [J]. 城市规划学刊, 2011(4): 1-9.

[40] 华先胜, 黄建强, 沈旭, 等. 城市大脑: 云边协同城市视觉计算 [J]. 人工智能, 2019(5): 77-91.

[41] 吴志强, 李欣. 北京城市副中心规划工作思路创新 [J]. 城市规划学刊, 2019(S1): 138-141.

[42] Zhang Y, Larson K. CityScope: Application of tangible interface, augmented reality, and artificial intelligence in the urban decision support system [J]. Time+Architecture, 2018(1): 44-49.

[43] Long J, Shelhamer E, Darrell T. Fully convolutional networks for semantic segmentation [J]. IEEE Transactions on Pattern Analysis and Machine Intelligence, 2015, 39(4): 640-651.

[44] Xiao L, Wan X, Lu X, et al. IoT security techniques based on machine learning: How do IoT devices use AI to enhance security? [J]. IEEE Signal Processing Magazine, 2018, 35(5): 41-49.

[45] Ma Y, Wang Z, Yang H, et al. Artificial intelligence applications in the development of autonomous vehicles: A survey [J]. IEEE/CAA Journal of Automatica Sinica, 2020, 7(2): 315-329.

[46] Biondi F, Alvarez I, Jeong K A. Human-vehicle cooperation in automated driving: A multidisciplinary review and appraisal [J]. International Journal of Human-Computer Interaction, 2019, 35(11): 932-946.

[47] Aziz S, Dowling M. Machine learning and AI for risk management [M]// Lynn T, Mooney J G, Rosati P, et al. Disrupting Finance. Cham, Switzerland: Palgrave Pivot, 2019: 33-50.

[48] Büchi G, Cugno M, Castagnoli R. Smart factory performance and industry 4.0 [J]. Technological Forecasting and Social Change, 2020, 150: 7-22.

[49]   Belanche D, Casaló L V, Flavian C, et al. Service robot implementation: A theoretical framework and research agenda [J]. The Service Industries Journal, 2020, 40(3-4): 203-225.

[50]   Das S, Biswas S, Paul A, et al. AI doctor: An intelligent approach for medical diagnosis [M]// Bhattacharyya S, Sen S, Dutta M, et al. Industry Interactive Innovations in Science, Engineering and Technology. Singapore: Springer, 2018: 173-183.

[51]   吴志强, 甘惟. 转型时期的城市智能规划技术实践 [J]. 城市建筑, 2018(3): 26-29.

[52]   Roh Y, Heo G, Whang S E. A survey on data collection for machine learning: A big data-AI integration perspective [J]. IEEE Transactions on Knowledge and Data Engineering, 2019, 33(4): 1328-1347.

[53]   Mnih V, Kavukcuoglu K, Silver D, et al. Human-level control through deep reinforcement learning [J]. Nature, 2015, 518(7540): 529-533.

[54]   Olfati-Saber R, Fax J A, Murray R M. Consensus and cooperation in networked multi-agent systems [J]. Proceedings of the IEEE, 2007, 95(1): 215-233.

[55]   吴志强. 人工智能辅助城市规划 [J]. 时代建筑, 2018(1): 6-11.

[56]   潘云鹤. 人工智能走向2.0 [J]. 中国工程院院刊, 2016, 2(4): 51-61.

[57]   张庭伟. 复杂性理论及人工智能在规划中的应用 [J]. 城市规划学刊, 2017(6): 9-15.

[58]   吴志强, 黄晓春, 李栋, 等. "人工智能对城市规划的影响"学术笔谈会 [J]. 城市规划学刊, 2018(5): 1-10.

[59]   吴志强, 刘朝晖. "和谐城市"规划理论模型 [J]. 城市规划学刊, 2014(3): 12-19.

[60]   吴志强. 论新时代城市规划及其生态理性内核 [J]. 城市规划学刊, 2018(3): 19-23.

[61]   吴志强, 李翔, 周新刚, 等. 基于智能城市评价指标体系的城市诊断 [J]. 城市规划学刊, 2020(2): 12-18.

[62]   吴志强, 王坚, 李德仁, 等. 智能城市热潮下的"冷"思考学术笔谈 [J]. 城市规划学刊, 2022(2): 1-11.

[63]   赵春江. 智能农业发展现状及战略目标研究 [J]. 智能农业, 2019, 1(1): 1-7.

[64]   孙晓梅. 智慧农业传感器的应用现状及展望 [J]. 农业网络信息, 2015(2): 39-41.

[65]   Goh L S, Kumekawa N, Watanabe K, et al. Hetero-core spliced optical fiber SPR sensor system for soil gravity water monitoring in agricultural environments [J]. Computers and Electronics in Agriculture, 2014, 101: 110-117.

[66]   Umapathi R, Park B, Sonwal S, et al. Advances in optical-sensing strategies for the on-site detection of pesticides in agricultural foods [J]. Trends in Food Science & Technology, 2022, 119: 69-89.

[67] Karadurmus L, Cetinkaya A, Kaya S I, et al. Recent trends on electrochemical carbon-based nanosensors for sensitive assay of pesticides [J]. Trends in Environmental Analytical Chemistry, 2022, 34: e00158.

[68] Wallace J G, Rodgers-Melnick E, Buckler E S. On the road to breeding 4.0: Unraveling the good, the bad, and the boring of crop quantitative genomics [J]. Annual Review of Genetics, 2018, 52(1): 421-444.

[69] Harfouche A L, Jacobson D A, Kainer D, et al. Accelerating climate resilient plant breeding by applying next-generation artificial intelligence [J]. Trends in Biotechnology, 2019, 37(11): 1217-1235.

[70] 王向峰, 才卓. 中国种业科技创新的智能时代: "玉米育种4.0" [J]. 玉米科学, 2019, 27(1): 1-9.

[71] Araus J L, Kefauver S C, Zaman-Allah M, et al. Translating high-throughput phenotyping into genetic gain [J]. Trends in Plant Science, 2018, 23(5): 451-466.

[72] Harfouche A L, Petousi V, Jung W. AI ethics on the road to responsible AI plant science and societal welfare [J]. Trends in Plant Science, 2024, 2(29): 104-107.

[73] Dusadeerungsikul P O, Nof S Y. A collaborative control protocol for agricultural robot routing with online adaptation [J]. Computers & Industrial Engineering, 2019, 135: 456-466.

[74] Adamides G, Katsanos C, Parmet Y, et al. HRI usability evaluation of interaction modes for a teleoperated agricultural robotic sprayer [J]. Applied Ergonomics, 2017, 62: 237-246.

[75] Li Y, Guo Z, Shuang F, et al. Key technologies of machine vision for weeding robots: A review and benchmark [J]. Computers and Electronics in Agriculture, 2022, 196: 106880.

[76] Francone C, Pagani V, Foi M, et al. Comparison of leaf area index estimates by ceptometer and PocketLAI smart app in canopies with different structures [J]. Field Crops Research, 2014, 155: 38-41.

[77] Estes L D, McRitchie D, Choi J, et al. A platform for crowdsourcing the creation of representative, accurate landcover maps [J]. Environmental Modelling & Software, 2016, 80: 41-53.

[78] Bey A, Sánchez-Paus D A, Maniatis D, et al. Collect earth: Land use and land cover assessment through augmented visual interpretation [J]. Remote Sensing, 2016, 8(10): 807.

[79]   Beza E, Silva J V, Kooistra L, et al. Review of yield gap explaining factors and opportunities for alternative data collection approaches [J]. European Journal of Agronomy, 2017, 82: 206-222.

[80]   Rossiter D G, Liu J, Carlisle S, et al. Can citizen science assist digital soil mapping? [J]. Geoderma, 2015, 260: 71-80.

[81]   Muller C L, Chapman L, Johnston S, et al. Crowdsourcing for climate and atmospheric sciences: Current status and future potential [J]. International Journal of Climatology, 2015, 35(11): 3185-3203.

[82]   Pathak H, Igathinathane C, Zhang Z, et al. A review of unmanned aerial vehicle-based methods for plant stand count evaluation in row crops [J]. Computers and Electronics in Agriculture, 2022, 198: 107064.

[83]   罗锡文. 无人农场是数字农业的实现路径之一 [J]. 大数据时代, 2021, 10: 13-19.

[84]   徐向东, 梁艺琼, 李辰, 等. 190例医疗健康人工智能应用案例分析 [J]. 中国卫生信息管理杂志, 2020, 17(3): 376-382.

[85]   卢岩, 陆安静, 陈娟, 等. 基于ClinicalTrials.gov的中美医疗人工智能临床试验注册现状比较研究 [J]. 中国医疗设备, 2021(5): 1674-1633.

[86]   张敏, 马子烨, 谢彤. 基于文献分析的智能医疗研究现状与展望 [J]. 中华医学图书情报杂志, 2019, 28 (12): 25-34.

[87]   唐志强, 卓玛, 魏巍. 智能医学影像的发展现状和挑战 [J]. 现代医药卫生, 2020, 36(17): 2754-2757.

[88]   Snyder M P, Gingeras T R, Moore J E, et al. Perspectives on ENCODE [J]. Nature, 2020, 583(7818): 693-698.

[89]   Alipanahi B, Delong A, Weirauch M T, et al. Predicting the sequence specificities of DNA- and RNA-binding proteins by deep learning [J]. Nature Biotechnology, 2015, 33: 831-838.

[90]   Zhou J, Troyanskaya O G. Predicting effects of noncoding variants with deep learning-based sequence model [J]. Nature Methods, 2015, 12: 931-934.

[91]   Eraslan G, Avsec Ž, Gagneur J, et al. Deep learning: New computational modelling techniques for genomics [J]. Nature Reviews Genetics, 2019, 20(7): 389-403.

[92]   上海交通大学. 2019中国人工智能医疗白皮书 [R/OL]. (2019-03-06) [2020-02-20]. http://cbdio.com/BigData/2019-03/06/content_6037231.htm.

[93]   Heskett C, Faircloth B, Roper S. Artifiicial intelligence in life sciences: The formula for pharma success across the drug lifecycle [R/OL]. (2018-10-15) [2020-07-18]. https://www.lek.com/sites/default/files/insights/pdf-attachments/2060-AI-in-Life-Sciences.pdf.

[94]　周文康, 费艳颖. 医疗人工智能前沿研究: 特征、趋势以及规制 [J]. 医学与哲学, 2021, 42(19): 1002-1007.

[95]　张梦圆. 人工智能+智慧医院现状与发展趋势研究 [J]. 中国中医药图书情报杂志, 2021, 45(3): 46-49.

[96]　郭潇雅. 广东省二医: 打造全场景智能医院 [J]. 中国医院院长, 2021, 17(9): 77-79.

[97]　Mckinsey Company. Artificial intelligence in health insurance [R/OL]. (2020-02-16) [2020-05-21]. https://healthcare. mckinsey.com/wp-content/uploads/2020/02/Artificial-intelligence-in-Health-Insurance.pdf.

[98]　张安平. 以规则为核心的医保智能审核系统探析 [J]. 信息系统工程, 2018, 11(16): 37.

[99]　张旭东, 陈校云, 舒婷. 人工智能蓝皮书: 中国医疗人工智能发展报告 (2020) [M]. 北京: 社会科学文献出版社, 2020.

[100]　中华人民共和国国务院. 关于印发新一代人工智能发展规划的通知（国发〔2017〕35号）[EB/OL]. (2017-07-08) [2020-02-20]. http://www.gov.cn/zhengce/content/2017-07/20/content_5211996.htm.

[101]　Gao F, Geng Z. Analysis on the development status and prospect of intelligent medical [C]// 2021 IEEE Asia-Pacific Conference on Image Processing, Electronics and Computers (IPEC), Dalian, China, 2021: 416-419.

[102]　Schalk G, Mcfarland D J, Hinterberger T, et al. BCI 2000: A general-purpose brain-computer interface (BCI) system [J]. IEEE Transactions on Biomedical Engineering, 2004, 51(6): 1034-1043.

[103]　Kermany D S, Goldbaum M, Cai W, et al. Identifying medical diagnoses and treatable diseases by image-based deep learning [J]. Cell, 2018, 172(5): 1122-1131.

[104]　Zhao B, Li T, Fan Z, et al. Heart-brain connections: Phenotypic and genetic insights from magnetic resonance images [J]. Science, 2023, 380: 6598.

[105]　Cao K, Xia Y, Yao J, et al. Large-scale pancreatic cancer detection via non-contrast CT and deep learning [J]. Nature Medicine, 2023, 29: 3033-3043.

[106]　Groh M, Badri O, Daneshjou R, et al. Deep learning-aided decision support for diagnosis of skin disease across skin tones [J]. Nature Medicine, 2024, 30: 573-583.

[107]　Chen Y, Cao H, Mei Q, et al. Applying active learning to supervised word sense disambiguation in MEDLINE [J]. Journal of the American Medical Informatics Association, 2013, 20(5): 1001-1006.

[108]　Bredell G, Tanner C, Konukoglu E. Iterative interaction training for segmentation editing networks [J]. International Workshop on Machine Learning in Medical Imaging, 2018, 7(6): 363-370.

[109] Singhal K, Azizi S, Tu T, et al. Large language models encode clinical knowledge [J]. Nature, 2023, 620: 172-180.

[110] Zhou Y, Chia M A, Wagner S K, et al. A foundation model for generalizable disease detection from retinal images [J]. Nature, 2023, 622: 156-163.

[111] Savage T, Nayak A, Gallo R, et al. Diagnostic reasoning prompts reveal the potential for large language model interpretability in medicine [J]. NPJ Digital Medicine, 2024, 7: 20.

[112] Wang Y, Zhao Y, Petzold L. Are large language models ready for healthcare? A comparative study on clinical language understanding [J]. InMachine Learning for Healthcare Conference, 2023, 10(22): 804-823.

[113] Carvalho D V, Pereira E M, Cardoso J S. Machine learning interpretability: A survey on methods and metrics [J]. Electronics, 2019, 8 (8): 832.

[114] Zack T, Lehman E, Suzgun M, et al. Assessing the potential of GPT-4 to perpetuate racial and gender biases in health care: A model evaluation study [J]. The Lancet Digital Health, 2024, 6(1): 12-22.

[115] Smith A L, Greaves F, Panch T. Hallucination or confabulation? Neuroanatomy as metaphor in large language models [J]. PLOS Digital Health, 2023, 2(11): 388.

[116] Delgorge C, Courreges F, Bassit L A, et al. A tele-operated mobile ultrasound scanner using a light-weight robot [J]. IEEE Transactions on Information Technology in Biomedicine, 2005, 9(1): 50-58.

[117] 国家卫生健康委能力建设和继续教育中心, 中国医学装备协会超声装备技术分会战创伤与急重症超声专业委员会, 中国医学装备协会超声装备技术分会远程及移动超声专业委员会. 5G 远程超声技术应用专家共识 [J]. 中华医学超声杂志 (电子版), 2020, 17(2): 115-123.

[118] 侯瑞. 浙大二院: 5G垂直医疗领域的"浙江样板" [J]. 信息化建设, 2019(5): 36-37.

[119] Eadie L, Mulhern J, Regan L, et al. Remotely supported prehospital ultrasound: A feasibility study of real-time image transmission and expert guidance to aid diagnosis in remote and rural communities [J]. Journal of Telemedicine and Telecare, 2018, 24(9): 616-622.

[120] 张伟丽, 彭碧波, 李胜男, 等. 便携式超声在战场战伤救治中应用与展望 [J]. 中华灾害救援医学, 2021, 9(8): 1189-1193.

[121] Sutton R T, Pincock D, Baumgart D C, et al. An overview of clinical decision support systems: Benefits, risks, and strategies for success [J]. NPJ Digital Medicine, 2020, 3: 17.

[122] Sim I, Gorman P, Greenes R A, et al. Clinical decision support systems for the practice of evidence-based medicine [J]. Journal of the American Medical Informatics Association, 2001, 8(6): 527-534.

[123] Deo R C. Machine learning in medicine [J] Circulation, 2015, 132: 1920-1930.

[124] IBM. From invisible to visible: IBM demos AI to radiologists [EB/OL]. (2021-12-08) [2022-01-23]. https://www-03.ibm.com/press/us/en/pressrelease/51146.ws.

[125] Embi P J, Jain A, Clark J, et al. Development of an electronic health record-based Clinical Trial Alert system to enhance recruitment at the point of care [J]. AMIA Annual Symposium Proceedings, 2005, 6(1): 231-235.

[126] Thai M T, Phan P T, Hoang T T, et al. Advanced intelligent systems for surgical robotics [J]. Advanced Intelligent Systems, 2020, 2(1900138): 1-33.

[127] Intuitive Surgical. Intuitive announces first quarter earnings [EB/OL]. (2019-4-18) [2019-6-30]. https://isrg.intuitive.com/ node/16836/pdf.

[128] Vandeparre H, Watson D, Lacour S P. Extremely robust and conformable capacitive pressure sensors based on flexible polyurethane foams and stretchable metallization [J]. Applied Physics Letters, 2013, 103(20): 204103.

[129] Rafifii-Tari H, Payne C J, Yang G Z. Learning-based endovascular navigation through the use of non-rigid registration for collaborative robotic catheterization [J]. Annals of Biomedical Engineering, 2014, 42: 697.

[130] Baek D, Hwang M, Kim H, et al. Path planning for automation of surgery robot based on probabilistic roadmap and reinforcement learning [C]// 2018 15th International Conference on Ubiquitous Robots (UR), Honolulu, HI, USA, 2018: 342-347.

[131] Johnson & Johnson MedTech. The Monarch® Platform [EB/OL]. (2021-04-22) [2022-01-07]. https://www.aurishealth.com/monarch-platform.

[132] 赖圣杰, 冯录召, 冷志伟, 等. 传染病暴发早期预警模型和预警系统概述与展望 [J]. 中华流行病学杂志, 2021, 42(8): 1330-1335.

[133] Olson D R, Konty K J, Paladini M, et al. Reassessing Google Flu Trends data for detection of seasonal and pandemic influenza: A comparative epidemiological study at three geographic scales [J]. PLoS Computational Biology, 2013, 9(10): e1003256.

[134] 朱小伶. 人工智能技术在智能医疗领域的应用综述 [J]. 无人系统技术, 2020, 3(3): 25-31.

[135] Bogoch I I, Watts A, Thomas-Bachli A, et al. Pneumonia of unknown aetiology: Potential for international spread via commercial air travel [J]. Journal of Travel Medicine, 2020, 27(2): 8.

[136] Yang W Z, Li Z, Lan Y J, et al. A nationwide Web-based automated system for outbreak early detection and rapid response in China [J]. Western Pacific Surveillance and Response Journal, 2011, 2(1): 10-15.

[137] Lai S J, Ruktanonchai N W, Zhou L C, et al. Effect of non-pharmaceutical interventions to contain COVID-19 in China [J]. Nature, 2020, 585(7825): 410-413.

[138] Yang Z F, Zeng Z Q, Wang K, et al. Modified SEIR and AI prediction of the epidemics trend of COVID-19 under public health interventions [J]. Journal of Thoracic Disease, 2020, 12(3): 165-174.

[139] 彭绍东. 人工智能教育的含义界定与原理挖掘 [J].中国电化教育, 2021(6): 49-59.

[140] 刘三女牙, 彭晛, 沈筱譞, 等. 数据新要素视域下的智能教育: 模型、路径和挑战 [J]. 电化教育研究, 2021, 42(9): 5-11,19.

[141] Babanazarovich N H. Using of innovative educational technologies in the improvement of ecological thinking by pupils in the field of biology sciences [J]. International Journal of Innovative Analyses and Emerging Technology, 2021, 1(6): 84-88.

[142] Rudd J R, Woods C, Correia V, et al. An ecological dynamics conceptualisation of physical 'education': Where we have been and where we could go next [J]. Physical Education and Sport Pedagogy, 2021, 26(3): 293-306.

[143] 祝智庭, 韩中美, 黄昌勤. 教育人工智能(eAI): 人本人工智能的新范式 [J]. 电化教育研究, 2021, 42(1): 5-15.

[144] Shneiderman B. Human-Centered AI [M]. Oxford, UK: Oxford University Press, 2022.

[145] 王一岩, 郑永和. 智能时代的人机协同学习: 价值内涵、表征形态与实践进路 [J]. 中国电化教育, 2022(9): 90-97.

[146] 彭红超, 祝智庭. 人机协同的数据智慧机制: 智慧教育的数据价值炼金术 [J]. 开放教育研究, 2018, 24(2): 41-50.

[147] Zhang X, Cao Z. A framework of an intelligent education system for higher education based on deep learning [J]. International Journal of Emerging Technologies in Learning, 2021, 16(7): 233.

[148] Andersen R, Mørch A I, Litherland K T. Collaborative learning with block-based programming: Investigating human-centered artificial intelligence in education [J]. Behaviour & Information Technology, 2022, 41(9): 1830-1847.

[149] 王莉莉, 郭威彤, 杨鸿武. 利用学习者画像实现个性化课程推荐 [J]. 电化教育研究, 2021, 42(12): 55-62.

[150]　Yilmaz R, Yilmaz F G K. The effeet of generative artificial intelligence (AI)- based tool use on students' computational thinking skius, programming self-efficacy and motivation [J]. Computers and Education: Artificial Intelligence, 2023, 4: 100147.

[151]　Hu Q, Han Z, Lin X, et al. Learning peer recommendation using attention-driven CNN with interaction tripartite graph [J]. Information Sciences, 2019, 479: 231-249.

[152]　Yang S J H, Ogata H, Matsui T, et al. Human-centered artificial intelligence in education: Seeing the invisible through the visible [J]. Computers and Education: Artificial Intelligence, 2021, 2: 100008.

[153]　Savard I, Bourdeau J, Paquette G. Considering cultural variables in the instructional design process: A knowledge-based advisor system [J]. Computers and Education: Artificial Intelligence, 2020, 145: 103722.